数据驱动的过程监控与故障诊断

Data Driven Process Control and Fault Diagnosis

孔祥玉　罗家宇　徐中英　李红增　著

国防工业出版社

·北京·

内容简介

本书研究和讨论数据驱动的过程监控与故障诊断方法，主要研究数据驱动的基于多变量统计，如主元分析、独立元分析、偏最小二乘等算法的最新进展，以及这些算法在复杂系统智能监控与故障诊断中的应用。全书内容新颖，不但包含了基本算法，还用大量内容介绍了多变量统计方法在非线性、动态、非高斯噪声等领域的最新进展，以及这些拓展算法在智能监控与故障诊断中的应用，反映了国内外多变量统计方法领域研究和应用的最新进展。

本书适合作为电子、通信、自动控制、计算机、系统工程、模式识别和信号处理等信息科学与技术学科高年级本科生和研究生特别是博士生从事学位研究的参考书，也适用于相关专业研究人员和工程技术人员参考。

图书在版编目（CIP）数据

数据驱动的过程监控与故障诊断/孔祥玉等著．—北京：国防工业出版社，2023.3
ISBN 978-7-118-12918-2

Ⅰ．①数…　Ⅱ．①孔…　Ⅲ．①故障检测　Ⅳ．①TB4

中国国家版本馆 CIP 数据核字（2023）第 057680 号

※

国防工業出版社 出版发行
（北京市海淀区紫竹院南路 23 号　邮政编码 100048）
北京龙世杰印刷有限公司印刷
新华书店经售

*

开本 710×1000　1/16　**插页** 3　**印张** 12¾　**字数** 225 千字
2023 年 4 月第 1 版第 1 次印刷　**印数** 1—1500 册　**定价** 89.00 元

国防书店：（010）88540777　　书店传真：（010）88540776
发行业务：（010）88540717　　发行传真：（010）88540762

前　　言

随着对生产质量、系统性能和经济成本要求的不断提高，现代工业过程或大型装备无论在结构还是在生产技术、测试流程等方面，都日趋复杂化、自动化。工业过程与大型装备运行监控是当前智能工厂或智能装备研究领域的前沿和热点，涵盖了过程监控、异常监测与故障诊断等方面的内容。

鉴于工业过程与大型装备本身的复杂性、全寿命周期的有限性、成本投入的经济效益等因素，技术人员难以建立精确的机理模型或者基于知识推理的专家模型。因此，基于机理模型或知识模型的状态监控方法难以在现代大型工业过程或大型装备中广泛推广和应用。另外，随着电子技术和计算机应用技术的飞速发展，现代大型工业生产过程或大型武器装备大都具有完备或冗余的传感测量装备，大量的过程数据或中间变量数据，譬如压力、温度、流量、电压、电流、频率等测量值可在线获得。显然，这些过程或中间变量数据中蕴含着有关工业生产或装备测试过程状况的丰富信息，如何利用这些海量数据来满足日益提高的系统可靠性要求已成为亟待解决的问题，其中数据驱动的多元统计分析与过程监控技术是该领域的一个重要发展方向。

如何从浩瀚的数据海洋中提取出高质量信息并加以充分分析和利用进而指导生产和过程监控，吸引了科研人员的注意和兴趣。以主元分析（PCA）、偏最小二乘（PLS）、独立元分析（ICA）、费舍尔判别分析（FDA）等为核心的多元统计分析技术，因其只需要在正常工况下的过程数据来建立模型，同时具有处理高维、高度耦合数据的独特优势，越来越成为该领域的主流算法，也已成功应用于化学工业、航天制造、微电子制造、钢铁生产、制药工艺和配电网络等的过程监控和故障诊断中。随着系统复杂性的增加，一系列适合非线性、非高斯、动态、多模态等复杂环境条件下的完善可行的过程建模、监测和诊断算法必将推动工业过程或大型装备的长足进步与繁荣发展，对于实现大型复杂工业系统的故障预测、健康管理、系统维护等有着十分重要的意义。这些成果在军队武器装备（如导弹、卫星等）和民用大型装备的健康监测、智能诊断与维修决策中也具有广阔的应用前景。

本书作者长期从事面向工业过程或复杂系统装备状态监控的理论方法的研

究工作，陆续提出并发展了一系列数据驱动建模、异常监测与故障诊断策略，有力促进了该领域的进一步发展。近年来，本书作者在多个国家自然科学基金课题支持下，重点聚焦于时变系统、动态系统、非高斯噪声等环境下的复杂系统故障监测模型构造、故障诊断算法研究，提出了一系列创新算法。尽快将这些研究成果介绍给读者，推动我国信息科学与技术领域复杂系统故障监测与诊断理论研究的发展，是作者撰写本书的目的和动力。

本书内容围绕工业过程智能监控与故障诊断的若干核心问题展开论述。第1章首先介绍数据驱动的状态监测与故障诊断、基于多变量统计的状态监测与故障诊断的重要性与前人工作。第2章综述工业过程运行状态监控与故障诊断的理论基础，重点阐述以主元分析、偏最小二乘、独立元分析、费舍尔判别分析等为核心的多元统计分析方法。第3章介绍基于PCA/广义PCA的故障子空间重构的故障监测与诊断技术。第4章至第7章介绍基于扩展PLS模型如CPLS、MPLS等的动态、递推、正交信号修正以及相互结合的系统过程监控及故障诊断技术。第8章介绍基于新息矩阵的独立成分分析故障监测与诊断方法，第9章介绍基于KDICA的约简故障子空间提取及故障诊断方法，第10章介绍基于协整分析的非平稳系统故障监测方法。

本书涉及的研究成果得到多项国家自然科学基金面上项目和重点项目（62273354、61673387、61833016），陕西省自然科学基金面上项目（2020JM-356、2016JM6015）的支持，在此深表感谢！

本书的初稿凝聚了团队多人的智慧，孔祥玉教授提出并确定了专著的整体体系结构，罗家宇博士编写了大部分内容，徐中英和李红增副教授参与了部分内容的编写。书中内容取自第一作者的研究生曹泽豪、罗家宇、杜柏阳、李强、解建、杨治艳、王晓兵等的研究成果。

限于作者水平，书中难免存在一些不足之处，恳请广大读者批评指正。

作　者

2023年1月于西安

目　　录

第1章　绪　　论

基于解析冗余的动态系统过程监控与故障诊断技术在过去的50年中得到了迅猛的发展，已提出了大量方法。随着电子技术和计算机应用技术的飞速发展，现代大型工业生产过程大都具有完备或冗余的传感测量装备，大量的过程数据或中间变量数据可在线获得，数据驱动的故障监测与诊断技术引起了学术界和工程界的高度重视。本章将概述数据驱动的故障监测与诊断技术，重点讨论数据驱动的基于多元统计分析的过程监控与故障诊断技术。

1.1　引言

随着科学的发展和技术的进步，工业过程或大型复杂装备系统的能力和现代化水平日益提高，投资和规模越来越大，复杂性也越来越高。这类大型复杂系统一旦发生故障，就会造成巨大的财产损失和人员伤亡。因此，为了增强工业过程或大型复杂系统的可靠性和安全性，减少事故造成的人员伤亡、资源浪费、财产损失，必须在事故发生前对其故障予以预警，发生时迅速报警，进而做出正确决策，为系统安全可靠运行提供保障。动态系统的状态监测与故障诊断技术[1]是提高系统可靠性和降低事故风险的重要方法。故障诊断主要研究如何对系统中出现的故障进行监测、分离和辨识，即判断故障是否发生、定位故障发生的部位和种类以及确定故障大小和发生时间等。国内外学者对工业过程故障诊断理论和方法进行了广泛的研究，取得了丰硕的研究成果[2]。早期，根据德国故障诊断权威 P. M. Frank 教授的观点，故障诊断方法划分为基于数学模型的方法、基于知识的方法和基于信号处理的方法。随着科学技术的不断发展，各种新的故障诊断方法层出不穷，出现了不同划分方法，如周东华教授[3]将故障诊断方法从整体上分为定性分析方法和定量分析方法两大类。其中定性分析方法分为图论方法、专家系统方法、定性仿真方法，定量分析方法分为基于解析模型的方法和数据驱动的方法；后者又进一步包括机器学习类方法、多元统计分析类方法、信号处理类方法、信息融合类方法和粗糙集方法等。本章首先对数据驱动方法中每类方法的基本思想进行较为粗略的论述，然后重点对多元统计分析类方法的基本思想和研究进展进行较为详细的论述，最后介绍其他章节的主要内容。

1.2 数据驱动的状态监测与故障诊断

与基于解析模型的故障诊断方法需要精确的解析模型，与可观测输入输出数据不同，数据驱动的故障诊断方法是对过程运行数据进行分析处理，在不需要知道系统精确解析模型的情况下完成系统的故障诊断。如前所述，数据驱动的方法又包括机器学习类方法、多元统计分析类方法、信号处理类方法、信息融合类方法和粗糙集方法等。

机器学习类故障诊断方法[4]的基本思路是利用系统在正常和各种故障情况下的历史数据，训练神经网络或支持向量机等机器学习算法用于故障诊断。在故障诊断中神经网络或支持向量机主要用来对提取出来的故障特征进行分类。基于机器学习的故障诊断方法以故障诊断正确率为学习目标，适用范围广，但是这种算法需要过程故障情况下的样本数据，且故障诊断精度与样本的完备性和代表性有很大关系，因此，这种方法难以用于那些无法获得大量故障数据的工业过程。

基于多元统计分析的故障诊断方法[5]是利用复杂过程多个变量之间的相关性对过程进行故障诊断。这类方法根据过程变量的历史数据，利用多元投影方法将多变量样本空间分解成由主元变量张成的较低维的投影子空间和一个相应的残差子空间，并分别在这两个空间中构造能够反映空间变化的统计量，然后将观测向量分别向两个子空间进行投影，并计算相应的统计量指标用于过程监控。基于多元统计分析的故障诊断方法不需要对系统的结构和原理有深入的了解，完全基于过程量测数据，算法简单，容易实现。但是，这类方法也存在诊断出来的故障物理意义不明确、难以解释等缺点。

信号处理的故障诊断方法[6]是对过程测量信号利用各种信号处理方法进行分析处理，提取与故障相关信号的时域或频域特征用于故障诊断，主要包括谱分析方法和小波变换方法等。

粗糙集是一种从数据中进行知识发现并揭示其潜在规律的数学工具。与模糊理论使用隶属度函数和证据理论使用置信度不同，粗糙集的最大特点就是不需要数据集之外的任何主观先验信息就能够对不确定性进行客观的描述和处理。属性约简是粗糙集理论的核心内容，它是在不影响系统决策的前提下，通过删除不相关或者不重要的条件属性，从而使得可以用最少的属性信息得到正确的分类结果。在故障诊断中可以使用粗糙集来选择合理有效的故障特征集，从而减少输入特征量的维数，降低故障诊断系统的规模和复杂程度。

信息融合技术是对多源信息加以自动分析和综合以获得比单源信息更为可靠的结论。信息融合按照融合时信息的抽象层次可分为数据层融合、特征层融合和决策层融合。基于信息融合的故障诊断方法主要是决策层融合和特征层融合方法。决策层融合诊断方法是对不同传感器数据得到的故障诊断结果或者相同数据经过不同方法得到的故障诊断结果利用决策层融合算法进行融合，从而得到一致的更加准确的结论。

1.3　基于多元统计分析的状态监测与故障诊断

在多元统计分析中，不同的多元投影方法所得到的子空间分解结构反映了过程变量之间不同的相关性，常用的多元投影方法包括主元分析（principal component analysis，PCA）[7]、独立成分分析（independent component analysis，ICA）和偏最小二乘（partial least squares，PLS）等。

PCA 是对过程变量的样本矩阵或样本方差矩阵进行分解，所选取的主元变量之间是互不相关的，并且可以由过程变量通过线性组合的形式得到。PCA 方法得到的投影子空间反映了过程变量的主要变化，而残差子空间则主要反映了过程的噪声和干扰等。基于 PCA 的故障诊断方法将子空间中的所有变化都当作过程故障，而实际中人们往往最关心过程质量变量的变化，因此只对那些能够导致质量变量发生变化的故障感兴趣。众所周知，PLS 算法有以下几个特点：①可以进行多个因变量对多个自变量的回归建模，比逐个因变量做多元回归更加有效、可靠，整体性更强；②解决了自变量之间的多重相关性问题；③可以实现多种数据分析的综合应用。PLS 算法首先搜索内部不相关的输入（$\boldsymbol{X}$）和输出（$\boldsymbol{Y}$）潜在变量，这些变量是通过 PCA 的思想提取的。同时，典型相关分析（canonical correlation analysis，CCA）的思想被用于最大化提取的输入和输出潜变量之间的相关性。最后，通过输入潜变量和输出潜变量之间的关系得到 $\boldsymbol{X}$ 和 $\boldsymbol{Y}$ 之间的关系，实现多元线性回归（MLR）的功能。因此，PLS 又被称为称为潜结构投影模型。

PCA 和 PLS 虽然已经被广泛应用于复杂过程监测与故障诊断，但是上述两方法均假设过程变量呈高斯分布，而未考虑数据呈非高斯变化情况下的过程。基于此，ICA 模型被引入过程监测，可以有效区分非高斯成分和高斯成分，进而有效实现非高斯过程的过程监测。

1.3.1　线性 PLS 模型研究现状

目前，传统的 PLS 模型可分为 4 类。①按照数据空间的结构分解方式来分，传统 PLS 模型分为 3 种，分别是标准的 PLS 模型、WPLS 模型[8]和 SIMPLS 模型[9]。这 3 种 PLS 模型区别于对输入数据空间的结构分解方式，其中标准 PLS 是斜交分解，WPLS 和 SIMPLS 都是正交分解，应用于过程监控标准 PLS 模型效果更优。②按照模型求解方法来分，传统 PLS 模型分为两种，分别是基于特征分解法（ED）或奇异分解法（SVD）的 PLS 模型和基于非线性迭代（NIPALS）[10]的 PLS 模型。基于 ED 和 SVD 的模型在计算过程中要处理维度较大的数据矩阵，在线模型更新较为困难；非线性迭代求解方法将求解过程分解，通过迭代方式构建模型，其计算量较小，有利于过程监控。③按照更新方式来分，传统 PLS 模型分为两种，分别是仅更新输入 $\boldsymbol{X}$ 的 PLS 模型和仅更新输出 $\boldsymbol{Y}$ 的 PLS 模型[11]。根据问题所需选取合适的更新方式，有利于增强模型更新效率。④按照核矩阵来分，传统线性核 PLS 模型分为两种，分别是核矩阵为 $\boldsymbol{X}^{\mathrm{T}}\boldsymbol{Y}\boldsymbol{Y}^{\mathrm{T}}\boldsymbol{X}$ 的线性核 PLS 模型[12]和核矩阵为 $\boldsymbol{X}\boldsymbol{X}^{\mathrm{T}}\boldsymbol{Y}\boldsymbol{Y}^{\mathrm{T}}$ 的线性核 PLS 模型[13]。可根据问题所需选取合适的核矩阵，能大大减少运算复杂度。以上传统 PLS 模型已广泛应用于模型的建立和关键指标的预测。为清晰地了解 PLS 在过程监控应用方面的发展过程，以复杂工业过程监控作为主要应用背景，以分类和拓展方法为横轴，线性、非线性、动态为纵轴给出 PLS 模型发展结构如图 1.1 所示。

标准线性 PLS 模型存在两个缺点：①$\boldsymbol{X}$ 的主元子空间中包含了与 $\boldsymbol{Y}$ 正交的成分；②$\boldsymbol{X}$ 的残差子空间内部有较大的变异。缺点①的成因是 PLS 算法对 $\boldsymbol{X}$ 进行了斜交分解[14]；缺点②的成因是 PLS 算法旨在 $\boldsymbol{X}$ 和 $\boldsymbol{Y}$ 协方差最大，并没有按照 $\boldsymbol{X}$ 方差的降序提取潜变量[15]。

为了克服第①个缺点，人们采用数据预处理方法将正交成分去除，目的是为了建立更加精确的 PLS 回归模型。学者们相继提出了 6 种正交信号修正（OSC）算法，即 SWosc 算法[14]、JSosc 算法[15]、直接正交化（DO）算法[16]、TFosc 算法[17]、偏最小二乘正交投影（O-PLS）算法和主成分分析偏最小二乘正交投影 O-PLS（PCA）算法[18]。

虽然 OSC 预处理能够有效克服缺点①，但是 OSC-PLS 模型的残差空间内部依然有较大的变异，过程监控时采用 Q 统计量监控残差空间并不合适。为克服 PLS 的第②个缺点，Zhou 等[19]专门为过程监控提出了全潜结构投影模型。T-PLS 监控模型的主要思想是将不同类的信息映射到不同的潜在子空间，对潜在子空间进行全方位监控，该思想引领了多空间类算法的发展。T-PLS 在故障检测中存在两个不足：一个是模型仅监控可预测部分 $\hat{\boldsymbol{Y}}$，这使不可预测的质量变化不受 T-PLS 的监控；另一个是输入数据空间 $\boldsymbol{X}$ 不必要地分成 4 个子空间，它可以简洁地分为预测相关子空间和预测无关子空间。基于上述问题，Qin 等[20]基于标准 PLS 提出了并发潜结构投影模型（CPLS）。为消除输入中对预测无用的变化，Yin 和 Ding 等[21]提出了改进潜结构投影（MPLS）模型，对 $\boldsymbol{X}$ 采取了正交分解，并且采用 SVD 分解避免了大量的迭代过程。Peng 等[22]分析了 MPLS 算法，指出相关信息系数矩阵 $\boldsymbol{M}=(\boldsymbol{X}^{\mathrm{T}}\boldsymbol{X})^{\dagger}\boldsymbol{X}^{\mathrm{T}}\boldsymbol{Y}$ 中含有 $\boldsymbol{X}^{\mathrm{T}}\boldsymbol{X}$ 的广义逆，这可能导致 $\boldsymbol{X}$ 中与 $\boldsymbol{Y}$ 相关的信息丢失。$\boldsymbol{X}$ 残差内可能还有与 $\boldsymbol{Y}$ 相关的部分，因此有必要借鉴 CPLS 中的做法，通过 PCA 进一步分解 $\boldsymbol{X}$ 残差，得到了高效潜结构投影模型（E-PLS）。这类多空间算法已被广泛应用于大型复杂工业过程监控中[23]。

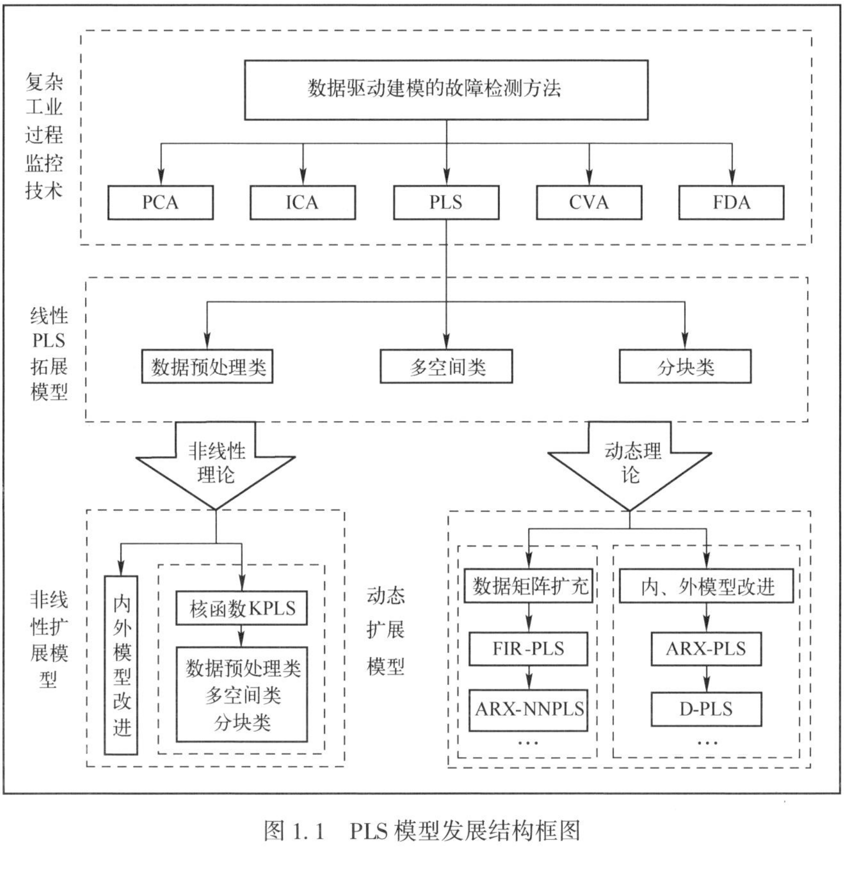

图 1.1　PLS 模型发展结构框图

1.3.2　非线性 PLS 模型研究现状

在实际系统中，过程变量与过程变量之间以及过程变量与质量变量之间都存在非线性关系，线性 PLS 模型在实际过程监控应用中往往无法得到满意的效果，为了处理这类非线性问题，人们提出了许多非线性 PLS 拓展模型。根据目前研究成果，非线性拓展方法可以分为两类：①改进 PLS 内、外部模型，得到非线性 PLS 模型；②将数据间的非线性关系线性化，再通过线性 PLS 建模。

由 Wold 等[10]提出的非线性迭代算法（NIPALS）方法就是改进内部模型的算法之一，NIPALS 使用多项式非线性映射描述了潜变量之间的非线性关系；后来 Frank[24]提出了用潜变量作为平滑器的输入和基于样条插值的非线性 PLS 回归模型；由于神经网络（neural Network，NN）具有较好的非线性拟合能力，Qin 等[25]通过 NN 构建了 PLS 的内部模型，得到神经网络偏最小二乘（neural network partial least squares，NN-PLS）模型；而 Malthouse 等[26]通过前馈神经网络构建了非参数的非线性偏最小二乘（non-linear partial least squares，NL-PLS）模型，通过实验显示出比传统投影回归方法更好的预测性能。然而以上改进内、外模型非线性算法复杂度远高于线性 PLS，拓展到现有线性 PLS 模型上的难度较大。

针对模型复杂度过高和拓展难度大的问题，Rosipal 等[27]基于核函数理论[28]、Cover 定理[29]提出的非线性核偏最小二乘（K-PLS），通过核函数将原始变量由低维空间映射到再生核希尔伯特空间（RKHS），即高维特征空间，使非线性数据在高维特征空间中呈现线性关系，然后在 RKHS 中巧妙利用核函数 K 建立线性 PLS 模型。模型具有等同于线性 PLS 的复杂度，因此基于核函数的非线性 PLS 成为非线性系统监控领域的主流方法。K-PLS 算法提出后，受到了一大批学者的重视。在数据预处理方面，Kim 等[30]将正交信号（OSC）引入 K-PLS，得到 OSC-KPLS 模型。OSC-KPLS 具有较低的模型复杂度和估计误差以及较好的因变量预测能力。近来，Gao 等[31]将随机梯度回归（stochastic gradient boosting，SGB）以及核纯净信号分析（kernel net analyte preprocessing，KNAP）引入 K-PLS，得到了改进的核偏最小二乘（MK-PLS）模型。MK-PLS 模型能够有效去除建模无关信息，并且避免过拟合问题，比 K-PLS 预测精度更高。在多空间方面，Peng 等[32]将 K-PLS 算法拓展到全潜空间，提出了全核 PLS（T-KPLS）方法，并应用于带钢热连轧生产过程（HSPM）质量相关的故障诊断中。之后，Peng 等[33]针对 T-KPLS 模型的非线性情况，给出了拓展到非线性的贡献图方法。为了捕获非高斯潜在子空间和剩余子空间内批处理数据的异常，Mori 和 Yu[34]提出了非线性批处理的多向核 PLS（MK-PLS）方法，并开发新的监测指标，应用于非线性的青霉素发酵生产过程的故障检测中。近来，Sun 等[35]提出了并发核潜结构（C-KPLS）算法，应用于汽车电池故障检测中。为了解决剩余子空间包含输出变量相关变化的问题，

Zhang 等[36]提出了定向的核偏最小二乘（DK-PLS）模型。DK-PLS 在输入和输出变量之间建立了更直接的关系，并成功地用于监测蒙特卡洛仿真和电熔镁炉（EFMF）过程监控中。为加强 C-KPLS 的监控能力，Sheng 等[37]提出了基于 C-KPLS 的综合监控方法，给出了较为全面的过程监控指标，应用于 TE 过程显示出很好的效果。在分块方面，Zhang 等[38]提出了基于多模块的 KPLS（MB-KPLS）方法，并将其应用于大规模生产过程的分散式故障诊断中，MB-KPLS 能够有效捕捉过程中的复杂关系，并极大提高诊断能力。

1.3.3 动态 PLS 模型研究现状

现实中系统的运行是一个动态过程，系统数据内部存在动态关系，在处理这些过程数据时，线性和非线性 PLS 算法难以发挥有效的作用。为了有效解决动态难题，人们提出了两种 PLS 动态拓展方法：①数据预处理方法，即输入中大量引入相关变量的历史数据，通过数据扩充思想将时间动态建模问题转化为空间静态建模问题，然后用已有的线性 PLS 算法建模；②建立动态内、外部模型的方法，对 PLS 算法进行动态拓展。

动态关系通过历史数据与当前数据之间的相关性表现出来，因此构建动态模型可以采用数据矩阵扩充的思想，同时使用历史数据与当前数据构建模型。该模型在每个时刻都能够反映出历史数据与当前数据之间的相关性，即动态特性。根据目前的研究来看，常用的数据矩阵扩充方法一般有两种：第一种，将大量的历史输入数据加入输入数据矩阵中，即采用有限冲击响应（finite impulse response，FIR）模型的矩阵格式[39]，后面称为 FIR 数据矩阵。Ricker[40]就采用了这种方法，基于有限冲击响应 FIR 动态经验模型，提出了 FIR-PLS 动态模型。FIR-PLS 利用偏最小二乘代替最小二乘对 FIR 模型系数矩阵 $\boldsymbol{C}$ 进行参数辨识，避免建模时出现病态矩阵，并与 SVD 参数辨识法相比显示出较好的效果。第二种，将大量的历史输入以及历史输出数据加入输入数据矩阵中，即采用外生变量自回归（auto-regressive exogenous，ARX）模型的矩阵格式[41]，后面称为 ARX 数据矩阵。Qin 等[42]就使用了该方法，通过 ARX 数据矩阵将 NN-PLS 引入动态，得到动态神经网络偏最小二乘（D-NNPLS）模型，并应用于催化重整系统。之后，Qin 等[43]又将非线性外生变量自回归（nonlinear auto-regressive exogenous，NARX）模型以及非线性有限冲击响应（nonlinear finite impulse response，NFIR）模型引入 NN-PLS，将其拓展为非线性动态算法。基于以上研究，Baffi 等[44]提出了在 FIR 或 ARX 模型结构中基于线性、二次和神经网络的非线性动态 PLS 算法，应用于 PH 中和系统对提出的算法进行了对比。上述采用数据矩阵扩充思想构建动态模型的方法有着拓展难度小的优势，已被广泛应用于大型工业过程监控领域。基于 D-PLS 模型，Chen 等[45]提出批次动态偏最小二乘 BD-PLS 模型，并将其应用到 DuPont 间歇工业过程。Lee 等[46]提出了基于系统分解的 D-PLS 故障诊断方法，并应用到 TE 工业过程。为了使 T-KPLS 准确处理动态过程，Liu 等[47]也使用 FIR 数据矩阵，提出了动态全核偏最小二乘（DT-KPLS）模型，并将其应用于非线性动态系统的质量相关的过程监控中。而 Liu 等[48]分别构建历史输入拓展矩阵和历史输出拓展矩阵，应用于 CPLS 模型，得到了动态并发潜结构投影（DC-PLS）模型。两个拓展矩阵的引入导致变量过多，造成故障难以定位，因此 Liu 等[48]又将 DC-PLS 拓展到多块 DC-PLS，通过连续退火工艺过程验证了算法的有效性。近来，童楚东等[49]提出了基于自回归（auto-regressive，AR）模型的 O-PLS 动态方法，并建立基于贝叶斯推理的概率监控指标，应用于 TE 工业过程。而 Jiao 等[50]基于自回归移动平均（auto-regressive moving average exogenous，ARMAX）模型矩阵格式将 MPLS 拓展到动态，得到 DM-PLS 模型，应用于 TE 工业过程。

扩充矩阵的动态模型没有给出动态关系的明确表示，并且算法计算量大小随着历史数据数量的增加而增加。基于以上问题，Kaspar 等[51]在不扩充输入矩阵的情况下，用动态滤波器对该动态数据进行处理，使输入中的动态部分被去除；在过滤后的输入和输出之间建立静态外部模型；而在内部模型中，通过控制系统设计出输入潜变量与输出潜变量之间的内部动态模型；最终构建出外静内动的 D-PLS 模型。基于 Kaspar 等的研究，Lakshmina-rayanan 等[52]通过 ARX 模型或 Hammerstein 模型对输入输出潜变量之间的动态关系进行描述，提出了改进内部模型的动态 ARX-PLS 算法。上述算法尽管给出了内部动态关系的明确表示，但还存在内部模型与外部模型动、静不统一的缺点。基于此，Li 等[53]提出新的目标函数得到动态外部模型，通过历史输入潜变量加权与输出潜变量构建出动态内部模型，最终给出了内外模型一致的 D-PLS 模型。在过程监控中，D-PLS 有着与 PLS 模型相同的缺点，因此将其拓展为 D-TPLS 模型，通过 TE 过程验证了算法有效性。Dong 等[54]指出 Li 等[53]构建的内部模型存在难以解释的缺陷，他们用 ARX 模型对输入/输出潜变量之间的动态关系进行描述，得到一个明确的内部动态模型，并给出内外模型统一的动态偏最小二乘（Di-PLS）模型。

1.3.4 ICA 模型研究现状

ICA 是在近 30 年发展起来的，自从 Lee 于 2004 年实现 ICA 的多元统计过程监测以后，人们提出了大量的改进 ICA 模型，其中包括：①针对 ICA 自身存在的问题、噪声和离群值提出的改进 ICA 模型；②考虑复杂系统单一特性、混合特性和基于检测指标改进的 ICA 模型。近 20 年，专家和学者在过程监测领域发表了大量的综述性文献[56]，这些文献中大部分涉及了 ICA 模型，但并未专门针对 ICA 及其扩展模型的过程监测方法进行综述。为了清楚地展示 ICA 及其扩展模型在过程监测应用方面的发展过程，本节给出图 1.2 所示的过程监测下的 ICA 模型发展结构框图。基于图 1.2，将工业过程作为主要应用背景，以分类及改进方法为横轴，以 ICA 模型和基于 ICA 及其扩展模型的过程监测方法为纵轴，对 ICA 模型的国内外研究现状进行阐述。

1991 年，文献［57］在 *Signal Processing* 期刊上的发表，代表着 BBS 在国际上研究的开始。1995 年，Bell 等[58]不仅提出信息最大化准则，还运用 ICA 真正实现了 BBS，加速了 ICA 的发展。Yang 等[59]提出了自然梯度搜索算法，不仅提升梯度 ICA 的速度，还使其成为 ICA 中广泛应用的搜索算法。1999 年，Hyvärinen 等[60]提出了不同于文献［78－80］的定点迭代算法。2000 年，Hyvärinen 继续完善定点迭代算法，在文献［61］中提出了固定点快速 ICA（FastICA）算法。2002 年，Li 等[62]利用 ICA 将高维的观测变量分解为几个独立成分（independent components，IC），降维后预测过程变量的变化趋势。

同年，杨竹青等[63]发表了国内第一篇 ICA 综述，较系统地阐述了经典 ICA 的原理和应用，其目的在于提高国内专家和学者对 ICA 理论及应用研究的兴趣。将专家和学者于 2003 年以前提出的 ICA 划分为经典 ICA，经典 ICA 又可以划分为基于随机梯度的自适应算法[57,59,64]、最值化（最大化和最小化）相关准则函数[57-58]和基于定点迭代的 FastICA 算法[65]3 种类型，这 3 种类型的优、缺点见表 1.1。

表 1.1　经典 ICA 方法的比较

经典 ICA	优　点	缺　点
基于随机梯度的自适应算法	保证收敛到一个相应的解	收敛速度慢且收敛性非常依赖学习速率参数的正确选择
最值化（最大化和最小化）相关准则函数	任何分布的 IC 都适合	计算量大，计算效率低
基于定点迭代的 FastICA 算法	任何类型的数据都适用，收敛速度快，计算效率高	在选择初始值时较敏感，可能导致算法不收敛

上述 3 种经典 ICA 模型各有优、缺点，并且均采用理想数据构建模型。但在实际复杂系统中，过程数据可能会受噪声、离群值等影响。基于此，本小节从 ICA 自身存在的问题、考虑噪声的 ICA 模型和去离群值的 ICA 模型 3 个方面阐述改进 ICA 研究现状。

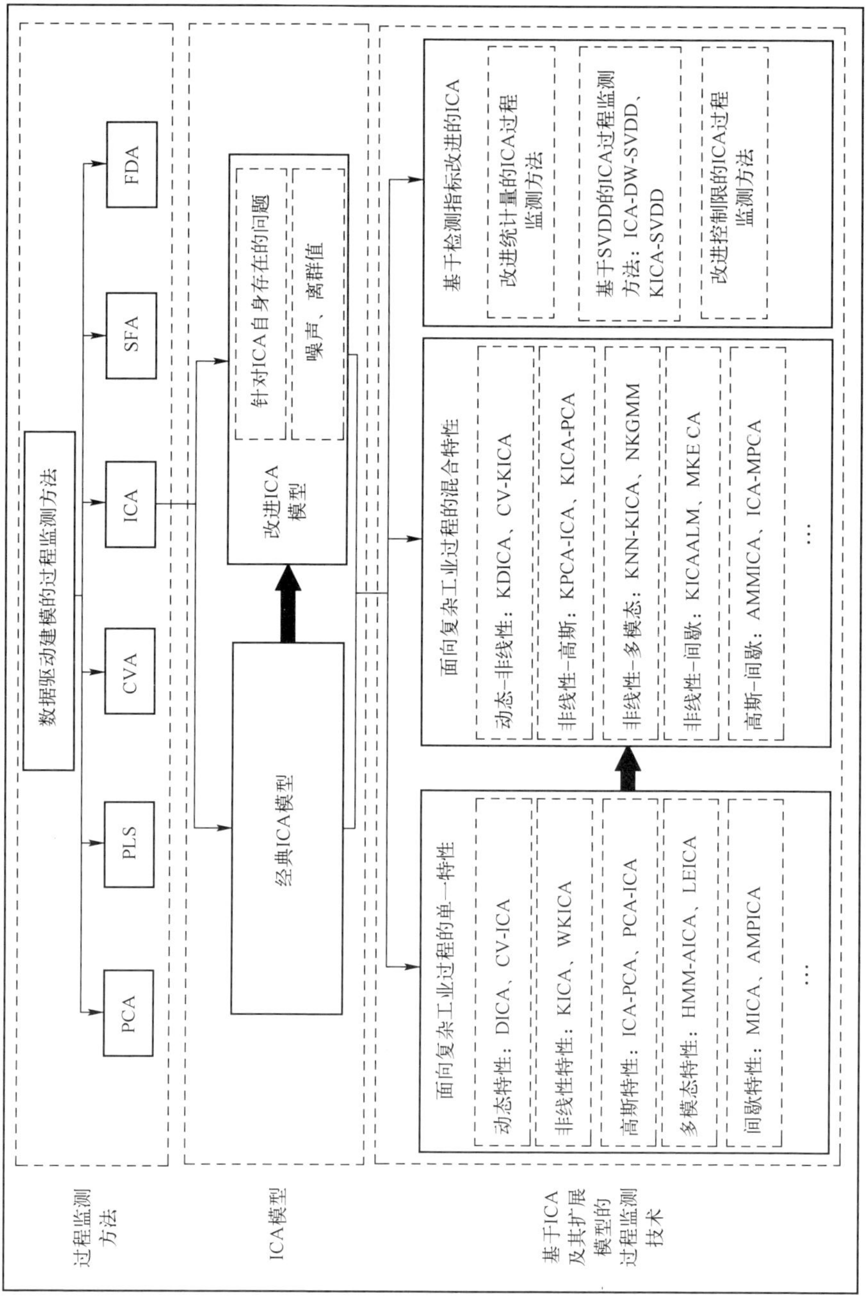

图 1.2 过程监测下的 ICA 模型发展框图

2000年，Bingham等[66]针对FastICA只对实值信号开发的缺陷，提出了复值源的第一个推广，并证明它保持实数源的立方全局收敛性。2004年，Chevalier等[67]通过比较研究证明FastICA不能用于弱或高度相关空间的源，它的收敛速度减慢，甚至在存在鞍点的情况下失败，特别是对于短块尺寸[68]。文献［69-70］针对文献［66］仅适用于2阶循环源的局限性，将算法的有效性扩展到非圆源。值得注意的是，这些文献中的方法依赖于白化预处理，同时需要根据源分布选择函数以保证稳定性。

以FastICA算法为代表的经典ICA模型存在以下缺陷：①由于提取给定维数的全部IC，计算量较大；②无法按照代表特征或信号能量的方差确定IC顺序和主导IC个数；③在白化空间中，正交矩阵的随机初始化致使经典ICA模型解不同。2006年，Lee等[71]针对经典ICA模型的缺陷，提出了改进的ICA模型，该模型的基本思想是首先采用PCA提取主成分（principal components，PC），然后在方差不变的前提下提取主导IC。2009年，Huang等[72]将分类回归树（classification and regression tree，CART）技术应用于ICA，提出了ICA与CART相结合的过程扰动识别控制模型，最后引入常见的阶跃扰动和线性扰动进行实验，充分说明了该模型在提高扰动水平辨识精度方面的优势。

2010年，Zhang等[73]针对FastICA采用牛顿迭代法常常导致局部最小解的缺陷，提出基于粒子群优化（particle swarm optimization，PSO）的改进ICA模型，该模型的基本思想是首先利用PSO-ICA从正常运行过程数据中提取主导IC，然后根据原始信号恢复的作用确定IC的阶数。同年，Zarzoso等[74]提出基于峭度迭代最大化与代数最优步长对比的鲁棒独立成分分析（Robust independent component analysis，RobustICA），该方法可以对实值信号和复值信号不加区分地分离，弥补了需要白化预处理的不足以及具有强鲁棒性和高收敛性。

2013年，Ge等[75]提出性能驱动集成学习ICA（performance-driven ensemble learning ICA，PDELICA）模型。该模型不但采用集成学习方法提高FastICA的稳定性，而且结合参考异常数据集，采用性能驱动的方法实现了主导IC的确定。2014年前后，集成学习方法在MSPM领域成为研究热点[75]，Tong等[76]将集成学习方法和贝叶斯推理（Bayesian inference，BI）相结合，提出基于集成学习和BI的改进ICA过程监测模型。同年，Jiang等[77]考虑到故障信息和IC没有明确的映射关系，采用过程监测的特定标准排序IC可能会丢失有用信息，为此提出加权ICA（weighted independent component analysis，WICA）模型。2018年，Li等[78]也针对FastICA采用牛顿迭代法常常导致局部最小解的缺陷，提出基于生物地理学优化（biogeography-based optimization，

BBO）的改进 ICA 模型，即 BBO-ICA。特别指出：①BBO-ICA 模型可以获得理想的初始迭代点；②Simon D[79]提出的 BBO 算法是一种新颖且有效的搜索极值或最值的优化方法，该算法相较 PSO 算法具有更强的搜索能力和搜索精度。

1.3.5 基于主成分分析的过程监测方法

主成分分析（PCA）是使用最广泛的降维技术之一，其在金融分析、大数据分析、过程监测和故障诊断等方面有着非常普遍的应用[80]。在过程监测中，其主要思想是以较低维度的潜变量代替原始数据，通过构造统计量来判断测试样本是否存在异常。在稳态过程中，传统的 PCA 模型[81]适用于测量变量随时间变化相当独立的制造过程。然而，将 PCA 应用于动态相关数据往往会产生不必要的高漏检率。因此，在过去 20 年中，针对动态过程的 PCA 过程监测得到学者的进一步研究和发展。Ku 等[82]提出了一种构建时延矩阵的动态 PCA（dynamic PCA，DPCA）模型，对一个增广数据矩阵进行奇异值分解（SVD），可以处理多元变量的动态特性。然而，这种技术也存在局限性，其中之一是自相关与交叉相关混合，使模型参数的数量过大。这种混合还导致难以解释的隐含的动态关系。此外，也有一些基于子空间建模的想法。Negiz 和 Cinar[83]使用正则变量状态空间模型来描述动态过程，其等效于向量自回归（AR）移动平均时间序列模型。这些方法使用基于规范变量分析（canonical variate analysis，CVA）的随机实现来处理大量自相关、交叉相关和共线的变量。所构造的状态变量是过去测量值的线性组合，可以解释数据中未来的变量。考虑存在过程和测量噪声，Li 和 Qin[85]提出了具有一致性条件的间接 DPCA（indirect DPCA，IDPCA）算法。最近，Ding 等[86]结合 SIM 和基于模型的故障检测技术提出了基于观察器的故障检测策略。Wen 等[87]提出了另一种用于动态过程监测的线性动态概率模型高斯状态空间模型，采用期望最大化算法进行结构选择，使用卡尔曼滤波进行新的估计。然而，这些基于子空间的方法都忽略了变量之间的相互关系。为了建立一个紧凑或精简的过程监控动态因素模型，需要同时提取变量之间的动态自相关和相互关联。针对该问题，Li 等[88]提出了一种新的动态潜变量模型（dynamic latent-variable，DLV）来明确提取自相关和相互关联。该算法提供了内部动态关系的显式表示，以及表示数据结构的紧凑模型。然而，在提取潜变量时，该方法只最大化了一次滞后的自协方差，忽略其他时间滞后的自协方差，这使潜变量的提取与潜变量的动态建模不一致。Li 等[89]提出了一种结构化的动态主成分分析算法，其中目标函数是使滞后潜变量的加权和的方差最大化。Dong 和 Qin[90]提出了一种新的动态主成分分析（dynamic PCA，DiPCA）算法，明确地提取一组动态潜变量，以捕获数据中动态的变化。

针对非线性过程监测，PCA 的非线性模型也得到了学者广泛的研究。在非线性过程中，常用的方法是基于核的高维投影方法，通过将非线性数据向希尔伯特空间投影，在高维空间实现线性建模。基于这种思想，基于核的 PCA（kernel PCA，KPCA）模型被 Lee[91]提出，利用核函数有效求解非线性优化问题的方法，是非线性过程监测领域的最新研究成果。基于 KPCA，Lee 等[92]又提出了多路 KPCA（multiway KPCA，MKPCA）方法用于批处理过程监测。考虑过程存在动态特性时，Sang 等[93]提出了一种动态 KPCA 方法，该方法不再监测原始过程向量，而是监测时滞向量。此外，Jia 等[94]通过考虑过程变量的自相关和相互关联，建立了一种基于批量动态 KPCA（batch dynamic KPCA，BDKPCA）的过程监控方法。为了在非线性全过程中检测故障，Jiang 等[95]通过互信息谱聚类方法将被测变量划分为子块，然后建立多块 KPCA 监测模型。考虑到 KPCA 只捕获全局数据结构而忽略局部结构信息，Deng 等[96]在 KPCA 优化目标上增加了局部结构保持，提出了一种局部 KPCA（local KPCA，LKPCA）算法。对于具有异常值的非线性过程监测，Zhang 等[97]结合滑动中值滤波技术改进了 KPCA 方法。

1.3.6　基于多元统计分析的故障诊断方法

变量贡献图[98]是多元统计分析中最常用的故障诊断方法之一，可以反映每个变量对异常统计量的贡献，常被用于传感器故障的识别及定位。贡献图的特点是不需要故障历史数据，且容易实现，因此在过去 10 几年中得到广泛关注和快速发展。Miller 等[99]于 1993 年提出贡献图概念；MacGregor 等[100]将贡献图应用于低密度聚乙烯反应器的故障诊断中；1998 年 Miller 等[101]利用贡献图解决了多元质量控制中的“缺失环节”问题，加强了对多元结果的解释、数据的探索和特殊原因的识别；Louwerse 等[102]结合 PLS 将贡献图应用于 PVC 间歇聚合过程的故障诊断中，分析出 PVC 间歇式反应器聚合时间的系统差异原因；Westerhuis 等[103]研究了贡献图的涂抹效应，并引入贡献的控制限，以显示贡献的相对重要性；Conlin 等[104]为定义贡献图的置信范围提出了一种潜在的解决方案，并应用于连续搅拌釜反应系统；Li 等[105]定义了 TPLS 中变量对所有统计量的贡献，通过贡献图控制限判断变量异常情况，并应用于田纳西-伊斯曼过程（tennessee eastman process，TEP）；Alcala 等[106]提出了一种基于重构贡献（reconstruction based contribution，RBC）的故障诊断方法，在同一情况下保证了诊断的准确性；Li 等[107]提出了多向 RBC，是一种基于动态主元分析与 RBC 的扩展方法，降低了 RBC 的计算复杂度；Alcala 等[108]在总结与分析前人工作的基础上，提出了一种新的相对贡献形式；Van den Kerkhof 等[109]研究了 3 种常用的贡献计算方法的涂抹效应，对贡献图的涂抹效应有了更加深入的了解；Peng 等[110]将贡献图扩展到非线性工况下的贡献率方面，结合 T-KPLS 建立了一种非线性故障诊断方案，应用于热轧带钢生产过程；Liu 等[111]认为贡献图法具有拖尾效应，可能会得到不准确的故障诊断结果，提出了一种没有对非故障变量产生拖尾效应的贡献图方法；Xuan 等[112]定义了一种基于平均残差和重构的新贡献图方法，克服了 RBC 的缺陷，可以诊断中早期单传感器故障；Mnassri 等[113]在 RBC 的基础上提出了重构贡献率（RBC ratio，RBCR）的方法，弥补了 RBC 的缺陷；Li 等[114]基于距离变换的数学方法提出了一种 DV 贡献图诊断方法，与 PCA 的 Q 贡献图相比，DV 贡献图具有更准确的故障诊断结果；Wang 等[115]将残差评价和贡献图统一为一个框架，提出了一种新的故障隔离策略，所提方法具有更好的故障隔离性能；Shang 等[116]提出了一种广义分组贡献法，利用群体套索作为一种正则化方法，减轻了涂抹效应；Zhu 等[117]利用梯度理论，通过计算统计量中各变量的梯度进行分离故障变量，提出了偏导贡献图法，用于非线性过程故障诊断；Qian 等[118]基于 RBC 的基本思想，结合反向传播算法提出了一种新的基于局部线性反向传播的贡献图法，应用于 TEP 得到验证；Zhou 等[119]在高炉炼铁领域将标度因子向量引入新样本的 KPLS 统计量计算中，然后从表示各变量对统计量贡献率的 1 阶偏导数的绝对值中得到两个新的统计量，最后利用各变量的相对贡献率进行故障识别。

在过程故障的诊断中，常用方法是故障重构技术。与重构贡献图不同的是，在过程故障的重构中，故障子空间包含了故障的特征，而非故障传感器。Dunia 和 Qin[120]提出通过故障方向或子空间进行故障表征，并利用故障方向信息通过重构进行故障识别，其基本思想是通过提取的故障方向去除异常情况并恢复正常状态。因此，故障方向的准确表征对重建的有效性具有至关重要的影响。通常，故障方向是通过对历史故障数据的奇异值分解（SVD）来提取的。基于该方法，Zhao[121]设计了一种基于重构的多故障诊断策略。从整个故障数据中提取反映所有故障信息的故障子空间，包括质量相关故障和质量无关故障的方向。如果在故障诊断中倾向于重构质量相关的故障，则对整个故障空间进行 SVD 是不合适的。对于这种情况，Zhang 等[122]提出了一种基于 KPLS 的故障重建方法来提取非线性过程中质量相关的故障子空间。Li 等[123]提出了与输出相关的故障子空间（ORFS）提取方法和归约故障子空间（RFS）提取方法，与整体故障方向提取方法相比，有效降低了故障子空间的维数。

参考文献

[1] Zhang J X, Chen M Y, Hong X. Nonlinear process monitoring using a mixture of probabilistic PCA with clusterings [J]. Neurocomputing, 2021, 458: 319-326.

[2] Zhang M Q, Luo X L. Novel dynamic enhanced robust principal subspace discriminant analysis for high-dimensional process fault diagnosis with industrial applications [J]. ISA transactions, 2021, 114: 11-14.

[3] 周东华, 李钢, 李元. 数据驱动的工业过程故障诊断技术: 基于主元分析与偏最小二乘的方法 [M]. 北京: 科学出版社, 2011.

[4] Qian Quan et al. A new deep transfer learning network based on convolutional auto-encoder for mechanical fault diagnosis [J]. Measurement, 2021: 178.

[5] 李强, 孔祥玉, 罗家宇, 等. 基于并发改进偏最小二乘的质量相关和过程相关的故障诊断 [J]. 控制理论与应用, 2021, 38 (03): 318-328.

[6] 孙伟超, 李文海, 李文峰. 融合粗糙集与 D-S 证据理论的航空装备故障诊断 [J]. 北京航空航天大学学报, 2015, 41 (10): 1902-1909.

[7] Zhang J X, Chen M Y, Hong X. Nonlinear process monitoring using a mixture of probabilistic PCA with clusterings [J]. Neurocomputing, 2021, 458: 319-326.

[8] Helland I. S. On the structure of partial least squares regression [J]. Communications in statistics-Simulation and Computation, 1988, 17 (2): 581-607.

[9] De Jong S. SIMPLS: an alternative approach to partial least squares regression [J]. Chemometrics and intelligent laboratory systems, 1993, 18 (3): 251-263.

[10] Wold S, Kettaneh-Wold N, Skagerberg B. Nonlinear PLS modeling [J]. Chemometrics and intelligent laboratory systems, 1989, 7 (1-2): 53-65.

[11] Dayal B S, Macgregor J F. Improved PLS algorithms [J]. Journal of Chemometrics: A Journal of the Chemometrics Society, 1997, 11 (1): 73-85.

[12] Lindgren F, Geladi P, Wold S. The kernel algorithm for PLS [J]. Journal of Chemometrics, 1993, 7 (1): 45-59.

[13] Rännar S, Lindgren F, Geladi P, et al. A PLS kernel algorithm for data sets with many variables and fewer objects. Part 1: Theory and algorithm [J]. Journal of Chemometrics, 1994, 8 (2): 111-125.

[14] Wold S, Antti H, Lindgren F, et al. Orthogonal signal correction of near-infrared spectra [J]. Chemometrics and intelligent laboratory systems, 1998, 44 (1-2): 175-185.

[15] Sjöblom J, Svensson O, Josefson M, et al. An evaluation of orthogonal signal correction applied to calibration transfer of near infrared spectra [J]. Chemometrics and intelligent laboratory systems, 1998, 44 (1-2): 229-244.

[16] Andersson C A. Direct orthogonalization [J]. Chemometrics and intelligent laboratory sys-

tems, 1999, 47 (1): 51-63.

[17] Fearn T. On orthogonal signal correction [J]. Chemometrics and Intelligent Laboratory Systems, 2000, 50 (1): 47-52.

[18] Trygg J, Wold S. Orthogonal projections to latent structures (O-PLS) [J]. Journal of Chemometrics: A Journal of the Chemometrics Society, 2002, 16 (3): 119-128.

[19] Zhou D, Li G, Qin S. J. Total projection to latent structures for process monitoring [J]. Aiche Journal, 2010, 56 (1): 168-178.

[20] Qin S J, Zheng Y. Quality-relevant and process-relevant fault monitoring with concurrent projection to latent structures [J]. Aiche Journal, 2013, 59 (2): 496-504.

[21] Yin S, Ding S X, Zhang P, et al. Study on modifications of PLS approach for process monitoring [J]. Threshold, 2011, 2: 12389-12394.

[22] Peng K, Zhang K, You B, et al. Quality-relevant fault monitoring based on efficient projection to latent structures with application to hot strip mill process [J]. IET Control Theory & Applications, 2015, 9 (7): 1135-1145.

[23] Li G, Joe Qin S, Zhou D. Output relevant fault reconstruction and fault subspace extraction in total projection to latent structures models [J]. Industrial & Engineering Chemistry Research, 2010, 49 (19): 9175-9183.

[24] Frank I E. A nonlinear PLS model [J]. Chemometrics and Intelligent Laboratory Systems, 1990, 8 (2): 109-119.

[25] Qin S J, Mcavoy T J. Nonlinear PLS modeling using neural networks [J]. Computers & chemical engineering, 1992, 16 (4): 379-391.

[26] Malthouse E C, Tamhane A C, Mah R S. H. Nonlinear partial least squares [J]. Computers & Chemical Engineering, 1997, 21 (8): 875-890.

[27] Rosipal R, Trejo L J. Kernel partial least squares regression in reproducing kernel hilbert space [J]. Journal of Machine Learning Research, 2001, 2 (Dec): 97-123.

[28] Mercer J B. XVI. Functions of positive and negative type, and their connection the theory of integral equations [J]. Phil Trans R Soc Lond A, 1909, 209 (441-458): 415-446.

[29] Cover T M. Geometrical and statistical properties of systems of linear inequalities with applications in pattern recognition [J]. IEEE Transactions on Electronic Computers, 1965 (3): 326-334.

[30] Kim K, Lee J M, Lee I B. A novel multivariate regression approach based on kernel partial least squares with orthogonal signal correction [J]. Chemometrics and Intelligent Laboratory Systems, 2005, 79 (1-2): 22-30.

[31] Gao Y, Kong X, Hu C, et al. Multivariate data modeling using modified kernel partial least squares [J]. Chemical Engineering Research and Design, 2015, 94: 466-474.

[32] Peng K, Zhang K, Li G. Quality-related process monitoring based on total kernel PLS model and its industrial application [J]. Mathematical Problems in Engineering, 2013: 707953.

[33] Peng K, Zhang K, Li G, et al. Contribution rate plot for nonlinear quality-related fault diagnosis with application to the hot strip mill process [J]. Control Engineering Practice, 2013, 21 (4): 360-369.

[34] Mori J, Yu J. Quality relevant nonlinear batch process performance monitoring using a kernel based multiway non-Gaussian latent subspace projection approach [J]. Journal of Process Control, 2014, 24 (1): 57-71.

[35] Sun R, Fan Y, Zhang Y. Fault monitoring of nonlinear process based on kernel concurrent projection to latent structures [C] // Control Conference (CCC), 2014 33rd Chinese, 2014. IEEE.

[36] Zhang Y, Du W, Fan Y, et al. Process fault detection using directional kernel partial least squares [J]. Industrial & Engineering Chemistry Research, 2015, 54 (9): 2509-2518.

[37] Sheng N, Liu Q, Qin S. J, et al. Comprehensive monitoring of nonlinear processes based on concurrent kernel projection to latent structures [J]. IEEE Transactions on Automation Science and Engineering, 2016, 13 (2): 1129-1137.

[38] Zhang Y, Zhou H, Qin S J, et al. Decentralized fault diagnosis of large-scale processes using multiblock kernel partial least squares [J]. IEEE Transactions on Industrial Informatics, 2010, 6 (1): 3-10.

[39] Cutler C R, Ramaker B L. Dynamic matrix control-A computer control algorithm [C] // joint automatic control conference, 1980.

[40] Ricker N L. The use of biased least-squares estimators for parameters in discrete-time pulse-response models [J]. Industrial & Engineering Chemistry Research, 1988, 27 (2): 343-350.

[41] Ljung L. System identification: theory for the user [M]. Beijing: Tsinghua University Press, 2002.

[42] Qin S, Mcavoy T. A data-based process modeling approach and its applications [M]. Dynamics and Control of Chemical Reactors, Distillation Columns and Batch Processes. Elsevier, 1993: 93-98.

[43] Qin S J, Mcavoy T. Nonlinear FIR modeling via a neural net PLS approach [J]. Computers & chemical engineering, 1996, 20 (2): 147-159.

[44] Baffi G, Martin E, Morris A. Non-linear dynamic projection to latent structures modelling [J]. Chemometrics and Intelligent Laboratory Systems, 2000, 52 (1): 5-22.

[45] Chen J, Liu K C. On-line batch process monitoring using dynamic PCA and dynamic PLS models [J]. Chemical Engineering Science, 2002, 57 (1): 63-75.

[46] Lee G, Song S O, Yoon E S. Multiple-fault diagnosis based on system decomposition and dynamic PLS [J]. Industrial & Engineering Chemistry Research, 2003, 42 (24): 6145-6154.

[47] Liu Y, Chang Y, Wang F. Nonlinear dynamic quality-related process monitoring based on

dynamic total kernel PLS [C] // Intelligent Control and Automation (WCICA), 2014 11th World Congress on, 2014. IEEE.

[48] Liu Q, Qin S J, Chai T. Quality-relevant monitoring and diagnosis with dynamic concurrent projection to latent structures [J]. IFAC Proceedings Volumes, 2014, 47 (3): 2740-2745.

[49] 童楚东, 史旭华, 蓝艇. 正交信号校正的自回归模型及其在动态过程监测中的应用 [J]. 控制与决策, 2016, 31 (8): 1505-1508.

[50] Jiao J, Yu H, Wang G. A Quality-related fault detection approach based on dynamic least squares for process monitoring [J]. IEEE Trans Industrial Electronics, 2016, 63 (4): 2625-2632.

[51] Kaspar M H, Ray W H. Dynamic PLS modelling for process control [J]. Chemical Engineering Science, 1993, 48 (20): 3447-3461.

[52] Lakshminarayanan S, Shah S L, Nandakumar K. Modeling and control of multivariable processes: Dynamic PLS approach [J]. Aiche Journal, 1997, 43 (9): 2307-2322.

[53] Li G, Liu B, Qin S J, et al. Quality relevant data-driven modeling and monitoring of multivariate dynamic processes: The dynamic T-PLS approach [J]. IEEE Transactions on Neural Networks, 2011, 22 (12): 2262-2271.

[54] Dong Y, Qin S J. Dynamic-inner partial least squares for dynamic data modeling [J]. IFAC-PapersOnLine, 2015, 48 (8): 117-122.

[55] 刘强, 柴天佑, 秦泗钊, 等. 基于数据和知识的工业过程监视及故障诊断综述 [J]. 控制与决策, 2010, 25 (06): 801-807+813.

[56] Dai X W, Gao Z W. From model, signal to knowledge: a data-driven perspective of fault detection and diagnosis [J]. IEEE Transactions on Industrial Informatics, 2013, 9 (4): 2226-2238.

[57] Jutten C, Herault J. Blind separation of sources, Part 1: an adaptive algorithm based on neuromimetic architecture [J]. Signal Processing, 1991, 24 (1): 1-10.

[58] Bell A J, Sejnowski T J. An information-maximization approach to blind separation and blind deconvolution [J]. Neural Computation, 1995, 7 (6): 1129-1159.

[59] Yang H H, Amari S. Adaptive online learning algorithms for blind separation: maximum entropy and minimum mutual information [J]. Neural Computation, 1997, 9 (7): 1457-1482.

[60] Hyvärinen A. Fast and robust fixed-point algorithms for independent component analysis [J]. IEEE Transactions on Neural Networks, 1999, 10 (3): 626-634.

[61] Hyvärinen A, Oja E. Independent component analysis: algorithms and applications [J]. Neural Networks, 2000, 13 (4): 411-430.

[62] Li R F, Wang X Z. Dimension reduction of process dynamic trends using independent component analysis [J]. Computers and Chemical Engineering, 2002, 26 (3): 467-473.

[63] 杨竹青，李勇，胡德文．独立成分分析方法综述 [J]. 自动化学报，2002，28 (05)：763-772.

[64] Friedman J H. Exploratory projection pursuit [J]. Journal of the American Statistical Association, 1987, 82 (397): 249-266.

[65] Hyvärinen A, Oja E. A fast fixed-point algorithm for independent component analysis [J]. Neural Computation, 1997, 9 (7): 1483-1492.

[66] Bingham E, Hyvärinen A. A fast fixed-point algorithm for independent component analysis of complex valued signals [J]. International Journal of Neural Systems, 2000, 10 (01): 1-8.

[67] Chevalier P, Albera L, Comon P, et al. Comparative performance analysis of eight blind source separation methods on radiocommunications signals [C]. 2004 IEEE International Joint Conference on Neural Networks (IEEE Cat. No. 04CH37541). Budapest: IEEE, 2004: 273-278.

[68] Tichavsky P, Koldovsky Z, Oja E. Performance analysis of the FastICA algorithm and crame/spl acute/r-rao bounds for linear independent component analysis [J]. IEEE Transactions on Signal Processing, 2006, 54 (4): 1189-1203.

[69] Novey M, Adali T. On extending the complex FastICA algorithm to noncircular sources [J]. IEEE Transactions on Signal Processing, 2008, 56 (5): 2148-2154.

[70] Novey M, Adali T. Complex ICA by negentropy maximization [J]. IEEE Transactions on Neural Networks, 2008, 19 (4): 596-609.

[71] Lee J M, Qin S J, Lee I B. Fault detection and diagnosis based on modified independent component analysis [J]. AIChE Journal, 2006, 52 (10): 3501-3514.

[72] Huang S P, Chiu C C. Process monitoring with ICA-based signal extraction technique and CART approach [J]. Quality and Reliability Engineering International, 2009, 25 (5): 631-643.

[73] Zhang Y W, Zhang Y. Fault detection of non-gaussian processes based on modified independent component analysis [J]. Chemical Engineering Science, 2010, 65 (16): 4630-4639.

[74] Zarzoso V, Comon P. Robust independent component analysis by iterative maximization of the kurtosis contrast with algebraic optimal step size [J]. IEEE Transactions on Neural Networks, 2010, 21 (2): 248-261.

[75] Ge Z Q, Song Z H. Performance-driven ensemble learning ICA model for improved non-gaussian process monitoring [J]. Chemometrics and Intelligent Laboratory Systems, 2013 (123): 1-8.

[76] Tong C D, Palazoglu A, Yan X F, et al. Improved ICA for process monitoring based on ensemble learning and Bayesian inference [J]. Chemometrics and Intelligent Laboratory Systems, 2014 (135): 141-149.

[77] Jiang Q C, Yan X F. Non-gaussian chemical process monitoring with adaptively weighted independent component analysis and its applications [J]. Journal of Process Control, 2013, 23 (9): 1320-1331.

[78] Li X S, Wei D, Lei C, et al. Statistical process monitoring with biogeography-based optimization independent component analysis [J]. Mathematical Problems in Engineering, 2018, 2018 (2018): 1-14.

[79] Simon D. Biogeography-based optimization [J]. IEEE Transactions on Evolutionary Computation, 2008, 12 (6): 702-713.

[80] 张可，崔乐．基于 PCA-LSTM 模型的多元时间序列分类算法研究 [J]. 统计与决策, 36 (15): 44-49.

[81] Qin S J. Statistical process monitoring: basics and beyond [J]. Journal of Chemometrics, 2003, 17 (8/9): 480-502.

[82] Ku W, Storer R H, Georgakis C. Disturbance detection and isolation by dynamic principal component analysis [J]. Chemometrics and Intelligent Laboratory Systems, 1995, 30 (1): 179-196.

[83] Negiz A, Cinar A. Statistical monitoring of multivariable dynamic processes with state-space models [J]. Aiche Journal, 2010, 43 (8): 2002-2020.

[84] Qin S J. An overview of subspace identification [J]. Computers & Chemical Engineering, 2006, 30 (10/12): 1502-1513.

[85] Li W, Qin S J. Consistent dynamic PCA based on errors-in-variables subspace identification [J]. J Process Control, 2001, 11 (6): 661-678.

[86] Ding S X, Zhang P, Naik A, et al. Subspace method aided data-driven design of fault detection and isolation systems [J]. Journal of Process Control, 2009, 19 (9): 1496-1510.

[87] Wen Q, Ge Z, Song Z. Data-based linear Gaussian state-space model for dynamic process monitoring [J]. AIChE J, 2012, 58 (12): 3763-3776.

[88] Li G, Liu B, Qin S J, et al. Dynamic Latent Variable Modeling for Statistical Process Monitoring [C] // World Congress, 2011: 12886-12891.

[89] Li G, Qin S J, Zhou D. A new method of dynamic latent-variable modeling for process monitoring [J]. IEEE Transactions on Industrial Electronics, 2014, 61 (11): 6438-6445.

[90] Dong Y, Qin S J. A novel dynamic PCA algorithm for dynamic data modeling and process monitoring [J]. Journal of Process Control, 2017, 67: 1-11.

[91] Lee J M, Yoo C, Choi S W, P. A. Nonlinear process monitoring using kernel principal component analysis [J]. Chemical Engineering Science, 2004, 59 (1): 223-234.

[92] Lee. Fault detection of batch processes using multiway kernel principal component analysis [J]. Computers & Chemical Engineering, 2004, 28 (9): 1837-1847.

[93] Sang W C, Lee I B. Nonlinear dynamic process monitoring based on dynamic kernel PCA [J]. Chemical Engineering Science, 2004, 59 (24): 5897-5908.

[94] Jia M, Fei C, Wang F, et al. On-line batch process monitoring using batch dynamic kernel principal component analysis [J]. Chemometrics & Intelligent Laboratory Systems, 2010, 101 (2): 110-122.

[95] Jiang Q, Yan X. Nonlinear plant-wide process monitoring using MI-spectral clustering and Bayesian inference-based multiblock KPCA [J]. Journal of Process Control, 2015, 32: 38-50.

[96] Deng X, Tian X, Chen S. Modified kernel principal component analysis based on local structure analysis and its application to nonlinear process fault diagnosis [J]. Chemometrics and Intelligent Laboratory Systems, 2013, 127 (16): 195-209.

[97] Zhang Y, Li S, Hu Z. Improved multi-scale kernel principal component analysis and its application for fault detection [J]. Chemical Engineering Research & Design, 2012, 90 (9): 1271-1280.

[98] Mnassri Baligh et al. Fault detection and diagnosis based on pca and a new contribution plot [J]. IFAC Proceedings Volumes, 2009, 42 (8): 834-839.

[99] Miller P, Swanson R E, Heckler C F. Contribution plots: The missing link in multivariate quality control. 37th Annual Fall Conf. ASQC [C]. Quality and Technology, 1993.

[100] MacGregor J F, Kourti T. Statistical process control of multivariate processes [J]. Control Engineering Practice, 1995, 3 (3): 403-414.

[101] Miller P, Swanson R E, Heckler C E. Contribution plots: a missing link in multivariate quality control [J]. Applied Mathematics and Computer Science, 1998, 8 (4): 775-792.

[102] Louwerse D J, Tates A A, Smilde A K, et al. PLS discriminant analysis with contribution plots to determine differences between parallel batch reactors in the process industry [J]. Chemometrics and Intelligent Laboratory Systems, 1999, 46 (2): 197-206.

[103] Westerhuis J A, Gurden S P, Smilde A K. Generalized contribution plots in multivariate statistical process monitoring [J]. Chemometrics and Intelligent Laboratory Systems, 2000, 51 (1): 95-114.

[104] Conlin A K, Martin E B, Morris A J. Confidence limits for contribution plots [J]. Journal of Chemometrics, 2000, 14 (5-6): 725-736.

[105] Li G, Qin S Z, Ji Y D, et al. Total PLS based contribution plots for fault diagnosis [J]. Acta Automatica Sinica, 2009, 35 (6): 759-765.

[106] Alcala C F, Qin S J. Reconstruction-based contribution for process monitoring [J]. Automatica, 2009, 45 (7): 1593-1600.

[107] Li G, Qin S J, Chai T. Multi-directional reconstruction based contributions for root-cause diagnosis of dynamic processes [C]. 2014 American Control Conference. IEEE, 2014: 3500-3505.

[108] Alcala C F, Qin S J. Analysis and generalization of fault diagnosis methods for process mo-

nitoring [J]. Journal of Process Control, 2011, 21 (3): 322-330.

[109] Van den Kerkhof P, Vanlaer J, Gins G, et al. Analysis of smearing-out in contribution plot based fault isolation for statistical process control [J]. Chemical Engineering Science, 2013, 104: 285-293.

[110] Peng K, Zhang K, Li G, et al. Contribution rate plot for nonlinear quality-related fault diagnosis with application to the hot strip mill process [J]. Control Engineering Practice, 2013, 21 (4): 360-369.

[111] Liu J, Chen D S. Fault isolation using modified contribution plots [J]. Computers & Chemical Engineering, 2014, 61: 9-19.

[112] Xuan J, Xu Z, Sun Y. Incipient sensor fault diagnosis based on average residual-difference reconstruction contribution plot [J]. Industrial & Engineering Chemistry Research, 2014, 53 (18): 7706-7713.

[113] Mnassri B, Ouladsine M. Reconstruction-based contribution approaches for improved fault diagnosis using principal component analysis [J]. Journal of Process Control, 2015, 33: 60-76.

[114] Li G, Hu Y, Chen H, et al. A sensor fault detection and diagnosis strategy for screw chiller system using support vector data description-based D-statistic and DV-contribution plots [J]. Energy and Buildings, 2016, 133: 230-245.

[115] Wang J, Ge W, Zhou J, et al. Fault isolation based on residual evaluation and contribution analysis [J]. Journal of the Franklin Institute, 2017, 354 (6): 2591-2612.

[116] Shang C, Ji H, Huang X, et al. Generalized grouped contributions for hierarchical fault diagnosis with group Lasso [J]. Control Engineering Practice, 2019, 93: 104193.

[117] Zhu W, Zhen W, Jiao J. Partial derivate contribution plot based on KPLS-KSER for nonlinear process fault diagnosis [C]\\2019 34rd Youth Academic Annual Conference of Chinese Association of Automation (YAC). IEEE, 2019: 735-740.

[118] Qian J, Jiang L, Song Z. Locally linear back-propagation based contribution for nonlinear process fault diagnosis [J]. IEEE/CAA Journal of Automatica Sinica, 2020, 7 (3): 764-775.

[119] Zhou P, Zhang R, Liang M, et al. Fault identification for quality monitoring of molten iron in blast furnace ironmaking based on KPLS with improved contribution rate [J]. Control Engineering Practice, 2020, 97: 104354.

[120] Dunia R, Qin S J. Subspace approach to multidimensional fault identification and reconstruction [J]. AIChE J, 1998, 44, 1813-1831.

[121] Zhao C H, Gao F. Fault subspace selection approach combined with analysis of relative changes for reconstruction modeling and multifault diagnosis [J]. IEEE Transactions on Control Systems Technology: A publication of the IEEE Control Systems Society, 2016, 24 (3): 928-939.

[122] Zhang Y, Fan Y, Du W. Nonlinear process monitoring using regression and reconstruction method [J]. IEEE Transactions on Automation Science & Engineering, 2016, 13 (3): 1343-1354.

[123] Li G, Qin S J, D Zhou. Output relevant fault reconstruction and fault subspace extraction in total projection to latent structures models [J]. Industrial & Engineering Chemistry Research, 2010, 49 (19): 9175-9183.

第 2 章　过程监控的基础理论与方法

过程监控通常包括异常监测与故障诊断，所依托的主要理论与方法是以主成分分析方法[1]、偏最小二乘方法[2]、费舍尔判别分析方法[3]、相对变化分析[4]、独立成分分析[5]等为核心的多变量统计投影方法。本章将简要介绍这些方法的主要原理以及基于相应的状态监测与故障诊断方法中所涉及的若干问题。

2.1　引言

随着“中国制造 2025”的提出和工业技术飞速发展的新形势下，大型复杂的高精尖、自动化装备以及生产系统已广泛应用于诸如化工、航空航天、汽车、钢铁、电子、建材等各个领域[6-7]。而由于这些系统规模庞大复杂且集成度高，一旦出现故障将可能导致资源浪费、财产损失甚至人员受伤等严重后果。为了增强大型复杂系统的可靠性、可修复性和安全性，必须在事故发生前对其故障予以预警，发生时迅速报警，发生后及时定位，进而做出正确决策，为其安全可靠运行提供保障。

在对复杂装备健康管理的研究中，国内外学者已提出很多监测方法，如基于声发射的方法[8]、基于超声图像处理的方法[9]、基于光纤光栅传感的方法[10]和基于摄像/景象测量的方法[11]，但这些方法仍不足以支撑大型复杂系统的整体性故障诊断。从系统安全运行建模与诊断的国内外研究现状与发展趋势来看，现如今主要的故障诊断方法是基于解析模型的方法[12-13]和基于数据驱动的方法[14-15]。基于解析模型的故障诊断方法利用对系统内部的深层认识，建立诊断对象精确的数学模型，以此获得良好的诊断效果。但该类方法过于依赖数学模型，不能解决机理不清的复杂系统的故障诊断问题。大型复杂系统的结构庞大而繁杂，机理不清，故障原因多样，基于解析模型的方法无法快速对其进行故障诊断。

基于数据驱动的方法主要依赖于数据的统计分析。在国民经济、国防工业等许多部门中存在许多大型复杂工程系统，这些系统具有长期储存、一次使用的特点。为了保证这些系统随时处于良好的可使用状态是现实中必须解决的重大工程问题。为保证系统随时处于良好的状态，需要大量的测试。通过测试，获得大量能够反映系统本质特性的可利用数据。如何利用这些数据并充分挖掘其蕴含的有用信息，提取反映其本质属性的特征信息是系统故障诊断和预测维护等应用中的关键和基础性工作。基于数据驱动的统计分析和建模方法不需要精确的解析模型和机理知识，使得在工业生产中受到广泛的认可和推广应用。在使用数据驱动方法的同时，需要充分考虑过程数据可能存在以下几个特点。

1. 数据的高维度

现代工业过程中通常会布置几十甚至几百个传感器，而随着计算机运行速度的提升，可以在很短的时间内就通过这些传感器获取到海量的数据。在该过程中，大量测量变量导致数据的维度通常可以达到成百上千维。因此，如何在高维的数据变量中高效提取有效变量及关键特征，从而实现数据降维，是目前数据驱动方法的迫切要求[16]。

2. 数据变量间的相关性

在工业过程监控中，通常存在大量的、高度相关的、可以反映同一特征的过程变量。在复杂的系统中，这些变量遵从一定的运行机理进而可能出现复杂的耦合关系。使传统的方法在建模中出现过拟合或者特征冗余的问题，使健康监测和故障诊断难以奏效[17]。

3. 数据的非线性

在实际系统中，过程变量与过程变量之间以及过程变量与质量变量之间都存在非线性关系，难以用简单的线性关系去拟合，使得在实际过程监控应用中往往无法得到令人满意的效果。因此，在统计分析的数据建模中，需要考虑当数据表现出的非线性行为时变量间的非线性关系[18]。

4. 数据的非高斯性

现有的数据驱动方法在建模中一般默认变量呈高斯分布，但是随着过程复杂程度不断提升以及存在各种噪声的干扰，往往实际的过程难以满足高斯分布的条件。由于非高斯分布数据中的高阶统计量可能存在反映过程特征的关键信息，因此需要考虑当数据呈非高斯分布时，如何提取有效的高阶特征从而提高过程监控的准确性和可靠性[19]。

5. 数据的动态特性

在多变量过程监控领域中，大多数的工业过程都是实时在线动态系统，该类系统的特点是状态变量是时间函数，随时间而变化，不同时刻之间的变量存在相关性且会相互影响，这使得对系统故障检测与诊断的难度上升[20]。

上述问题是基于数据驱动方法在统计分析和过程建模中备受困扰的难点，直到多元统计分析（MSA）方法[21,23]在20世纪80年代被应用到过程监控领域。MSA依托的主要理论是以主元分析（PCA）[1]、规范变量分析（CVA）[24]、独立成分分析（ICA）[5]、费舍尔判别分析（FDA）[3]、偏最小二乘（PLS）[2]等为核心的投影降维算法。在大型复杂系统中，大量过程变量中通常仅有几个关键的变量，关键变量的变化会影响整个系统的运行以及最终产品的质量，甚至造成重大事故。人们把这些关键变量称为质量变量。然而PCA、ICA和FDA算法对大型复杂系统中所有变量进行无差别的监控，在降维过程中并未考虑质量变量，可能去掉一些与质量变量相关的关键信息，而这些关键信息的缺失会造成过程监控失效。基于这一不足，人们提出了质量相关的投影降维算法，如CVA和PLS，这类算法在进行投影降维建模的同时尽可能保留了与质量变量相关的信息。在过程监控领域，这类算法通常称为质量相关的故障检测与诊断方法。CVA常用于动态系统建模，而PLS的研究更为广泛，人们已经提出大量线性、非线性以及动态PLS拓展模型。质量指标的正常与否往往与系统中其他部件的情况存在相关性。

2.2 多变量统计过程监控

过程监控技术是一种普遍应用在大型工业如化工、冶炼、石化等的健康状态检测方法。其目的是当生产过程出现异常工况时，可以及时有效地报警，避免不合格产品的产出，从而降低生产成本。

基于多变量统计的过程监控技术通常包含3个过程：①数据的预处理；②离线建立数据模型；③在线实时监测。通过标准化、归一化等预处理方法，使不同测量变量的数据统一到同一尺度。在离线阶段，通过正常数据训练数据模型，寻找投影方向并构造控制限。在在线监测阶段，将测试数据沿模型进行投影并构造统计量，进行故障检测。

2.2.1 数据的标准化处理

数据的标准化处理是模型构建以及过程监控中必不可少的首要环节。在实际过程中，不同的指标通常存在量纲数量级别差异大，如果直接使用原始数据提取特征，可能会导致数值较大的指标在特征分析中占主导作用，而相对削弱来自数值较低指标的作用，从而无法准确反映整个过程的波动情况。例如，在房价的预测中，影响房价的因素有房屋面积、卧室数量、楼层高度等。显然，这些特征的量纲和数量级都不相同，如果直接使用原始数据，不同变量的数值差异会导致对房价的判断偏向于数值大的变量。因此，在采集到过程变量后，需要先对数据进行标准化处理。一个良好的数据标准化方法可以突出变量之间的相关关系，使不同变量的量纲达到同一波动级别，进而使不同的特征具有相关的尺度。数据的标准化通常包含两个过程[25]，即数据的中心化和无量纲化。

数据标准化的实质就是将数值进行平移到样本集合的重心，然后按比例进行缩放。设有数据矩阵 $\boldsymbol{X} \in \mathbf{R}^{n \times m}$，其中设有 m 个变量，采集 n 个样本。对 $\boldsymbol{X}$ 的中心化的数学表示为

$$\bar{x}_{i,j} = x_{i,j} - u_j \tag{2.1}$$

式中：$x_{i,j}$ 为对第 j 个变量的第 i 次采样；$u_j = \frac{1}{n}\sum_{i=1}^{n} x_{i,j}$ 为第 j 个变量的样本均值。由式（2.1）可知，中心化处理不会改变数据点之间的相关位置关系，也不会改变变量间的相关性。

当对数据进行中心化处理后，数据量纲的差异仍然会影响数值分析。因此需要进一步进行无量纲化的缩放处理，即

$$x_{i,j}^{*} = \frac{\bar{x}_{i,j}}{\delta_j} \tag{2.2}$$

式中：$\delta_j = \sqrt{\frac{1}{n-1}(x_{i,j} - u_j)^2}$。上述两个过程可以结合为一个处理过程，即

$$x_{i,j}^{*} = \frac{x_{i,j} - u_j}{\delta_j} \tag{2.3}$$

在后续章节的介绍中，如无特别说明，都按式（2.3）进行了数据标准化预处理。

2.2.2　主成分分析

主成分分析（PCA）是一种多元统计分析方法，在过程监测、数据分析、模式识别中都得到了广泛的应用。其主要思想是在损失少量信息的前提下，以较低维度的主成分来反映原始数据，其中每个成分都是原始变量的线性组合，且各成分之间互相正交，从而有效避免信息的重叠。基于此，主成分分析逐渐被广泛应用于特征提取和数据降维。

设过程数据矩阵 $\boldsymbol{X}$ 包含 p 个变量，且进行了 n 次采样，有以下形式，即

$$\boldsymbol{X}=\begin{bmatrix} x_{11} & x_{12} & \cdots & x_{1p} \\ x_{21} & x_{22} & \cdots & x_{2p} \\ \vdots & \vdots & \ddots & \vdots \\ x_{n1} & x_{n2} & \cdots & x_{np} \end{bmatrix}=[\boldsymbol{x}_1,\boldsymbol{x}_2,\cdots,\boldsymbol{x}_p] \tag{2.4}$$

式中：$\boldsymbol{x}_i=[x_{1i},x_{2i},\cdots,x_{ni}]^{\mathrm{T}}$，$i=1,2,\cdots,p$。

主成分分析的本质就是将原始数据 $\boldsymbol{X}$ 的 p 个变量通过线性组合，构成新的低维潜变量 $\boldsymbol{T}$，且满足下式，即

$$\begin{cases} \boldsymbol{t}_1=p_{11}\boldsymbol{x}_1+p_{21}\boldsymbol{x}_2+\cdots+p_{m1}\boldsymbol{x}_m \\ \boldsymbol{t}_2=p_{12}\boldsymbol{x}_1+p_{22}\boldsymbol{x}_2+\cdots+p_{m2}\boldsymbol{x}_m \\ \vdots \\ \boldsymbol{t}_A=p_{1A}\boldsymbol{x}_1+p_{2A}\boldsymbol{x}_2+\cdots+p_{mA}\boldsymbol{x}_m \end{cases} \Rightarrow \boldsymbol{T}=\boldsymbol{XP} \tag{2.5}$$

式中：$\boldsymbol{T}=[\boldsymbol{t}_1,\boldsymbol{t}_2,\cdots,\boldsymbol{t}_A]$；$\boldsymbol{p}_i=[p_{1i},p_{2i},\cdots,p_{mi}]$；$A$ 为主元个数。

主成分分析模型可表达为

$$\boldsymbol{X}=\boldsymbol{TP}^{\mathrm{T}}+\widetilde{\boldsymbol{X}} \tag{2.6}$$

式中：$\widetilde{\boldsymbol{X}}$为残差空间；$\boldsymbol{T}$ 为得分矩阵，也代表 $\boldsymbol{X}$ 的主成分，并且 $\boldsymbol{T}=\boldsymbol{XP}$；$\boldsymbol{P}$ 为负载矩阵，也是投影矩阵。对于 $\boldsymbol{T}$，各分量之间是正交的，即对任意的 i 和 j，当 $i\neq j$ 时，$\boldsymbol{t}_i^{\mathrm{T}}\boldsymbol{t}_j=0$；当 $i=j$ 时，$\boldsymbol{t}_i^{\mathrm{T}}\boldsymbol{t}_j=1$。该性质保证了经主成分分析提取后的各成分是互相独立的，且各成分之间信息互不重叠。对于负载矩阵，各负载向量也是正交的，即对任意的 i 和 j，当 $i\neq j$ 时，$\boldsymbol{p}_i^{\mathrm{T}}\boldsymbol{p}_j=0$；当 $i=j$ 时，$\boldsymbol{p}_i^{\mathrm{T}}\boldsymbol{p}_j=1$。表明了负载向量本质上也是一组单位正交基。

下面将从信息提取的角度来分析主成分分析的建模过程。在主成分分析中，其目的是最大化保留投影后的数据信息。基于此，引入了方差来分析数据的离散程度，公式为

$$\mathrm{Var}(\boldsymbol{t})=\frac{1}{m}\sum_{i=1}^{m}\boldsymbol{t}_i^2 \tag{2.7}$$

由（2.7）可知，为最大化各成分包含的信息，需尽可能满足 $\boldsymbol{t}_i^2$ 最大。同时为避免不同成分间信息冗余，不同成分间具有正交性质，因此需要尽可能满足 $\boldsymbol{t}_i^{\mathrm{T}}\boldsymbol{t}_j=0$。由此，引入协方差进行求解，给出以下表达式，即

$$\boldsymbol{T}^{\mathrm{T}}\boldsymbol{T}=\begin{bmatrix} \boldsymbol{t}_1^2 & \boldsymbol{t}_1\boldsymbol{t}_2 & \cdots & \boldsymbol{t}_1\boldsymbol{t}_m \\ \boldsymbol{t}_2\boldsymbol{t}_1 & \boldsymbol{t}_2^2 & \cdots & \boldsymbol{t}_2\boldsymbol{t}_m \\ \vdots & \vdots & \ddots & \vdots \\ \boldsymbol{t}_m\boldsymbol{t}_1 & \boldsymbol{t}_m\boldsymbol{t}_2 & \cdots & \boldsymbol{t}_m^2 \end{bmatrix} \tag{2.8}$$

由式（2.8）可得，主成分的特性被统一到了协方差矩阵中。假设输入

为 $\boldsymbol{X}$，投影矩阵为 $\boldsymbol{P}$，则投影后的降维数据可得 $\boldsymbol{T}=\boldsymbol{XP}$。现求 $\boldsymbol{T}$ 的协方差矩阵为

$$\frac{1}{n}\boldsymbol{T}^{\mathrm{T}}\boldsymbol{T}=\boldsymbol{P}^{\mathrm{T}}\left(\frac{1}{n}\boldsymbol{X}^{\mathrm{T}}\boldsymbol{X}\right)\boldsymbol{P} \tag{2.9}$$

显然，为满足主成分分析性质，将式（2.9）相似对角化即可。因此，PCA 降维即是通过对输入数据的协方差矩阵进行特征分解得到负载矩阵 $\boldsymbol{P}$，原始数据沿 $\boldsymbol{P}$ 投影后的低维数据即为得分矩阵。

此外，求取主成分负载矩阵的另一种常见方法是奇异值分解（SVD）[26]，通过对 $\boldsymbol{X}$ 采用 SVD 分解可同样求得负载矩阵，且计算负载度较特征分解更低，因此在 PCA 分解中也得到广泛的应用。在 PCA 分解中，主成分的个数同样是重要的参数，且有多种可以确定主成分个数的方法，其中主成分累积贡献率法和交叉验证法最为常用，详见参考文献［27-28］。

2.2.3 偏最小二乘

偏最小二乘（PLS）算法又称为潜结构投影算法，主要用于多元回归分析中的数据特征提取、多重相关性分析等实际问题。在 PLS 模型中需要明确两类变量[29]：一类是可以直接测量的变量，称为显变量，表现为输入和输出数据并且通常具有强相关性；另一类是由原始数据投影后得到的变量，称为潜变量，该变量无法直接建模，是原始数据变量间的线性组合。潜变量也称为得分向量或者主成分，即主元，潜变量之间是相互独立的。

传统的 PLS 模型构造方法与 PCA 模型类似，PCA 模型通过提取输入变量中的最大变异来构造模型，即模型的目标函数是自协方差最大，按照特征量的大小提取潜变量。PLS 建模过程中与 PCA 不同的是，PLS 潜变量提取原则是按照输入和输出互协方差的特征信息大小顺序提取。提取的信息中不仅包含了输入中包含信息较大的变异，同时还包含了与输出相关的信息，即 PLS 具有提取输入中与输出相关信息的性质。

假设自变量数据矩阵 $\boldsymbol{X}=[\boldsymbol{x}_1,\boldsymbol{x}_2,\cdots,\boldsymbol{x}_n]^{\mathrm{T}}\in\mathbf{R}^{n\times m}$ 的潜变量为 $\boldsymbol{t}_i(i=1,2,\cdots,A)$，因变量数据矩阵 $\boldsymbol{Y}=[\boldsymbol{y}_1,\boldsymbol{y}_2,\cdots,\boldsymbol{y}_n]^{\mathrm{T}}\in\mathbf{R}^{n\times p}$ 的潜变量为 $\boldsymbol{u}_i(i=1,2,\cdots,A)$，其中 $\boldsymbol{X}$ 和 $\boldsymbol{Y}$ 是零均值、单位方差标准化后的数据矩阵，$\boldsymbol{X}$ 和 $\boldsymbol{Y}$ 通常也称为输入和输出。由上述概念得

$$\boldsymbol{t}_i=\boldsymbol{X}\boldsymbol{w}_i,\quad \boldsymbol{u}_i=\boldsymbol{Y}\boldsymbol{c}_i, i=1,2,\cdots,A \tag{2.10}$$

式中：$\boldsymbol{w}_i$ 和 $\boldsymbol{c}_i$ 分别为输入潜变量 $\boldsymbol{t}_i$ 和输出潜变量 $\boldsymbol{u}_i$ 的权向量；权重矩阵为 $\boldsymbol{W}=[\boldsymbol{w}_1,\boldsymbol{w}_2,\cdots,\boldsymbol{w}_A]$；$A$ 为潜变量的个数，一般由交叉验证得到。

PLS 首先需要提取出输入 $\boldsymbol{X}$ 和输出 $\boldsymbol{Y}$ 的潜变量 $\boldsymbol{t}_i$ 和 $\boldsymbol{u}_i$，潜变量也叫得分，

即主元。潜变量的选取应满足两个原则[30]：①$\boldsymbol{t}_i$ 和 $\boldsymbol{u}_i$ 尽可能大的携带各自数据矩阵的变异信息；②$\boldsymbol{t}_i$ 和 $\boldsymbol{u}_i$ 的相关程度能够达到最大。这两个要求表明，得分 $\boldsymbol{t}_i$ 和 $\boldsymbol{u}_i$ 应尽可能好地代表 $\boldsymbol{X}$ 和 $\boldsymbol{Y}$，同时，$\boldsymbol{t}_i$ 对 $\boldsymbol{u}_i$ 又具有很强的解释能力，也就是 PLS 算法要求 $\boldsymbol{t}_i$ 和 $\boldsymbol{u}_i$ 的协方差达到最大，即

$$\mathrm{Cov}(\boldsymbol{t}_i,\boldsymbol{u}_i)=\sqrt{\mathrm{Var}(\boldsymbol{t}_i)\mathrm{Var}(\boldsymbol{u}_i)}\,r(\boldsymbol{t}_i,\boldsymbol{u}_i)\to\max \tag{2.11}$$

可转化为以下优化问题的解，即

$$\begin{cases}\max \boldsymbol{w}_i^{\mathrm{T}}\boldsymbol{X}_i^{\mathrm{T}}\boldsymbol{Y}_i\boldsymbol{c}_i \\ \text{s. t. } \|\boldsymbol{w}_i\|=\|\boldsymbol{c}_i\|=1\end{cases} \tag{2.12}$$

通过拉格朗日乘数法[31]求解该优化问题，可得到最终模型构建为

$$\begin{cases}\boldsymbol{X}=\hat{\boldsymbol{X}}+\widetilde{\boldsymbol{X}}=\sum\limits_{i=1}^{A}\boldsymbol{t}_i\boldsymbol{p}_i^{\mathrm{T}}+\widetilde{\boldsymbol{X}}=\boldsymbol{T}\boldsymbol{P}^{\mathrm{T}}+\widetilde{\boldsymbol{X}} \\ \boldsymbol{Y}=\hat{\boldsymbol{Y}}+\widetilde{\boldsymbol{Y}}^{*}=\sum\limits_{i=1}^{A}\boldsymbol{u}_i\boldsymbol{q}_i^{*\mathrm{T}}+\widetilde{\boldsymbol{Y}}^{*}=\boldsymbol{U}\boldsymbol{Q}^{*\mathrm{T}}+\widetilde{\boldsymbol{Y}}^{*}\end{cases} \tag{2.13}$$

式中：$\hat{\boldsymbol{X}}$为主元子空间；$\widetilde{\boldsymbol{X}}$为残差子空间；$\hat{\boldsymbol{Y}}$为可预测部分；$\widetilde{\boldsymbol{Y}}^{*}$为残差；$\boldsymbol{T}=[\boldsymbol{t}_1,\boldsymbol{t}_2,\cdots,\boldsymbol{t}_A]$为得分矩阵；$\boldsymbol{P}=[\boldsymbol{p}_1,\boldsymbol{p}_2,\cdots,\boldsymbol{p}_A]$；$\boldsymbol{Q}^{*}=[\boldsymbol{q}_1^{*},\boldsymbol{q}_2^{*},\cdots,\boldsymbol{q}_A^{*}]$为对应于 $\boldsymbol{X}$ 和 $\boldsymbol{Y}$ 的负载矩阵。$\boldsymbol{B}=\mathrm{diag}\{\boldsymbol{b}_1,\boldsymbol{b}_2,\cdots,\boldsymbol{b}_A\}$，$\boldsymbol{b}_i$ 为内部回归系数，$\boldsymbol{U}=\boldsymbol{T}\boldsymbol{B}$ 内部模型为

$$\boldsymbol{u}_i=\boldsymbol{b}_i\boldsymbol{t}_i+\boldsymbol{r}_i \tag{2.14}$$

式中：$\boldsymbol{r}_i$ 为残差。

该模型为线性内部模型，可改为非线性或动态内部模型，得到非线性和动态 PLS 模型，线性 PLS 内、外部模型示意图如图 2.1 所示。

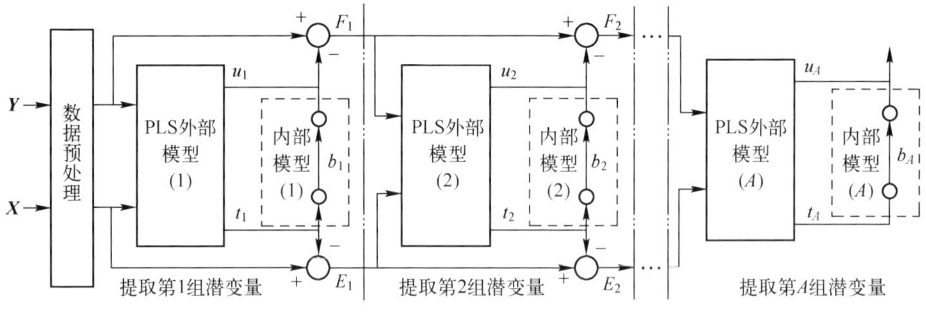

图 2.1　线性 PLS 内、外部模型示意图

在过程监控领域中，PLS 模型参数通常由非线性迭代（NIPALS）算法求解[32]，最终 $\boldsymbol{X}$ 和 $\boldsymbol{Y}$ 对 $\boldsymbol{t}_i$ 进行回归建模为

$$
\begin{cases}
\boldsymbol{X} = \hat{\boldsymbol{X}} + \widetilde{\boldsymbol{X}} = \sum_{i=1}^{A} \boldsymbol{t}_i \boldsymbol{p}_i^{\mathrm{T}} + \widetilde{\boldsymbol{X}} = \boldsymbol{T}\boldsymbol{P}^{\mathrm{T}} + \widetilde{\boldsymbol{X}} \\
\boldsymbol{Y} = \hat{\boldsymbol{Y}} + \widetilde{\boldsymbol{Y}} = \sum_{i=1}^{A} \boldsymbol{t}_i \boldsymbol{q}_i^{\mathrm{T}} + \widetilde{\boldsymbol{Y}} = \boldsymbol{T}\boldsymbol{Q}^{\mathrm{T}} + \widetilde{\boldsymbol{Y}}
\end{cases}
\tag{2.15}
$$

式中：$\boldsymbol{Q}=[\boldsymbol{q}_1,\boldsymbol{q}_2,\cdots,\boldsymbol{q}_A]$为 $\boldsymbol{Y}$ 对 $\boldsymbol{T}$ 的回归矩阵，通常称为负载矩阵。由于 $\boldsymbol{T}$ 无法从 $\boldsymbol{X}$ 中直接计算得到，引入了新权重矩阵 $\boldsymbol{R}=\boldsymbol{W}(\boldsymbol{P}^{\mathrm{T}}\boldsymbol{W})^{-1}$[33]，可得 $\boldsymbol{T}=\boldsymbol{X}\boldsymbol{R}$，基于 $\boldsymbol{R}$ 可得到 $\boldsymbol{Y}$ 对 $\boldsymbol{X}$ 的回归矩阵 $\boldsymbol{C}=\boldsymbol{R}\boldsymbol{Q}^{\mathrm{T}}$。

以上两种回归模型有近似关系，即 $\boldsymbol{Q}^{\mathrm{T}}\approx\boldsymbol{B}\boldsymbol{Q}^{*\mathrm{T}}$。这两种回归模型都基于标准的 PLS，标准 PLS 在 $\boldsymbol{X}$ 空间诱导了一个斜交分解[34]，将 $\boldsymbol{X}$ 空间分解为主元子空间$\hat{\boldsymbol{X}}$和残差子空间$\widetilde{\boldsymbol{X}}$。

2.2.4　独立成分分析

在工业过程的建模中，通常过程数据是在默认服从高斯分布的假设下进行建模的，而实际的复杂系统由于动态扰动的存在，很难满足高斯分布的大前提。在这种情况下，更多的研究者开始关心如何从非高斯分布的过程数据中较准确地提取特征，进而进行过程数据建模。独立成分分析（ICA）是目前常用的非高斯建模方法，最开始是为解决“鸡尾酒会”这类盲源分离（blind source separation，BBS）问题而提出的。自它提出以来，引起了学术界和工程师的普遍关注，使其在信号处理、金融数据分析、故障检测及诊断、无线通信和图像处理等领域均有了广泛的应用。从 Lee 等[35]于 2004 年实现 ICA 在工业过程中的故障检测及诊断以后，大量的改进 ICA 模型被提出[36-38]，ICA 成为过程监测领域中非高斯过程数据特征提取和故障检测及诊断的有力工具。

假设一个房间有 4 个工作人员和位置摆放不同的 4 个麦克风。当他们同时讲话时，这 4 个麦克风会因距离不同而记录不同时间的信号幅值。假设 t 代表时间变量，$s_1(t)$、$s_2(t)$、$s_3(t)$、$s_4(t)$代表 4 个工作人员发出的语音信号，$x_1(t)$、$x_2(t)$、$x_3(t)$、$x_4(t)$代表麦克风记录的时间信号。这 4 个工作人员发出的语音信号 $s_1(t)$、$s_2(t)$、$s_3(t)$、$s_4(t)$通过线性加权构成麦克风记录的时间信号 $x_1(t)$、$x_2(t)$、$x_3(t)$、$x_4(t)$，其线性表达式为

$$x_1(t)=a_{11}s_1(t)+a_{12}s_2(t)+a_{13}s_3(t)+a_{14}s_4(t) \tag{2.16}$$

$$x_2(t)=a_{21}s_1(t)+a_{22}s_2(t)+a_{23}s_3(t)+a_{24}s_4(t) \tag{2.17}$$

$$x_3(t)=a_{31}s_1(t)+a_{32}s_2(t)+a_{33}s_3(t)+a_{34}s_4(t) \tag{2.18}$$

$$x_4(t)=a_{41}s_1(t)+a_{42}s_2(t)+a_{43}s_3(t)+a_{44}s_4(t) \tag{2.19}$$

其中，麦克风和工作人员的距离决定 $a_{ij}(i、j=1,2,3,4)$。

BBS 指在信号混叠方式未知的情况下，仅根据实际采集的混合信号 $x_i(t)$ 求解原始单一信号 $s_i(t)$。人们为解决 BBS 问题提出了 ICA，ICA 的原理图和示意图分别如图 2.2 和图 2.3 所示。

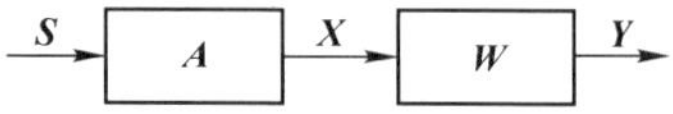

图 2.2 ICA 原理框图

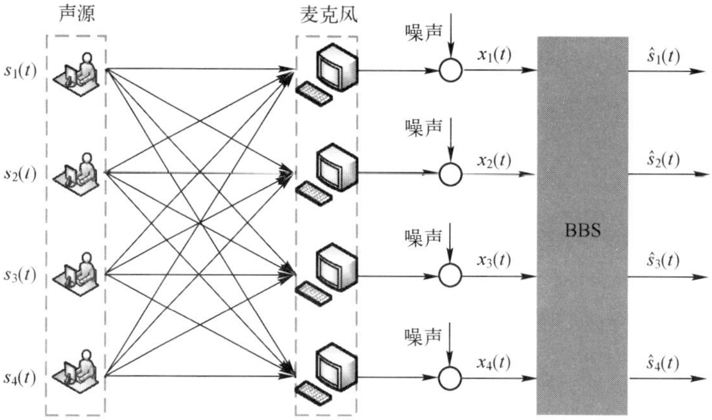

图 2.3 ICA 示意图

ICA 通过将观测到的数据矩阵分解成 IC 的线性组合来寻求 IC，IC 代表统计独立并且它们是非高斯性的潜变量。ICA 的数学模型为

$$\boldsymbol{X}=\boldsymbol{A}\boldsymbol{S} \tag{2.20}$$

式中：$\boldsymbol{X}\in\mathbf{R}^{m\times n}$ 为测量变量矩阵；$\boldsymbol{A}\in\mathbf{R}^{m\times d}$ 为混合矩阵；$\boldsymbol{S}\in\mathbf{R}^{d\times n}$ 为独立成分矩阵；d 为独立成分数；m 为变量数；n 为样本数。

实际问题是，除了测量变量矩阵 $\boldsymbol{X}$ 外，剩余的独立成分矩阵 $\boldsymbol{S}$、混合矩阵 $\boldsymbol{A}$ 均是未知的。因此，需要将实际求解问题转化为根据测量矩阵 $\boldsymbol{X}$ 求解混合矩阵 $\boldsymbol{W}\in\mathbf{R}^{d\times m}$，最终得到输出 $\boldsymbol{Y}$ 的最优估计 $\hat{\boldsymbol{S}}$，即

$$\hat{\boldsymbol{S}}=\boldsymbol{W}\boldsymbol{X} \tag{2.21}$$

式中：$\boldsymbol{X}\in\mathbf{R}^{m\times n}$ 为拥有 n 个样本的观测数据矩阵；$\hat{\boldsymbol{S}}\in\mathbf{R}^{d\times n}$ 为重构的拥有 d 个 IC 的独立成分矩阵。

2.2.5 全潜结构投影模型

由于 PLS 模型的残差中存在特征值较大的信息量，不适合 Q 统计量的监测。因此，Zhou 等[39]提出了基于标准 PLS 的全潜结构投影（T-PLS）算法，

以提高监测性能。TPLS 是一种基于标准 PLS 算法的后处理算法，它将整个 $\boldsymbol{X}$ 空间划分为 4 个子空间，并分别用 4 个统计量来监测变化。

TPLS 模型建模为

$$\begin{cases}\boldsymbol{X}=\boldsymbol{X}_{\mathrm{y}}+\boldsymbol{X}_{\mathrm{o}}+\boldsymbol{X}_{\mathrm{r}}+\boldsymbol{E}_{\mathrm{r}}\\ \quad=\boldsymbol{T}_{\mathrm{y}}\boldsymbol{P}_{\mathrm{y}}^{\mathrm{T}}+\boldsymbol{T}_{\mathrm{o}}\boldsymbol{P}_{\mathrm{o}}^{\mathrm{T}}+\boldsymbol{T}_{\mathrm{r}}\boldsymbol{P}_{\mathrm{r}}^{\mathrm{T}}+\boldsymbol{E}_{\mathrm{r}}\\ \boldsymbol{Y}=\boldsymbol{T}_{\mathrm{y}}\boldsymbol{Q}_{\mathrm{y}}^{\mathrm{T}}+\widetilde{\boldsymbol{Y}}\end{cases} \tag{2.22}$$

式中：$\boldsymbol{T}_{\mathrm{y}}$、$\boldsymbol{T}_{\mathrm{o}}$ 和 $\boldsymbol{T}_{\mathrm{r}}$ 为质量相关部分、质量相关中成分较小的部分以及质量无关部分的得分矩阵；$\boldsymbol{P}_{\mathrm{y}}$、$\boldsymbol{P}_{\mathrm{o}}$ 和 $\boldsymbol{P}_{\mathrm{r}}$ 为对应的负载矩阵；$\boldsymbol{X}_{\mathrm{y}}$ 为负责监测质量指标；$\boldsymbol{X}_{\mathrm{o}}$ 为 PLS 主元子空间中对预测 $\boldsymbol{y}$ 无贡献的子空间；$\boldsymbol{X}_{\mathrm{r}}$ 为残差子空间中较大变异的部分；$\boldsymbol{E}_{\mathrm{r}}$ 为残差。

当有一组新测试样本 $\{\boldsymbol{x}_{\mathrm{new}},\boldsymbol{y}_{\mathrm{new}}\}$ 时，T-PLS 模型参数计算公式为

$$\begin{cases}\boldsymbol{t}_{\mathrm{y,new}}=\boldsymbol{Q}_{\mathrm{y}}^{\mathrm{T}}\boldsymbol{Q}\boldsymbol{R}^{\mathrm{T}}\boldsymbol{x}_{\mathrm{new}}\\ \boldsymbol{t}_{\mathrm{o,new}}=\boldsymbol{P}_{\mathrm{o}}^{\mathrm{T}}(\boldsymbol{P}-\boldsymbol{P}_{\mathrm{y}}\boldsymbol{Q}_{\mathrm{y}}^{\mathrm{T}}\boldsymbol{Q})\boldsymbol{R}^{\mathrm{T}}\boldsymbol{x}_{\mathrm{new}}\\ \boldsymbol{t}_{\mathrm{r,new}}=\boldsymbol{P}_{\mathrm{r}}^{\mathrm{T}}(\boldsymbol{I}-\boldsymbol{P}\boldsymbol{R}^{\mathrm{T}})\boldsymbol{x}_{\mathrm{new}}\\ \widetilde{\boldsymbol{x}}_{\mathrm{r,new}}=(\boldsymbol{I}-\boldsymbol{P}_{\mathrm{r}}\boldsymbol{P}_{\mathrm{r}}^{\mathrm{T}})(\boldsymbol{I}-\boldsymbol{P}\boldsymbol{R}^{\mathrm{T}})\boldsymbol{x}_{\mathrm{new}}\end{cases} \tag{2.23}$$

2.2.6 并行潜结构投影模型

并行潜结构投影模型（CPLS）是基于 PLS 模型的空间扩展算法。主要考虑 T-PLS 在故障检测中存在两个不足：一个是模型仅监控可预测部分 $\hat{\boldsymbol{Y}}$，这使不可预测的质量变化不受 T-PLS 的监控；另一个是输入数据空间 $\boldsymbol{X}$ 不必要地分成 4 个子空间，它可以简洁地分为预测相关子空间和预测无关子空间。基于上述问题，Qin 等[40]基于标准 CPLS 提出了 CPLS 模型。

已知 $\boldsymbol{Y}$ 的可预测部分为 $\hat{\boldsymbol{Y}}=\boldsymbol{T}\boldsymbol{Q}^{\mathrm{T}}=\boldsymbol{X}\boldsymbol{R}\boldsymbol{Q}^{\mathrm{T}}$，其中 $\boldsymbol{T}$ 包含了与 $\boldsymbol{Y}$ 相关和正交的得分，因此有必要对 $\hat{\boldsymbol{Y}}$ 进行 SVD 分解，即

$$\hat{\boldsymbol{Y}}=\boldsymbol{U}_{\mathrm{c}}\boldsymbol{D}_{\mathrm{c}}\boldsymbol{V}_{\mathrm{c}}^{\mathrm{T}}\equiv\boldsymbol{U}_{\mathrm{c}}\boldsymbol{Q}_{\mathrm{c}}^{\mathrm{T}} \tag{2.24}$$

则不可预测部分为 $\widetilde{\boldsymbol{Y}}_{\mathrm{c}}=\boldsymbol{Y}-\hat{\boldsymbol{Y}}$。这将 $\boldsymbol{Y}$ 分成可预测部分 $\hat{\boldsymbol{Y}}$ 和不可预测部分 $\widetilde{\boldsymbol{Y}}_{\mathrm{c}}$，对 $\widetilde{\boldsymbol{Y}}_{\mathrm{c}}$ 进行主元分析，将较大变异提取出来进行监控，即 $\widetilde{\boldsymbol{Y}}_{\mathrm{c}}=\boldsymbol{T}_{\mathrm{y}}\boldsymbol{P}_{\mathrm{y}}^{\mathrm{T}}+\widetilde{\boldsymbol{Y}}$。将 $\hat{\boldsymbol{Y}}=\boldsymbol{X}\boldsymbol{R}\boldsymbol{Q}^{\mathrm{T}}$ 代入式（2.24）得到 $\boldsymbol{U}_{\mathrm{c}}=\boldsymbol{X}\boldsymbol{R}\boldsymbol{Q}^{\mathrm{T}}\boldsymbol{V}_{\mathrm{c}}\boldsymbol{D}_{\mathrm{c}}^{-1}=\boldsymbol{X}\boldsymbol{R}_{\mathrm{c}}$，其中 $\boldsymbol{R}_{\mathrm{c}}$ 为 $\boldsymbol{X}$ 关于 $\boldsymbol{U}_{\mathrm{c}}$ 的权重矩阵。将 $\boldsymbol{X}$ 向 $\mathrm{span}\{\boldsymbol{R}_{\mathrm{c}}\}$ 和 $\mathrm{span}\{\boldsymbol{R}_{\mathrm{c}}\}^{\perp}$ 上投影，即将 $\boldsymbol{X}$ 正交分解为与 $\hat{\boldsymbol{Y}}$ 相关和与 $\hat{\boldsymbol{Y}}$ 无关的 $\boldsymbol{X}_{\mathrm{c}}$、$\widetilde{\boldsymbol{X}}_{\mathrm{c}}$ 两部分，两个正交投影算子为 $\Pi_{\boldsymbol{R}_{\mathrm{c}}}=\boldsymbol{R}_{\mathrm{c}}(\boldsymbol{R}_{\mathrm{c}}^{\mathrm{T}}\boldsymbol{R}_{\mathrm{c}})^{\dagger}\boldsymbol{R}_{\mathrm{c}}^{\mathrm{T}}$ 和 $\Pi_{\boldsymbol{R}_{\mathrm{c}}}^{\perp}=\boldsymbol{I}-\boldsymbol{R}_{\mathrm{c}}(\boldsymbol{R}_{\mathrm{c}}^{\mathrm{T}}\boldsymbol{R}_{\mathrm{c}})^{\dagger}\boldsymbol{R}_{\mathrm{c}}^{\mathrm{T}}$。同理，对 $\widetilde{\boldsymbol{X}}_{\mathrm{c}}$ 做主元分析，即 $\widetilde{\boldsymbol{X}}_{\mathrm{c}}=\boldsymbol{T}_{\mathrm{x}}\boldsymbol{P}_{\mathrm{x}}^{\mathrm{T}}+\widetilde{\boldsymbol{X}}$，构造出 CPLS 模型，即

$$\begin{cases}\boldsymbol{X}=\boldsymbol{U}_{\mathrm{c}}\boldsymbol{R}_{\mathrm{c}}^{\dagger}+\boldsymbol{T}_{x}\boldsymbol{P}_{x}^{\mathrm{T}}+\widetilde{\boldsymbol{X}}\\ \boldsymbol{Y}=\boldsymbol{U}_{\mathrm{c}}\boldsymbol{Q}_{\mathrm{c}}^{\mathrm{T}}+\boldsymbol{T}_{y}\boldsymbol{P}_{y}^{\mathrm{T}}+\widetilde{\boldsymbol{Y}}\end{cases} \tag{2.25}$$

式中：$\boldsymbol{U}_{\mathrm{c}}$为 $\boldsymbol{X}$ 中与$\hat{\boldsymbol{Y}}$相关部分的得分；$\boldsymbol{T}_{x}$为 $\boldsymbol{X}$ 中与$\hat{\boldsymbol{Y}}$不相关部分的主元得分；$\widetilde{\boldsymbol{X}}$为输入残差；$\boldsymbol{T}_{y}$ 为 $\boldsymbol{Y}$ 中不可预测部分的主元得分；$\widetilde{\boldsymbol{Y}}$为输出残差；$\boldsymbol{R}_{\mathrm{c}}^{\dagger}$、$\boldsymbol{Q}_{\mathrm{c}}$、$\boldsymbol{P}_{x}$、$\boldsymbol{P}_{y}$ 为对应部分的负载矩阵，$\boldsymbol{R}_{\mathrm{c}}^{\dagger}=(\boldsymbol{R}_{\mathrm{c}}^{\mathrm{T}}\boldsymbol{R}_{\mathrm{c}})^{-1}\boldsymbol{R}_{\mathrm{c}}^{\mathrm{T}}$。

当获得了一个新的样本数据 $\boldsymbol{x}_{\mathrm{new}}$时，CPLS 的得分和残差可用下式计算，即

$$\begin{cases}\boldsymbol{u}_{\mathrm{c,new}}=\boldsymbol{R}_{\mathrm{c}}^{\mathrm{T}}\boldsymbol{x}_{\mathrm{new}}\\ \boldsymbol{t}_{x,\mathrm{new}}=\boldsymbol{P}_{x}^{\mathrm{T}}\widetilde{\boldsymbol{x}}_{\mathrm{c,new}}\\ \boldsymbol{t}_{y,\mathrm{new}}=\boldsymbol{P}_{y}^{\mathrm{T}}\widetilde{\boldsymbol{y}}_{\mathrm{c,new}}\\ \widetilde{\boldsymbol{x}}_{\mathrm{new}}=(\boldsymbol{I}-\boldsymbol{P}_{x}\boldsymbol{P}_{x}^{\mathrm{T}})(\boldsymbol{I}-\boldsymbol{R}_{\mathrm{c}}\boldsymbol{R}_{\mathrm{c}}^{\dagger})^{\dagger}\boldsymbol{x}_{\mathrm{new}}\end{cases} \tag{2.26}$$

式中：$\widetilde{\boldsymbol{x}}_{\mathrm{c,new}}=\boldsymbol{x}_{\mathrm{new}}-\boldsymbol{R}_{\mathrm{c}}^{\dagger\mathrm{T}}\boldsymbol{u}_{\mathrm{c,new}}$；$\widetilde{\boldsymbol{y}}_{\mathrm{c,new}}=\boldsymbol{y}-\boldsymbol{Q}_{\mathrm{c}}^{\mathrm{T}}\boldsymbol{u}_{\mathrm{c,new}}$。

2.2.7 改进潜结构投影模型

Li 等[41]给出了 PLS 算法对 $\boldsymbol{X}$ 斜交分解的几何解释，斜交分解使$\hat{\boldsymbol{X}}$中含有预测无用的变化，会妨碍过程监控整体效率[21]。为消除输入中对预测无用的变化，Yin 和 Ding 等[42]提出了改进潜结构投影（MPLS）模型，对 $\boldsymbol{X}$ 采取了正交分解，并且采用 SVD 分解避免了大量的迭代过程，成功应用于田纳西伊斯曼过程。该算法首先给出了期望 $\boldsymbol{Y}$ 的分解，即

$$\boldsymbol{Y}=\boldsymbol{X}\boldsymbol{M}+\boldsymbol{E}_{y}=\hat{\boldsymbol{Y}}+\boldsymbol{E}_{y} \tag{2.27}$$

期望$\hat{\boldsymbol{Y}}$与 $\boldsymbol{X}$ 相关，而 $\boldsymbol{E}_{y}$ 部分与 $\boldsymbol{X}$ 不相关，即 $\mathrm{Cov}(\boldsymbol{e}_{y},\boldsymbol{x}^{\mathrm{T}})$为零，基于此可得到以下式子，即

$$\frac{1}{N}\boldsymbol{Y}^{\mathrm{T}}\boldsymbol{X}=\frac{1}{N}\boldsymbol{M}^{\mathrm{T}}\boldsymbol{X}^{\mathrm{T}}\boldsymbol{X}+\frac{1}{N}\boldsymbol{E}_{y}^{\mathrm{T}}\boldsymbol{X}\approx\boldsymbol{M}^{\mathrm{T}}\frac{\boldsymbol{X}^{\mathrm{T}}\boldsymbol{X}}{N} \tag{2.28}$$

故 $\boldsymbol{X}$ 和 $\boldsymbol{Y}$ 之间相关矩阵为 $\boldsymbol{M}=(\boldsymbol{X}^{\mathrm{T}}\boldsymbol{X})^{-1}\boldsymbol{X}^{\mathrm{T}}\boldsymbol{Y}$，也就是总体参数的最小二乘估计量[80]，考虑到 $\boldsymbol{X}^{\mathrm{T}}\boldsymbol{X}$ 非满秩情况，另 $\boldsymbol{M}=(\boldsymbol{X}^{\mathrm{T}}\boldsymbol{X})^{\dagger}\boldsymbol{X}^{\mathrm{T}}\boldsymbol{Y}$。以上操作将 $\boldsymbol{Y}$ 分为了与 $\boldsymbol{X}$ 相关的部分$\hat{\boldsymbol{Y}}$和不相关的部分 $\boldsymbol{E}_{y}$。然后将 $\boldsymbol{X}$ 向 $\mathrm{span}\{\boldsymbol{M}\}$ 和 $\mathrm{span}\{\boldsymbol{M}\}^{\perp}$ 上投影，即将 $\boldsymbol{X}$ 正交分解为完全负责预测 $\boldsymbol{Y}$ 的子空间$\hat{\boldsymbol{X}}$和与 $\boldsymbol{Y}$ 无关的子空间$\widetilde{\boldsymbol{X}}$，其中正交投影算子由 $\boldsymbol{M}\boldsymbol{M}^{\mathrm{T}}$ 的 SVD 分解求得，该操作避免了复杂的迭代过程，大大减少了计算量。基于以上得到改进的潜结构投影模型（MPLS）为

$$\begin{cases}\boldsymbol{X}=\hat{\boldsymbol{X}}+\widetilde{\boldsymbol{X}}\\ \boldsymbol{Y}=\boldsymbol{X}\boldsymbol{M}+\boldsymbol{E}_y\end{cases} \tag{2.29}$$

2.2.8 基于 PCA 的多变量统计过程监控

前几节介绍了多元统计分析的建模方法，下面首先介绍基于 PCA 的过程监控方法[43-44]。由 2.2.2 小节可知，PCA 模型可表示为

$$\boldsymbol{X}=\hat{\boldsymbol{X}}+\widetilde{\boldsymbol{X}}=\boldsymbol{T}\boldsymbol{P}^{\mathrm{T}}+\widetilde{\boldsymbol{X}} \tag{2.30}$$

由式（2.30）可以看出，原始数据空间 $\boldsymbol{X}$ 被分解成为主元空间$\hat{\boldsymbol{X}}$和残差空间$\widetilde{\boldsymbol{X}}$，其中$\hat{\boldsymbol{X}}$是由$[\boldsymbol{p}_1,\boldsymbol{p}_2,\cdots,\boldsymbol{p}_A]$张成的子空间，$\widetilde{\boldsymbol{X}}$是由$[\boldsymbol{p}_{A+1},\boldsymbol{p}_{A+2},\cdots,\boldsymbol{p}_m]$张成的子空间。

在过程监控中，当测得一组新的测量数据 $\boldsymbol{x}_{\mathrm{new}}=[x_1,x_2,\cdots,x_m]^{\mathrm{T}}$ 时，将其分别投影到主元子空间和残差子空间，即

$$\begin{cases}\boldsymbol{t}_{\mathrm{new}}=\boldsymbol{P}^{\mathrm{T}}\boldsymbol{x}_{\mathrm{new}}\\ \hat{\boldsymbol{x}}_{\mathrm{new}}^{\mathrm{T}}=\boldsymbol{t}_{\mathrm{new}}^{\mathrm{T}}\boldsymbol{P}^{\mathrm{T}}\end{cases} \tag{2.31}$$

$$\widetilde{\boldsymbol{x}}_{\mathrm{new}}=\boldsymbol{x}_{\mathrm{new}}-\hat{\boldsymbol{x}}_{\mathrm{new}}=(\boldsymbol{I}-\boldsymbol{P}\boldsymbol{P}^{\mathrm{T}})\boldsymbol{x}_{\mathrm{new}} \tag{2.32}$$

在过程监控中，本质就是通过构造统计量来监测数据的变化是否异常。基于 PCA 的多元统计分析分别在主元子空间构造 T^2 统计量和残差子空间构造 Q 统计量（SPE 统计量）[45-46]来实现工业过程运行状态的实时分析。

首先，T^2 统计量构造为

$$T^2=\boldsymbol{t}_{\mathrm{new}}^{\mathrm{T}}\boldsymbol{\Lambda}^{-1}\boldsymbol{t}_{\mathrm{new}} \tag{2.33}$$

式中：$\boldsymbol{\Lambda}=\boldsymbol{T}^{\mathrm{T}}\boldsymbol{T}/(n-1)$，$\boldsymbol{T}$ 为在离线过程中采用正常数据集训练出的模型得分矩阵。T^2 统计量计算的是马氏距离，主要衡量现有样本距离主元子空间原点的距离，常被用于监测主元子空间异常情况。

基于的 SPE 的统计量构造为

$$\mathrm{SPE}=\|(\boldsymbol{I}-\boldsymbol{P}\boldsymbol{P}^{\mathrm{T}})\boldsymbol{x}\|^2=\boldsymbol{e}^{\mathrm{T}}\boldsymbol{e} \tag{2.34}$$

基于 SPE 的统计量主要衡量过程变量之间的相关性被改变的程度，显示异常的过程状况，且 SPE 统计量通常用于较小故障的检测。

在正常运行的生产过程中，样本的统计量处于正常的波动范围。当过程出现扰动或异常导致系统偏离正常工况时，T^2 统计量或 SPE 统计量会相应地呈现较大幅度的波动。为了客观反映统计量是否在正常工况的波动范围内，需要结合建模数据和分布来构造正常运行工况的统计控制限。

T^2 统计量的控制限可以构造为

$$T^2 \sim \frac{A(n^2-1)}{n(n-A)} F_{A,n-A,\alpha} \tag{2.35}$$

式中：n 为建模数据的样本个数；A 为主成分个数，也等于主元子空间的秩；$F_{A,n-A,\alpha}$为服从置信度为 α、自由度为 A 和 $n-A$ 的 F 分布，其值可通过 F 分布[47-48]统计表查询求得。

Q 统计量的控制限构造为

$$\mathrm{SPE} \sim g\chi_{h^2,\alpha} \tag{2.36}$$

式中：α 为χ 分布[49]的置信度；$g=\theta_1/2\theta_2$；$h=2\theta_2^2/\theta_1$；θ_1 为建模样本 SPE 统计量的样本均值；θ_2 为建模样本 SPE 统计量的方差。

故障检测逻辑：如果 $T^2>J_{T^2}$，则发生较大变异过程故障；如果 $\mathrm{SPE}>J_{\mathrm{SPE}}$，则存在噪声或微小故障。

2.2.9 基于 PLS 的多变量统计过程监控

基于 PCA 的过程监控方法。由 2.2.2 小节可知，PLS 模型可表示为

$$\begin{cases} \boldsymbol{X}=\boldsymbol{T}\boldsymbol{P}^{\mathrm{T}}+\widetilde{\boldsymbol{X}} \\ \boldsymbol{Y}=\boldsymbol{T}\boldsymbol{Q}^{\mathrm{T}}+\widetilde{\boldsymbol{Y}} \end{cases} \tag{2.37}$$

在 PLS 模型中，原始数据空间 $\boldsymbol{X}$ 被分解成质量相关子空间$\hat{\boldsymbol{X}}$和质量无关子空间$\widetilde{\boldsymbol{X}}$。在基于 PLS 的过程监控中，在质量相关子空间中构造 T^2 统计量来反映过程变量对质量变量的影响，在质量无关子空间构造 SPE 统计量来反映过程变量的变化。

在过程监控中，当测得一组新的测量数据 $\boldsymbol{x}_{\mathrm{new}}=[x_1,x_2,\cdots,x_m]^{\mathrm{T}}$ 时，将其分别投影到质量相关子空间和质量无关子空间，即

$$\boldsymbol{t}_{\mathrm{new}}=\boldsymbol{R}^{\mathrm{T}}\boldsymbol{x}_{\mathrm{new}} \tag{2.38}$$

$$\widetilde{\boldsymbol{x}}_{\mathrm{new}}=\boldsymbol{x}_{\mathrm{new}}-\hat{\boldsymbol{x}}_{\mathrm{new}}=(\boldsymbol{I}-\boldsymbol{R}\boldsymbol{P}^{\mathrm{T}})\boldsymbol{x}_{\mathrm{new}} \tag{2.39}$$

在 2.2.3 小节中已经介绍，为直接从原始数据 $\boldsymbol{X}$ 中求得潜变量 $\boldsymbol{t}$，$\boldsymbol{R}$ 被引入。因此，式（2.38）可求得测试样本的得分向量 $\boldsymbol{t}_{\mathrm{new}}$。基于得分 $\boldsymbol{t}_{\mathrm{new}}$ 和残差 $\widetilde{\boldsymbol{x}}_{\mathrm{new}}$，分别构造 T^2 统计量和 SPE 统计量如下。

T^2 统计量为

$$T^2=\boldsymbol{t}_{\mathrm{new}}^{\mathrm{T}}\boldsymbol{\Lambda}^{-1}\boldsymbol{t}_{\mathrm{new}} \tag{2.40}$$

式中：$\boldsymbol{\Lambda}=\boldsymbol{T}^{\mathrm{T}}\boldsymbol{T}/(n-1)$，$\boldsymbol{T}$ 为在 PLS 的离线过程中采用正常数据集训练出得分矩阵。

SPE 的统计量构造为

$$\mathrm{SPE}=\|(\boldsymbol{I}-\boldsymbol{R}\boldsymbol{P}^{\mathrm{T}})\boldsymbol{x}_{\mathrm{new}}\|^2=\widetilde{\boldsymbol{x}}_{\mathrm{new}}^{\mathrm{T}}\widetilde{\boldsymbol{x}}_{\mathrm{new}} \tag{2.41}$$

在 PLS 的过程监控中，SPE 主要用于监测质量无关信息和噪声信息的波动情况。

PLS 的控制限构造如下。

T^2 统计量的控制限可以构造为

$$J_{T^2}=\frac{A(n^2-1)}{n(n-A)}F_{A,n-A,\alpha} \tag{2.42}$$

式中：n 为建模数据的样本个数；A 为主成分个数，也等于主元子空间的秩；$F_{A,n-A,\alpha}$为服从置信度为 α、自由度为 A 和 $n-A$ 的 F 分布，其值可通过 F 分布统计表查询求得。

Q 统计量的控制限构造为

$$J_{\mathrm{SPE}}=g\chi_{h^2,\alpha} \tag{2.43}$$

式中：α 为 χ 分布的置信度；$g=\theta_1/2\theta_2$；$h=2\theta_2^2/\theta_1$；θ_1 为建模样本 SPE 统计量的样本均值；θ_2 是建模样本 SPE 统计量的方差。

故障检测逻辑：如果 $T^2>J_{T^2}$，则发生质量相关故障；如果 $T^2<J_{T^2}$且 SPE>J_{SPE}，则发生质量无关故障。

2.2.10　基于变量贡献图的故障诊断

故障诊断[50-52]是过程监控中的重要环节，其目的是当检测到故障后对故障的类型和异常部位进行定位。其中，基于变量贡献图方法是一种常用的故障诊断方法，常用于故障分离。变量贡献图的基本思想是从统计量中找出主要导致过程异常的变量，进而实现故障的分离和定位，其中常用的统计量指标是 SPE 和 T^2 统计量。

针对 SPE 和 T^2 统计量，两个对应贡献图被提出，包括 SPE 贡献图和 T^2 贡献图[53]。基于 SPE 的贡献图定义为

$$\mathrm{SPE}=\|\widetilde{\boldsymbol{C}}\boldsymbol{x}\|^2=\sum_{i=1}^{m}\mathrm{Cont}_{\mathrm{SPE},i} \tag{2.44}$$

$$\mathrm{Cont}_{\mathrm{SPE},i}=(\boldsymbol{\xi}_i^{\mathrm{T}}\widetilde{\boldsymbol{C}}\boldsymbol{x})^2 \tag{2.45}$$

式中：$\widetilde{\boldsymbol{C}}\boldsymbol{x}=\widetilde{\boldsymbol{x}}$；$\widetilde{\boldsymbol{C}}=\boldsymbol{I}-\boldsymbol{P}\boldsymbol{P}^{\mathrm{T}}$，$\boldsymbol{\xi}_i$ 为单位矩阵的第 i 列；$\mathrm{Cont}_{\mathrm{SPE},i}$为每个样本投影到残差空间后，每个变量对统计量 SPE 的贡献值大小。

基于 T^2 统计量的贡献图定义为

$$T^2=(\boldsymbol{x}_t^{\mathrm{T}}\boldsymbol{D}\boldsymbol{x}_t)=\|\boldsymbol{D}^{1/2}\boldsymbol{x}_t\|^2=\sum_{i=1}^{m}\mathrm{Cont}_{T^2,i} \tag{2.46}$$

$$\mathrm{Cont}_{T^2,i}=(\boldsymbol{\xi}_i^{\mathrm{T}}\boldsymbol{D}^{1/2}\boldsymbol{x}_t)^2=\boldsymbol{x}_t^{\mathrm{T}}\boldsymbol{D}^{1/2}\boldsymbol{\xi}_i\boldsymbol{\xi}_i^{\mathrm{T}}\boldsymbol{D}^{1/2}\boldsymbol{x}_t \tag{2.47}$$

式中：$\boldsymbol{D}=\boldsymbol{P}^{\mathrm{T}}\boldsymbol{\Lambda}^{-1}\boldsymbol{P}$。由式（2.46）可知，基于 T^2 统计量的贡献图本质即求取

样本投影到主元空间，计算各变量对异常的贡献度。

在贡献图的计算中，$\boldsymbol{P}$ 指的是投影方向。对于 PCA 来说，$\boldsymbol{P}$ 为特征分解后的特征向量，对于 PLS 来说，$\boldsymbol{P}$ 为 $\boldsymbol{X}$ 与 $\boldsymbol{T}$ 的系数矩阵 $\boldsymbol{R}$。当得到各个变量的贡献值后，分别与统计量计算百分比，用柱状图画出每个变量对 T^2 和 SPE 的贡献。根据贡献图中反映出的贡献较大的变量，可以定位异常部位，结合过程控制知识进一步查找故障原因并排除故障。

2.2.11　基于重构的故障诊断方法

基于重构的故障诊断方法[54-56]在近十几年来得到广泛关注和研究，其主要思想是从故障数据中提取故障子空间（故障方向），用该方向来纠正故障数据。而样本由异常状态恢复到正常状态的过程即称为故障重构，其中样本的正常与否由统计量来反映。当由先验信息采集到一系列的故障数据集时，通过对每个故障集提取故障子空间，可以构成故障库。当检测故障样本时，采用故障库中的故障子空间对该故障进行重构，当重构后的样本统计量低于控制限时，即判断该故障样本的故障类型为对应的故障子空间的故障类型。故障重构的基础首先是建立在具有先验的故障数据集，其次需要构造准确的故障子空间，确保故障重构的有效性。在故障子空间的提取中，不同模型提取的故障特征并不相同。基于 PCA 模型的故障重构主要考虑去除对整体过程最大的异常变化，因此提取故障子空间获取的是故障数据整个过程的异常波动信息。而基于 PLS 模型的故障重构主要考虑去除对质量异常影响最大的信息，因此故障子空间主要包含质量相关故障特征信息。

以 PCA 为例，设 $\boldsymbol{X} \in \mathbf{R}^{n\times m}$ 为输入数据包含 m 个变量、采样 n 次。首先，建立 PCA 模型为

$$\boldsymbol{X} = \boldsymbol{T}\boldsymbol{P}^{\mathrm{T}} + \widetilde{\boldsymbol{X}} \tag{2.48}$$

式中：$\boldsymbol{T} \in \mathbf{R}^{n\times A}$ 为 $\boldsymbol{X}$ 的得分矩阵；$\boldsymbol{P} \in \mathbf{R}^{m\times A}$ 为 $\boldsymbol{X}$ 的负载矩阵；A 为主成分个数；$\widetilde{\boldsymbol{X}}$为残差。同时，式（2.48）也可写为

$$\boldsymbol{X} = \hat{\boldsymbol{X}} + \widetilde{\boldsymbol{X}} = \boldsymbol{X}\boldsymbol{P}\boldsymbol{P}^{\mathrm{T}} + \boldsymbol{X}(\boldsymbol{I} - \boldsymbol{P}\boldsymbol{P}^{\mathrm{T}}) \tag{2.49}$$

由式（2.49）可以看出，$\boldsymbol{X}$ 被正交投影到主元子空间和残差子空间。分别令$\hat{\boldsymbol{\Pi}} = \boldsymbol{P}\boldsymbol{P}^{\mathrm{T}}$ 和$\widetilde{\boldsymbol{\Pi}} = \boldsymbol{I} - \boldsymbol{P}\boldsymbol{P}^{\mathrm{T}}$，则$\hat{\boldsymbol{\Pi}}$为 $\boldsymbol{X}$ 的主投影矩阵，$\widetilde{\boldsymbol{\Pi}}$为 $\boldsymbol{X}$ 的正交投影矩阵。

设现有一个故障样本为 $\boldsymbol{x}_{\mathrm{f}} \in \mathbf{R}^{m\times 1}$，该样本可以表示为

$$\boldsymbol{x}_{\mathrm{f}} = \boldsymbol{x}^{*} + \boldsymbol{\Xi}\boldsymbol{f} \tag{2.50}$$

式中：$\boldsymbol{x}^{*}$ 为正常部分；$\boldsymbol{\Xi} \in \mathbf{R}^{m\times A_{\mathrm{f}}}$为故障方向；$\boldsymbol{f} \in \mathbf{R}^{A_{\mathrm{f}}\times 1}$为故障方向各维度的幅值。$\|\boldsymbol{f}\|$表示故障的大小。几何意义上，故障重构就是将故障样本沿故障子空

间拉回到正常空间。在基于 PCA 的故障重构中，原始数据分别投影到主元子空间和残差子空间，在两个空间分别构造 T^2 统计量和 SPE 统计量进行监测。因此，重构的目标即时将重构后样本的统计量拉回到控制限以下。需要注意的是，T^2 统计量和 SPE 统计量分别执行来自不同的故障监测任务，因此针对两个统计量重构的信息也会存在差异。

基于 T^2 统计量可构造目标函数为

$$\min_{f}\{T^{*2}\} \tag{2.51}$$

式中：T^{*2}为重构后样本的 T^2 统计量，即

$$T^{*2}=\boldsymbol{x}^{*\mathrm{T}}\boldsymbol{P}\boldsymbol{\Lambda}^{-1}\boldsymbol{P}^{\mathrm{T}}\boldsymbol{x}^{*}=(\boldsymbol{x}_{\mathrm{f}}-\boldsymbol{\Xi}\boldsymbol{f})^{\mathrm{T}}\boldsymbol{P}\boldsymbol{\Lambda}^{-1}\boldsymbol{P}^{\mathrm{T}}(\boldsymbol{x}_{\mathrm{f}}-\boldsymbol{\Xi}\boldsymbol{f}) \tag{2.52}$$

因此，式（2.52）需要搜索$\boldsymbol{f}$使重构后的统计量最小，即

$$\begin{aligned}\boldsymbol{f}&=\operatorname{argmin}\|\boldsymbol{\Lambda}^{-1/2}\boldsymbol{P}^{\mathrm{T}}\boldsymbol{x}^{*}\|^{2}\\&=\operatorname{argmin}\|\boldsymbol{\Lambda}^{-1/2}\boldsymbol{P}^{\mathrm{T}}(\boldsymbol{x}_{\mathrm{f}}-\boldsymbol{\Xi}\boldsymbol{f})\|^{2}\\&=\operatorname{argmin}\|\boldsymbol{P}^{\mathrm{T}}(\boldsymbol{x}_{\mathrm{f}}-\boldsymbol{\Xi}\boldsymbol{f})\|^{2}\\&=(\boldsymbol{\Xi}^{\mathrm{T}}\boldsymbol{P}\boldsymbol{P}^{\mathrm{T}}\boldsymbol{\Xi})^{-1}\boldsymbol{\Xi}^{\mathrm{T}}\boldsymbol{P}\boldsymbol{P}^{\mathrm{T}}\boldsymbol{x}_{\mathrm{f}}\end{aligned} \tag{2.53}$$

式中：$\hat{\boldsymbol{\Pi}}=\boldsymbol{P}\boldsymbol{P}^{\mathrm{T}}$ 为投影矩阵，则式（2.53）可进一步简化为

$$\boldsymbol{f}=(\boldsymbol{\Xi}^{\mathrm{T}}\hat{\boldsymbol{\Pi}}\boldsymbol{\Xi})^{-1}\boldsymbol{\Xi}^{\mathrm{T}}\hat{\boldsymbol{\Pi}}\boldsymbol{x}_{\mathrm{f}} \tag{2.54}$$

基于 SPE 统计量可构造目标函数为

$$\min_{f}\{Q^{*}\}=\min_{f}\|\tilde{\boldsymbol{x}}^{*}\|^{2}=\min_{f}\|(\boldsymbol{I}-\boldsymbol{P}\boldsymbol{P}^{\mathrm{T}})\boldsymbol{x}^{*}\|^{2} \tag{2.55}$$

通过搜索$\boldsymbol{f}$使重构后的 Q 统计量最小，即

$$\begin{aligned}\boldsymbol{f}&=\operatorname{argmin}\|\tilde{\boldsymbol{x}}^{*}\|^{2}\\&=\operatorname{argmin}\|\tilde{\boldsymbol{\Pi}}(\boldsymbol{x}_{\mathrm{f}}-\boldsymbol{\Xi}\boldsymbol{f})\|^{2}\\&=\operatorname{argmin}\|(\tilde{\boldsymbol{x}}_{\mathrm{f}}-\tilde{\boldsymbol{\Xi}}\boldsymbol{f})\|^{2}\\&=(\tilde{\boldsymbol{\Xi}}^{\mathrm{T}}\tilde{\boldsymbol{\Xi}})^{-1}\tilde{\boldsymbol{\Xi}}^{\mathrm{T}}\boldsymbol{x}_{\mathrm{f}}\end{aligned} \tag{2.56}$$

式中：$\hat{\boldsymbol{\Pi}}$为投影矩阵，$\tilde{\boldsymbol{\Xi}}=\tilde{\boldsymbol{\Pi}}\boldsymbol{\Xi}$。

通过已得故障子空间分别采用式（2.54）和式（2.56）计算故障幅值，消除不同统计量的异常变化，从而实现两个统计量的故障重构。

2.2.12　发展及应用探讨

在工业过程监控中，前述的多元统计分析算法如 PCA、PLS、TPLS 等以假设监测数据服从高斯分布为前提进行建模，构建统计量，有效应用于连续稳定的工业过程。然而在实际的大型复杂装备或工业流程的监控中，数据往往存在非高斯、非线性、动态、时变等变化特性。因此，基础的多元统计分析方法

不适用于这些复杂过程。由此针对复杂的工业过程监控，分布基于动态、非线性、非高斯、时变的方法被提出，并扩展到各个多元统计分析方法，如动态PLS/PCA/TPLS[57-59]、非线性PLS/PCA/TPLS[60-62]、非高斯PLS/PCA[63-64]等。进一步，考虑多特性混合如动态非线性、动态非高斯、非高斯非线性[65-67]等复杂过程的建模方法和监测策略得到广泛的研究和发展。

参考文献

[1] Kong X, Hu C, Duan Z. Principal component analysis networks and algorithms [M]. Springer Singapore, 2017.

[2] 孔祥玉，曹泽豪，安秋生，等．偏最小二乘线性模型及其非线性动态扩展模型综述[J]．控制与决策，2018（9）：1537-1548.

[3] Zhong K, Han M, Qiu T, et al. Fault diagnosis of complex processes using sparse kernel local fisher discriminant analysis [J]. IEEE Transactions on Neural Networks and Learning Systems, 2020, 31 (5): 1581-1591.

[4] Zhao C H, Gao F R. Fault-relevant principal component analysis (FPCA) method for multivariate statistical modeling and process monitoring [J]. Chemometrics and Intelligent Laboratory Systems, 2014, 133: 1-16.

[5] 韩敏，张占奎．基于加权核独立成分分析的故障检测方法[J]．控制与决策，2016，31（02）：242-248.

[6] 彭开香，马亮，张凯．复杂工业过程质量相关的故障检测与诊断技术综述[J]．自动化学报，2017，03（43）：32-48.

[7] Tariq F, Khan A Q, Abid M, et al. Data-driven robust fault detection and isolation of three-phase induction motor [J]. IEEE Transactions on Industrial Electronics, 2018, PP (99): 1-1.

[8] 李一博，孙立瑛，靳世久，等．大型常压储罐底板的声发射在线检测[J]．天津大学学报，2008（01）：11-16.

[9] 马宏伟，魏巍，杨平．工业超声图像处理技术研究[J]．仪表技术与传感器，2001（10）：40-41.

[10] 孙曼，植涌，刘浩吾．组合结构界面滑移变形全过程的光纤光栅传感检测[J]．四川大学学报（工程科学版），2005（06）：45-48.

[11] 伏思华，于起峰，王明志，等．基于摄像测量原理的轨道几何参数测量系统[J]．光学学报，2010，30（11）：3203-3208.

[12] 王大志，江雪晨，宁一，等．一种改进的电网故障诊断解析模型[J]．东北大学学报（自然科学版），2016，37（08）：1065-1069.

[13] 陆艺，朱蔷，夏文杰，等．基于解析模型的气制动系统泄漏故障诊断研究[J]．计量

学报，2016，37（04）：402-405.

[14] Peng K X, et al. Quality-related process monitoring for dynamic non-Gaussian batch process with multi-phase using a new data-driven method [J]. Neurocomputing, 2016, 214: 317-328.

[15] Ge Z Q. Review on data-driven modeling and monitoring for plant-wide industrial processes [J]. Chemometrics and Intelligent Laboratory Systems, 2017, 171: 16-25.

[16] 吕游，刘吉臻，杨婷婷，等. 基于PLS特征提取和LS-SVM结合的NOx排放特性建模 [J]. 仪器仪表学报，2013，34（11）：2418-2424.

[17] 韩敏，魏茹. 基于相空间同步的多变量序列相关性分析及预测 [J]. 系统工程与电子技术，2010，32（11）：2426-2430.

[18] Sheng N, Liu Q, Qin S J, et al. Comprehensive monitoring of nonlinear processes based on concurrent kernel projection to latent structures [J]. IEEE Transactions on Automation Science & Engineering, 2016, 13 (2): 1129-1137.

[19] 郭天序，陈茂银，周东华. 非高斯过程与微小故障的故障检测方法 [J]. 上海交通大学学报，2015，49（06）：775-779+785.

[20] Jiao J, Yu H, Wang G. A Quality-related fault detection approach based on dynamic least squares for process monitoring [J]. IEEE Transactions on Industrial Electronics, 2015: 2625-2632.

[21] Gang Y, Craig H, Julian M. A MATLAB toolbox for data pre-processing and multivariate statistical process control [J]. Chemometrics and Intelligent Laboratory Systems, 2019, 194: 103863.

[22] Krishnannair S, Aldrich C. Process monitoring and fault detection using empirical mode decomposition and singular spectrum analysis [J]. IFAC PapersOnLine, 2019, 52 (14): 219-224.

[23] Jun Shang, et al. Increment-based recursive transformed component statistical analysis for monitoring blast furnace iron-making processes: An index-switching scheme [J]. Control Engineering Practice, 2018, 77: 190-200.

[24] 邓晓刚，田学民. 基于核规范变量分析的非线性故障诊断方法 [J]. 控制与决策，2006（10）：1109-1113.

[25] 赵春晖，王福利. 工业过程运行状态智能监控：数据驱动方法 [M]. 北京：化学工业出版社，2018.

[26] 任子君，符文星，张通，等. 冗余捷联惯组故障诊断的奇异值分解新方法 [J]. 仪器仪表学报，2016，37（02）：412-419.

[27] Du W, Zhang Y, Zhou W. Modified non-Gaussian multivariate statistical process monitoring based on the Gaussian distribution transformation [J]. J. Process. Contr. 2020, 85: 1-14.

[28] Tamura M, Tsujita S. A study on the number of principal components and sensitivity of fault detection using PCA [J]. Comput. Chem. Eng, 2007, 31 (9): 1035-1046.

[29] Ding S X, Yin S, Peng K, et al. A novel scheme for key performance indicator prediction and diagnosis with application to an industrial hot strip mill [J]. IEEE T. Ind. Inform, 2013, 9 (4): 2239-2247.

[30] Wang H W, Wu Z B, Meng J. Partial least squares regression linear and nonlinear method [M]. Beijing: National Defence Industry Press, 2006.

[31] Jacobus D. Brandsen et al. A comparative analysis of Lagrange multiplier and penalty approaches for modelling fluid-structure interaction [J]. Engineering Computations, 2020, 38 (4): 1677-1705.

[32] Wold S, Kettaneh-Wold N, Skagerberg B. Nonlinear PLS modeling [J]. Chemometrics and Intelligent Laboratory Systems, 1989, 7 (1/2): 53-65.

[33] Dayal B, MacGregor J F. Improved PLS algorithms [J]. J of Chemometrics, 1997, 11 (1): 73-85.

[34] 刘爱军, 曹斌. 斜投影算子及其在信号极化滤波中的应用 [J]. 科学技术与工程, 2010, 10 (14): 3331-3334.

[35] Lee J M, Yoo C K, Lee I B. Statistical monitoring of dynamic processes based on dynamic independent component analysis [J]. Chemical Engineering Science, 2004, 59 (14): 2995-3006.

[36] 樊继聪, 王友清, 秦泗钊. 联合指标独立成分分析在多变量过程故障诊断中的应用 [J]. 自动化学报, 2013, 39 (05): 494-501.

[37] 孔祥玉, 杨治艳, 罗家宇, 等. 基于新息矩阵的独立成分分析故障检测方法 [J]. 中南大学学报 (自然科学版), 2021, 52 (04): 1232-1241.

[38] Jutten C, Herault J. Blind separation of sources, Part 1: an adaptive algorithm based on neuromimetic architecture [J]. Signal Processing, 1991, 24 (1): 1-10.

[39] Zhou D, Li G, Qin S J. Total projection to latent structures for process monitoring [J]. AIChE Journal, 2010, 56 (1): 168-178.

[40] Qin S J, Zheng Y. Quality-relevant and process-relevant fault monitoring with concurrent projection to latent structures [J]. AIChE Journal, 2013, 59 (2): 496-504.

[41] Li G, Qin S J, Zhou D. Geometric properties of partial least squares for process monitoring [J]. Automatica, 2010, 46 (1): 204-210.

[42] Yin S, Ding S X, Zhang P, et al. Study on modifications of PLS approach for process monitoring [J]. IFAC Proc Volumes, 2011, 44 (1): 12389-12394.

[43] Zhang J X, Chen M Y, Hong X. Nonlinear process monitoring using a mixture of probabilistic PCA with clusterings [J]. Neurocomputing, 2021, 458: 319-326.

[44] Zhang J X, Zhou D H, Chen M Y. Monitoring multimode processes: A modified PCA algorithm with continual learning ability [J]. Journal of Process Control, 2021, 103: 76-86.

[45] Yue H H, Qin S J. Reconstruction-based fault identification using a combined index [J]. Industrial & Engineering Chemistry Research, 2001, 40 (20): 4403-4414.

[46] Joe Qin S. Statistical process monitoring: Basics and beyond [J]. J of Chemometrics, 2003, 17 (8/9): 480-502.

[47] Wold, Svante. Cross-validatory estimation of the number of components in factor and principal components models [J]. Technometrics, 1978, 20 (4): 397-405.

[48] Miller P, Swanson R E, Heckler C E. Contribution plots: a missing link in multivariate quality control [J]. Appl. Math. Comput. Sci, 1998: 775-792.

[49] Burnham A J, Viveros R, Macgregor J F. Frameworks for latent variable multivariate regression [J]. Journal of Chemometrics, 2015, 10 (1): 31-45.

[50] Alcala C F, Qin S J. Reconstruction-based contribution for process monitoring [J]. Automatica, 2009, 45 (7): 1593-1600.

[51] Li G, Qin S J, Chai T. Multi-directional reconstruction based contributions for root-cause diagnosis of dynamic processes [C]. 2014 American Control Conference. IEEE, 2014: 3500-3505.

[52] Shang C, Ji H, Huang X, et al. Generalized grouped contributions for hierarchical fault diagnosis with group lasso [J]. Control Engineering Practice, 2019, 93: 104193.

[53] Li G, Qin S Z, Ji Y D, et al. Total PLS based contribution plots for fault diagnosis [J]. Acta Automatica Sinica, 2009, 35 (6): 759-765.

[54] Zhao Chunhui, Gao, et al. Fault Subspace selection approach combined with analysis of relative changes for reconstruction modeling and multifault diagnosis [J]. IEEE transactions on control systems technology: A publication of the IEEE Control Systems Society, 2016, 24 (3): 928-939.

[55] Zhang Y, Fan Y, Du W. Nonlinear process monitoring using regression and reconstruction method [J]. IEEE Transactions on Automation Science & Engineering, 2016, 13 (3): 1343-1354.

[56] Li G, Qin S J, Zhou D. Output relevant fault reconstruction and fault subspace extraction in total projection to latent structures models [J]. Industrial & Engineering Chemistry Research, 2010, 49 (19): 9175-9183.

[57] Kaspar M H, Ray W H. Dynamic PLS modelling for process control [J]. Chemical Engineering Science, 1993, 48 (20): 3447-3461.

[58] Dong Y, Qin S J. A novel dynamic PCA algorithm for dynamic data modeling and process monitoring [J]. Journal of Process Control, 2017: S095915241730094X.

[59] Li G, Liu B, Qin S J, et al. Quality relevant data-driven modeling and monitoring of multivariate dynamic processes: The dynamic T-PLS approach [J]. IEEE Transactions on Neural Networks, 2011, 22 (12): 2262-2271.

[60] Cover T M. Geometrical and statistical properties of systems of linear inequalities with applications in pattern recognition [J]. IEEE transactions on electronic computers, 1965, (3): 326-334.

[61] Zhou B, Gu X. Multi-block statistics local kernel principal component analysis algorithm and its application in nonlinear process fault detection-sciencedirect [J]. Neurocomputing, 2020, 376: 222-231.

[62] Peng K, Zhang K, Li G. Quality-related process monitoring based on total kernel pls model and its industrial application [J]. Mathematical Problems in Engineering, 2013: 1-14.

[63] Junichi M, Jie Yu. A quality relevant non-gaussian latent subspace projection method for chemical process monitoring and fault detection [J]. Aiche Journal, 2014, 60 (2): 485-499.

[64] Yuan X, Shen S Q, He Y L, et al. A novel hybrid method integrating ica-pca with relevant vector machine for multivariate process monitoring [J]. IEEE Transactions on Control Systems Technology, 2018: 1-8.

[65] Yan L, Chang Y, Wang F. Nonlinear Dynamic quality-related process monitoring based on dynamic total kernel PLS [C] // Intelligent Control & Automation. IEEE, 2015.

[66] Zeng Y, Lou Z. The new pca for dynamic and non-gaussian processes [C] // 2020 Chinese Automation Congress (CAC), 2020.

[67] Cai L, Tian X, Sheng C. Monitoring Nonlinear and non-gaussian processes using gaussian mixture model-based weighted kernel independent component analysis [J]. IEEE Transactions on Neural Networks & Learning Systems, 2017, 28 (1): 122-135.

第3章　基于广义主成分分析的故障诊断方法研究

3.1　引言

相比基于解析模型和知识的故障诊断方法，基于数据驱动的故障诊断方法[1-3]能够利用好大量的测量数据，从而更加有效地获得准确性高、鲁棒性好的诊断效果。人工神经网络方法[4-6]是一种数据驱动故障诊断方法，它通过大量的历史数据和当前测量数据，采用训练神经网络的方式得到故障监测和判别模型，实现故障的监测和定位。该方法处理过程清晰、直观，但是计算复杂度较高，存在过拟合等问题，存在较大的进步空间。也有学者从统计分析角度提出基于主成分分析[7-8]或者偏最小二乘的故障诊断模型[9-10]。以 PCA 故障诊断方法为例，该方法利用历史正常数据构建统计模型，分别计算两个统计量控制限，通过计算当前测量数据的统计量实现对故障的实时监测。通过该类模型在石油、化工等流程工业中具有广泛的应用。

近年来，戴[11]研究了基于重构的贡献图方法，该方法有效增强了基于 PCA 的故障诊断方法的功能，在严重的故障拖尾效应下，该方法依然可以得到正确的结果。Zhao[12]提出了基于重构故障的多个故障诊断定位的方法，该方法要实现对多个故障的准确定位和诊断，需依赖准确的故障子空间。实际上，从故障重构的角度理解，直接剔除部分数据的做法只是较大概率地去掉了包含正常过程信息的数据，因而传统方法所提取故障子空间只在一定意义上反映故障的方向。在提取故障子空间方法的角度上，故障工况的数据中，正常的过程信息会污染数据的故障信息，导致提取的故障子空间不准确。

到目前为止，尚未有研究考虑对输入数据进行广义主成分分析，并在 PCA 监测模型下构建故障诊断模型，从而实现故障诊断。从重构的角度讲，输入数据在本质上就是正常空间和故障空间下投影的组合，如果对数据进行广义主成分分析就是直接将两个空间下的数据信息分割开来，这极大地有利于利用故障空间下的数据构建故障描述模型，提高了建模的针对性。在本章中，分别提出了基于广义主成分分析算法的重构故障子空间建模方法和基于广义主成分分析的重构多故障诊断方法。该方法通过提取正常工况过程数据和故障工况过程数据的广义主成分，得到故障工况过程数据中属于正常过程的信息空间，从而分离出故障工况过程数据中故障信息的数据，以此提取出故障子空间。该方法从信息要素的角度，对故障工况的过程数据进行了有效分离，可以充分利用已有数据中包含的有效信息，提取出准确的故障子空间，并实施故障诊断和多故障诊断。

该方法有效地应用前面研究的成果，系统的特征可以通过主成分分析、广义主成分分析、奇异主成分分析等算法获得，本章提出的方法可用于故障库的制备，提高多个故障的定位和诊断效率。

3.2 基于主成分分析的故障重构

考虑一个正常工况下的过程数据 $\boldsymbol{X}$，输入变量个数为 m，采集的样本数量为 n。假设 $\boldsymbol{X}$ 已经经过标准化处理，其均值为零、方差为 1[13]。那么通过主成分分析可以构建监测模型[14]，即

$$\begin{cases}\boldsymbol{T}=\boldsymbol{X}\boldsymbol{P}^{\mathrm{T}}\\ \boldsymbol{E}=\boldsymbol{X}(\boldsymbol{I}-\boldsymbol{P}\boldsymbol{P}^{\mathrm{T}})\end{cases} \tag{3.1}$$

式中：$\boldsymbol{P}\in\mathbf{R}^{m\times j_t}$ 和 $\boldsymbol{T}\in\mathbf{R}^{n\times j_t}$ 分别为过程数据 $\boldsymbol{X}$ 中主元子空间的负载矩阵和得分矩阵；$\boldsymbol{E}\in\mathbf{R}^{m\times j_e}$ 为过程数据 $\boldsymbol{X}$ 中残差子空间的残差得分矩阵；$j_e+j_t=m$。对应主元子空间和残差子空间，两个统计量 T^2 和 SPE 可以实现对两个子空间下系统状态的实时监控。其计算公式分别为

$$\begin{cases}T^2(i)=(\boldsymbol{X}(i)\boldsymbol{P}^{\mathrm{T}})\boldsymbol{\Lambda}^{-1}(\boldsymbol{X}(i)\boldsymbol{P}^{\mathrm{T}})^{\mathrm{T}}\\ \mathrm{SPE}=\boldsymbol{E}(i)\boldsymbol{E}^{\mathrm{T}}(i)\end{cases} \tag{3.2}$$

式中：$\boldsymbol{X}(i)$ 为 $\boldsymbol{X}$ 的第 i 行；$\boldsymbol{\Lambda}$ 为通过历史数据建立主元模型的特征对角阵，可表示为 $\boldsymbol{\Lambda}=\mathrm{diag}(\lambda_1,\lambda_2,\cdots,\lambda_m)$；$T^2$ 统计量主要表示当前输入数据与主元空间中标准数据状态的距离；SPE 统计量主要是评估测量变量在残差空间的变异程度。

通过变量的统计分布规律，可以计算出对应两个统计量控制限，作为判断系统状态的依据。T^2 统计量服从的是 F 分布，SPE 统计量服从 χ^2 分布[15]，有

$$\begin{cases}T^2(i)\sim\dfrac{J_t(n^2-1)}{n(n-j_t)}F_{j_t,n-j_t,\alpha}\\ \mathrm{SPE}(i)\sim g\chi_{h^2,\alpha}\end{cases} \tag{3.3}$$

式中：α 为两个分布的置信度；$g=\theta_1/2\theta_2$；$h=2\theta_2^2/\theta_1$；θ_1 为建模时历史数据

SPE 的均值；θ_2 为该数据的方差。容易理解，当输入的测量数据处于正常工况下时，该数据对应的 T^2 统计量和 SPE 统计量就处在相应控制限以下，而当输入的测量数据出现异常值时，该数据对应的 T^2 统计量和 SPE 统计量就变化到相应控制限以上。不同子空间下的数据高出控制限的情况不同，面向过程的数据异常主要导致主元子空间对应的统计量 T^2 的值变化较大，其他情况则主要导致残差子空间对应的统计量 SPE 变化较大。一般而言，大多数异常值是对两个统计量都会产生影响。

对样本故障信息的深入分析可以实现故障诊断。故障重构[16]实现故障定位与诊断的一种十分有效的方法，其基本目的是通过故障子空间重构故障，使重构后的状态数据可以消除故障信息。如果能够得到一个故障子空间，那么重构后的数据可以表示为

$$\boldsymbol{X}^*(i)=\boldsymbol{X}(i)-\boldsymbol{\Sigma f}(i) \tag{3.4}$$

式中：$\boldsymbol{\Sigma}\in\mathbf{R}^{m\times r_{\mathrm{f}}}$为由正交向量张成的故障子空间；$r_{\mathrm{f}}$ 为沿着故障信息变化的主要故障方向；$\boldsymbol{f}(i)\in\mathbf{R}^{r_{\mathrm{f}}\times 1}$为当前数据在故障方向的得分。

对 T^2 统计量而言，最大限度地消除 $\boldsymbol{X}$ 故障信息的影响可以通过最小化差异距离获得[17]，即

$$\begin{aligned}\boldsymbol{f}_{\mathrm{T}}(i)&=\operatorname{argmin}\|\boldsymbol{\Lambda}^{-\frac{1}{2}}\boldsymbol{X}(i)\boldsymbol{P}^{\mathrm{T}}\|\\&=\operatorname{argmin}\|\boldsymbol{\Lambda}^{-\frac{1}{2}}(\boldsymbol{X}(i)-\boldsymbol{\Sigma f}(i)\boldsymbol{P}^{\mathrm{T}})\|\\&=\boldsymbol{X}(i)(\boldsymbol{\Sigma}^{\mathrm{T}}\boldsymbol{PP}^{\mathrm{T}}\boldsymbol{\Sigma})^{-1}\boldsymbol{\Sigma}^{\mathrm{T}}\boldsymbol{PP}^{\mathrm{T}}\\&=\boldsymbol{X}(i)(\hat{\boldsymbol{\Sigma}}^{\mathrm{T}}\hat{\boldsymbol{\Sigma}})^{-1}\hat{\boldsymbol{\Sigma}}^{\mathrm{T}}\end{aligned} \tag{3.5}$$

式中：$\hat{\boldsymbol{\Sigma}}=\boldsymbol{PP}^{\mathrm{T}}\boldsymbol{\Sigma}$，可以理解为故障子空间在主元子空间 $\boldsymbol{P}$ 中的表达，$\boldsymbol{PP}^{\mathrm{T}}=\boldsymbol{P}(\boldsymbol{P}^{\mathrm{T}}\boldsymbol{P})^{-1}\boldsymbol{P}^{\mathrm{T}}$。

对 SPE 统计量而言，对 $\boldsymbol{X}^*$ 的最优估计是寻找 $\boldsymbol{X}^*$ 到主元子空间的最小距离，其计算式为

$$\begin{aligned}\boldsymbol{f}_{\mathrm{T}}(i)&=\operatorname{argmin}\|(\boldsymbol{I}-\boldsymbol{PP}^{\mathrm{T}})\boldsymbol{X}^*(i)\|\\&=\operatorname{argmin}\|(\boldsymbol{X}(i)-\boldsymbol{\Sigma f}(i))\|\\&=\boldsymbol{X}(i)((\boldsymbol{I}-\boldsymbol{PP}^{\mathrm{T}})\boldsymbol{\Sigma}^{\mathrm{T}}(\boldsymbol{I}-\boldsymbol{PP}^{\mathrm{T}})\boldsymbol{\Sigma})^{-1}(\boldsymbol{I}-\boldsymbol{PP}^{\mathrm{T}})\boldsymbol{\Sigma}^{\mathrm{T}}\\&=\boldsymbol{X}(i)(\widetilde{\boldsymbol{\Sigma}}^{\mathrm{T}}\widetilde{\boldsymbol{\Sigma}})^{-1}\widetilde{\boldsymbol{\Sigma}}^{\mathrm{T}}\end{aligned} \tag{3.6}$$

式中：$\widetilde{\boldsymbol{\Sigma}}=(\boldsymbol{I}-\boldsymbol{PP}^{\mathrm{T}})\boldsymbol{\Sigma}$，可以理解为故障子空间在残差子空间中的表达，$\boldsymbol{I}-\boldsymbol{PP}^{\mathrm{T}}=\boldsymbol{I}-\boldsymbol{P}(\boldsymbol{P}^{\mathrm{T}}\boldsymbol{P})^{-1}\boldsymbol{P}^{\mathrm{T}}$。

得到重构数据后，对重构后的数据再进行故障检测，分别计算此时的 T^2 统计量和 SPE 统计量，判断统计量是否存在于控制限以下，就可以判断出此

时故障的影响是否完全消除。

3.3 基于广义主成分分析的故障子空间提取

基于奇异值分解的故障子空间提取方法，因为对数据特征分解不够充分，难以得到精确的故障子空间。为提高对包含故障信息数据的质量，阈值故障子空间通过人工设置阈值的方式，筛选出反映故障信息充分的数据提取故障子空间。相比传统的奇异值提取方法，提高了故障子空间的准确度。但是该方法的准确性依赖于阈值的设置方式，同时硬性地去除部分数据也会导致故障信息的流失，造成不必要的浪费。因而，针对传统故障子空间提取方法的不足，本节提出的基于广义主成分分析的提取方法则利用正常工况数据和故障工况数据的广义主子空间，消除故障数据中主要包含正常工况信息的部分，从而可以得到更加精确的故障子空间，同时这也有利于提高提取故障子空间的效率。

3.3.1 故障子空间提取的基本步骤

按照传统观点考虑重构故障数据公式，重构数据就是原始测量数据减去其在故障子空间与故障子空间得分的乘积。现在，换一个角度理解式，认为$\boldsymbol{\Sigma f}(i)$是一个整体，它表示故障数据中的故障工况部分，那么故障数据包含两个部分，即正常工况部分和故障工况部分。从信息角度来看，正常工况部分为该数据在正常工况的子空间投影，故障工况部分为该数据在故障工况的子空间，也就是故障子空间的投影。从这个观点可以理解，奇异值分解方法所提取的故障子空间只能建立在一定的可检测界限上。阈值故障子空间法通过一定的筛选，减少了故障数据中的正常工况部分。实际上，直接提取故障子空间是十分困难的，但是如果能够得到正常工况的子空间。将原始数据在正常工况下投影，并从原始数据中去掉该投影部分，那么剩余的数据就是原始数据在故障子空间中的投影。由此可知，通过主成分分析提取这部分数据，可以得到对应的故障子空间。

上述步骤的核心环节就是获取故障数据在正常工况下的子空间，实际上就是正常工作数据与故障工作数据中共同的部分，从而该问题就转化为一个理论问题。对于两路不同分布的数据，如何通过信号处理得到能够反映这两路信号共同信息的子空间。通过前面的研究可知，广义主成分分析方法是解决这个问题非常好的方案。广义主成分分析方法能够同时处理两个不同的输入序列，提取出的广义主成分就是两个序列共同的特征方向，按照广义特征值由大至小的顺序，特征方向的公共程度也逐渐变小。因此，通过提取广义主成分正常工况的子空间是合理的。采用广义主成分分析的方法提取正常子空间和故障子空间的流程如图 3.1 所示。

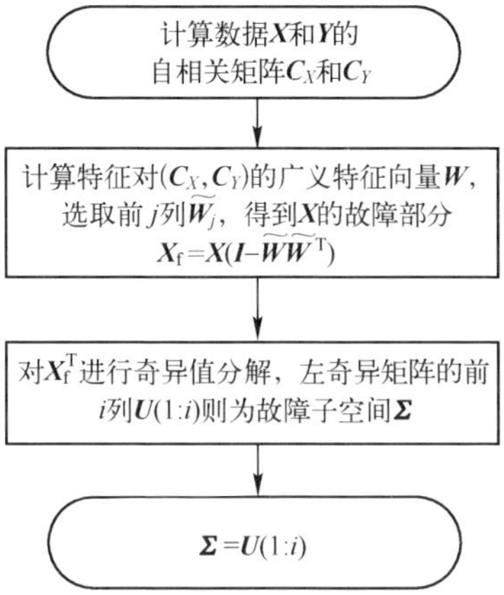

图 3.1　广义主成分提取故障子空间流程框图

通过广义主成分得到的广义主元空间，表达的是历史正常工况数据 $\boldsymbol{Y}$ 和当前故障工况数据 $\boldsymbol{X}$ 公共程度最高的子空间[18]。假设 $\boldsymbol{Y}$ 协方差为 C_Y，$\boldsymbol{X}$ 的协方差为 $\boldsymbol{C}_X$，广义主成分的基本表达式为

$$\boldsymbol{W}^{\mathrm{T}}\boldsymbol{C}_X\boldsymbol{W}=\boldsymbol{W}^{\mathrm{T}}\boldsymbol{C}_Y\boldsymbol{W}\boldsymbol{\Lambda} \tag{3.7}$$

式中：对角阵 $\boldsymbol{\Lambda}$ 由特征对($\boldsymbol{C}_X,\boldsymbol{C}_Y$)的广义特征值组成；矩阵 $\boldsymbol{W}$ 是特征对($\boldsymbol{C}_X$, $\boldsymbol{C}_Y$)的广义主成分。将特征值矩阵 $\boldsymbol{\Lambda}$ 的各个元素从大到小排列，对应的 $\boldsymbol{W}(1)$ 方向为数据 $\boldsymbol{Y}$ 和数据 $\boldsymbol{X}$ 线性关系最强的方向。

该算法的基本步骤如下。

步骤 1：计算 $\boldsymbol{C}_Y=\boldsymbol{Y}^{\mathrm{T}}\boldsymbol{Y}$，$\boldsymbol{C}_X=\boldsymbol{X}^{\mathrm{T}}\boldsymbol{X}$。

步骤 2：通过广义主成分算法提取特征对($\boldsymbol{C}_X,\boldsymbol{C}_Y$)的广义主成分 $\boldsymbol{W}$，

$$[\boldsymbol{W},\boldsymbol{\Lambda}]=\mathrm{eig}(\boldsymbol{C}_X,\boldsymbol{C}_Y) \tag{3.8}$$

式中：eig 表示求广义特征的运算，利用 $\boldsymbol{W}$ 的前 j 个列向量 $\widetilde{\boldsymbol{W}}_j$ 重构故障工况数据，得到故障数据部分 $\boldsymbol{X}_{\mathrm{f}}=\boldsymbol{X}(\boldsymbol{I}-\widetilde{\boldsymbol{W}}\widetilde{\boldsymbol{W}}^{\mathrm{T}})$。

步骤 3：对矩阵 $\boldsymbol{X}_{\mathrm{f}}^{\mathrm{T}}$ 做奇异值分解，

$$\boldsymbol{X}_{\mathrm{f}}^{\mathrm{T}}=\boldsymbol{U}\boldsymbol{\Omega}\boldsymbol{V}^{\mathrm{T}} \tag{3.9}$$

式中：$\boldsymbol{\Omega}$ 为对角线上的奇异值按照降序排列，筛选出前 i 个故障方向 $\boldsymbol{U}(1:i)$，此时的故障方向 $\boldsymbol{\Sigma}=\boldsymbol{U}(1:i)$。

需要说明的是，在该算法中，i 和 j 的值是需要预先设定好的。对任意给定的 i 和 j 而言，都存在对应的故障方向 $\boldsymbol{\Sigma}$，它们的差别在于描述故障信息能

力不同，能否得到描述故障信息能力最强、形式最为简单的故障子空间成为问题的关键。这个步骤需要在基于重构误差的故障监测模型下筛选构建模型获得。

3.3.2 基于重构误差的故障子空间构造

正是因为在基本构造步骤中，故障方向 $\boldsymbol{\Sigma}$ 存在多个解，而这在应用环节中是不实际的，因而有必要进一步提高算法提取出故障子空间精确性。考虑到可利用重构误差检验所得故障子空间的性能。定义重构超出量为重构数据的统计量超出控制限($l_{T^2}, l_{\mathrm{SPE}}$)部分的加和，未超出的统计量则不计入，有

$$\begin{cases} s_{T^2} - \sum\limits_{p=1}^{n} (T^2(P) - l_{T^2}), \mathrm{s.t.}\ T^2(p) \geqslant l_{T^2} \\ s_{\mathrm{SPE}} = \sum\limits_{p=1}^{n} (\mathrm{SPE}(p) - l_{\mathrm{SPE}}), \mathrm{s.t.}\ \mathrm{SPE}(p) \geqslant l_{\mathrm{SPE}} \end{cases} \tag{3.10}$$

实际上，满足 $s_{T^2} = s_{\mathrm{SPE}} = 0$ 的故障子空间很多，因此需要通过基于重构的筛选策略得到最简单、有效的组合。具体步骤如图 3.2 所示。

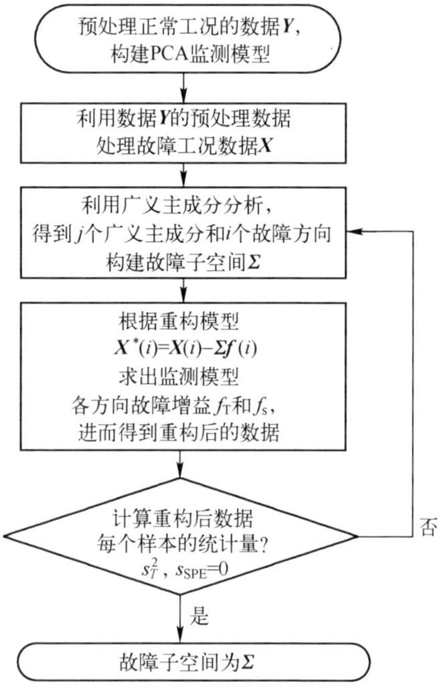

图 3.2　基于重构误差的故障子空间筛选流程框图

步骤 1：预处理正常工况数据，得到均值 mean($\boldsymbol{Y}$)和方差 var($\boldsymbol{Y}$)，得到正常工况数据，利用 $\boldsymbol{Y}$ 构建 PCA 监测模型，即

$$\begin{cases}\boldsymbol{T}=\boldsymbol{Y}\boldsymbol{P}^{\mathrm{T}}\\ \boldsymbol{E}=\boldsymbol{Y}(\boldsymbol{I}-\boldsymbol{P}\boldsymbol{P}^{\mathrm{T}})\end{cases} \tag{3.11}$$

并计算出对角阵 diag($\boldsymbol{Y}$)。计算 T^2 统计量和 SPE 统计量的控制限 l_{T^2} 和 l_{SPE}。

步骤 2：利用 $\boldsymbol{Y}$ 的预处理结果均值 mean($\boldsymbol{Y}$)和方差 var($\boldsymbol{Y}$)，将故障工况数据减掉 mean($\boldsymbol{Y}$)后，再除以 var($\boldsymbol{Y}$)，得故障工况数据 $\boldsymbol{X}$。

步骤 3：基于广义主成分分析提取故障方向，选择 j 个广义主元，并选择 $\boldsymbol{U}$ 中前 i 个故障方向组成故障子空间 $\boldsymbol{\Sigma}$，初始的 i 和 j 设置为 1。

步骤 4：利用故障子空间，通过式和，分别计算样本的 T^2 和 SPE 统计量在各个方向的故障增益 $\boldsymbol{f}_T(i)$ 和 $\boldsymbol{f}_s(i)$，进而消除 $\boldsymbol{X}$ 在故障子空间的投影 $\boldsymbol{\Sigma}\boldsymbol{f}_T(i)$ 和 $\boldsymbol{\Sigma}\boldsymbol{f}_s(i)$，得到重构数据 $\boldsymbol{X}^*$。

步骤 5：计算重构数据 $\boldsymbol{X}^*$ 每个样本的统计量 T^2 和 SPE，进行故障监测，当 s_{T^2}、$s_{\mathrm{SPE}}>0$ 时，如果 $i=m$，则令 $i=1$，$j=j+1$，返回步骤 3；如果 $i<m$，令 $i=i+1$，j 不变，返回到步骤 3；当 $s_{T^2}=s_{\mathrm{SPE}}=0$，输出此时的故障子空间。

本章提出的基于监测统计的故障子空间提取方法，通过广义主成分分析，消除故障数据中主要包含正常工况信息的部分，得到故障子空间能够更加精确的描述与故障相关的变化规律。这更新了学者对故障描述的认识，避免了传统提取故障子空间算法中直接求得故障子空间的偏差，保证了测量数据中故障因子的完全提取，提高了模型的子空间分解效率。

3.3.3 数值分析和仿真实验

本节通过两个算例证明本章所提出算法在提取故障子空间的有效性，第一个算例为典型的数值算例[19]，第二个为 TE 工业过程[20]。

算例 1　数值仿真

数值仿真的模型为

$$\boldsymbol{X}^*(i)=\boldsymbol{G}\boldsymbol{t}(i)+\boldsymbol{e}(i) \tag{3.12}$$

式中：$\boldsymbol{X}^*\in\mathbf{R}^{5\times500}$ 是记录 5 个传感器的 500 个数据点；$\boldsymbol{G}\in\mathbf{R}^{5\times2}$ 是建立过程状态与传感器测量的测量矩阵；$\boldsymbol{t}\in\mathbf{R}^{2\times500}$ 代表两个独立的过程，且服从标准正态分布；$\boldsymbol{e}\in\mathbf{R}^{5\times500}$ 代表 5 个独立的噪声，服从均值为 0、方差为 0.01 的高斯分布。参照文献［19］的研究，测量矩阵为

$$G=\begin{bmatrix}-0.1670 & -0.1352\\ -0.5671 & -0.3695\\ -0.1608 & -0.1019\\ 0.7574 & -0.0563\\ -0.2258 & -0.9119\end{bmatrix} \tag{3.13}$$

故障发生在100采样点以后的第5个变量上，故障幅度为6，可得故障工况数据为

$$\boldsymbol{X}(i)=\boldsymbol{X}^*(i)+\boldsymbol{\Sigma f} \tag{3.14}$$

式中：$\boldsymbol{\Sigma}=[0\quad 0\quad 0\quad 0\quad 1]^{\mathrm{T}}$；$\boldsymbol{f}=6$。

图3.3所示为T^2统计量故障检测结果，图中虚线部分表示该过程的T^2统计量控制限，没有重构的故障工况数据的T^2统计量，明显在100点以后超过控制限，在控制限上方振荡，这说明PCA监测模型监测到系统在100点以后出现系统故障。同时，图中控制限下方的数据表示利用本章算法所提取出故障子空间的重构数据，数据都在控制限以下，这说明重构后的数据已经不再包含故障信息了。为更加清晰地展示重构后的数据，重构后的数据T^2统计量如图3.3中小框所示。

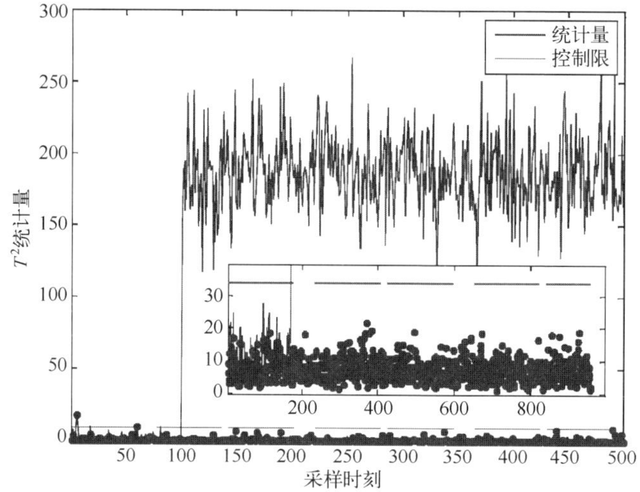

图3.3 仿真数据在重构前（实线）和重构后（点线）T^2统计量的变化情况

SPE统计量的变化情况如图3.4所示，未去除故障信息的数据变化情况与T^2统计量的变化情况类似，也是在100点以后明显超过控制限，这说明在残差空间，PCA监测模型也检测到系统在100点以后出现故障。图3.4中小框所示是将纵坐标40以下的部分放大后的内容，图中点线都在虚线以下，说明在

残差空间，经过重构的数据，其 SPE 统计量都分布在控制限以下。需要说明的是，经过故障子空间提取的重构算法，样本减去的数值只是该样本在故障子空间投影。因此，经过重构后，样本越充分地回归到控制限以下，就越说明提取出的故障子空间越准确。

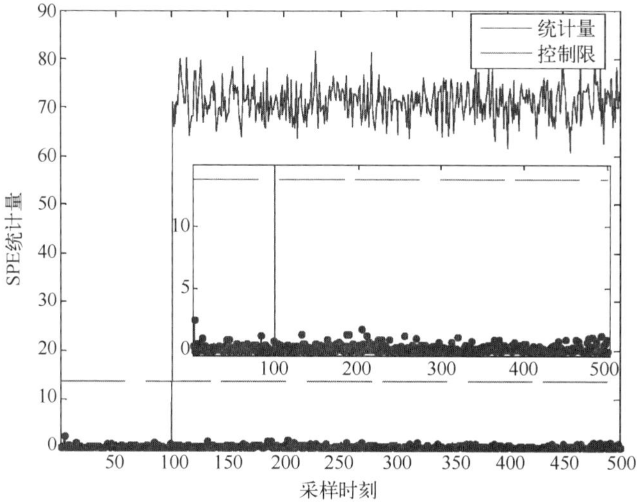

图 3.4　仿真数据重构前（实线）和重构后（点线）SPE 统计量的变化情况

由于仿真数据的结构比较简单，故障子空间只需要一次优化就得到了重构超出量都等于 0 的结果。传统的 SVD 方法[21]提取故障子空间的结果为

$$\begin{bmatrix} -0.033 & 0.023 & 0.239 & -0.586 & 0.699 \\ -0.760 & -0.222 & 0.043 & 0.595 & 0.132 \end{bmatrix}^{\mathrm{T}}$$

该故障子空间的可解释性较差。而本章算法提取故障子空间为 $[-0.002\quad -0.001\quad 0.000\quad -0.003\quad 1.000]^{\mathrm{T}}$，这个故障方向与实验数据的设置非常符合。从该方向可以直接看出故障主要存在于第 5 个变量位置，直接解释了故障的原因。需要说明的是，能够直接通过变量位置定位故障的情况并不多见，大多数故障出现时，并不是直接对应某一个变量，因此通过已知的故障数据构建故障库，建立故障子空间与实际故障状况的逻辑关联，通过故障子空间准确描述系统的故障是解决复杂故障或者多个故障识别的关键问题。

算例 2　TE 工业过程

田纳西-伊斯曼工业过程是由伊斯曼化工公司提出的基于实际化工生产过程的仿真实例。此过程已经广泛作为连续过程的策略、监测、诊断的研究平台。此过程有 4 种反应物（*A*、*C*、*D*、*E*），生成两种产物（*G* 和 *H*），并包含一种副产品。整个过程包括 5 个主要的操作单元，即反应器、冷凝器、气液分离器、循环压缩机和汽提塔。

整个生产过程以 3 种不同的产物混合比例（G/H）构成 6 种不同的操作模式，本实验只考虑其中的一种基本工况模式。整个过程包含共 52 个观测变量，其中有 11 个操作变量和 41 个测试变量，测试变量含有 22 个连续变量和 19 个成分变量。TE 工业过程内部的系统之间深度耦合，高度非线性，而且开环不稳定，是目前过程控制领域几个具有挑战性的控制问题之一。在本实验中仿真数据包含一个正常运行工况和 11 种可操作的故障工况。所有工况都有 480 个训练样本和 960 个测试样本。在故障的测试数据中，每 3min 采样一次，过程仿真时间为 48h，故障出现在第 9 个小时开始的时候，即从第 161 组数据开始引入故障。

本章选取故障 02 的数据作为详细展示。故障 02 表示的是进料口某种组分含量发生了变化，另外两种组分的进料流量比保持不变，这会导致化工系统出现一个阶跃的故障。通过构建重构超出量的模型，采用 PCA 监测方法，通过故障 02 的数据验证本章提出的基于广义主成分分析的故障子空间提取方法，故障 02 数据展示的是两种统计量的结果。

图 3.5 显示的是采用故障子空间提取前后，T^2 统计量故障检测结果的效果对比，实线表示没有重构的故障工况数据的 T^2 统计量，该统计量明显在 160 点以后超过控制限，在控制限上方振荡，这说明 PCA 监测模型监测到 TE 化工过程在 160 点以后出现系统故障。图中的小框放大了纵坐标为 40 以下的图片内容，图中点线表示的是采用本章提取的故障子空间重构故障工况数据的 T^2 统计量，明显可以看出所有的统计量都没有超过控制限。验证了本章提出算法的有效性。

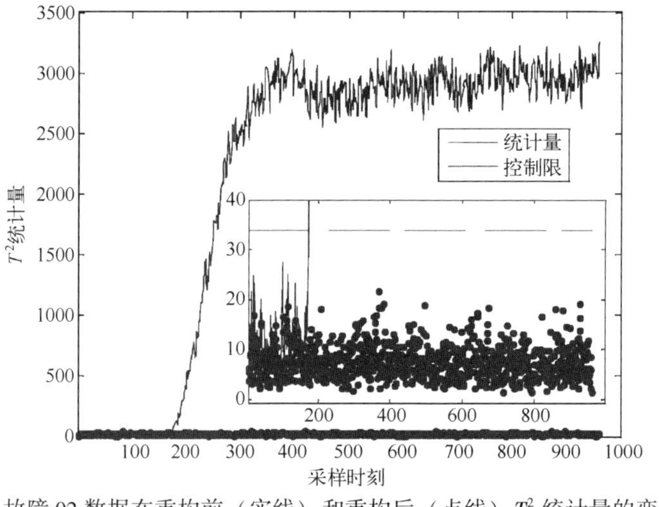

图 3.5　故障 02 数据在重构前（实线）和重构后（点线）T^2 统计量的变化情况

SPE 统计量的变化情况如图 3.6 所示，未重构的故障工况 SPE 统计量的变化情况与 T^2 统计量相似，在 160 点以后明显超过控制限，这说明在残差空间，PCA 监测模型也检测到系统在 160 点以后出现故障。显然，从统计量的变化形式来看，TE 工业过程数据的信息结构比仿真算例中的信息结构复杂。图 3.6 小框放大了纵坐标 30 以下的图片内容，点线表示重构后的 SPE 统计量，显然都分布在控制限以下。这说明对于 TE 工业过程，本章提出的故障子空间提取算法能够准确地去除故障数据中的故障信息。

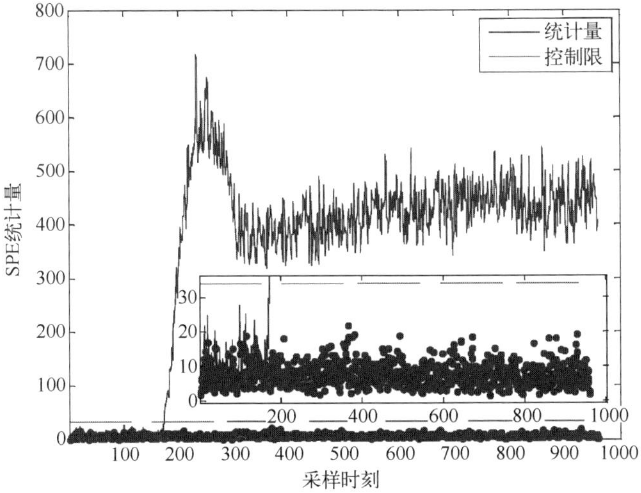

图 3.6　故障 02 数据在重构前（实线）和重构后（点线）SPE 统计量的变化情况

实际上，本章提出的方法对所有的故障过程都能够有效地提取故障子空间。为进一步展示方法的有效性，本章将所提出方法与基于重构的传统方法进行比较。当不同的重构方法使故障数据完全返回到正常工况下后，故障子空间模型中包含故障的方向数量是不相同的。两种方法分别对 TE 工业过程的 12 个故障工况的数据实施故障重构，得到的结果如表 3.1 所列。

表 3.1　TE 工业过程不同故障经本方法和传统方法重构后的结果

故障编号	本章方法		传统方法	
	广义主成分个数	故障子空间方向数	主元空间的故障方向	残差空间的故障方向
1	1	1	9	7
2	2	4	9	6
3	1	1	24	5
4	5	1	17	11

续表

故障编号	本章方法		传统方法	
	广义主成分个数	故障子空间方向数	主元空间的故障方向	残差空间的故障方向
5	3	8	4	3
6	5	7	9	11
7	4	8	15	9
8	5	9	24	3
9	7	3	26	3
10	4	4	15	11
11	5	2	8	4
12	3	7	21	6

由表 3.1 可以看出，采用本章方法提取的广义主成分和故障子空间，大部分故障工况下的维度都小于传统方法需要的维度。这说明本章研究方法在构造故障子空间模型中具有较高的精度，达到相同效果的前提下需要较少的方向数量。这能够在实施故障诊断过程中降低计算压力。

3.4 基于广义主成分分析的重构多故障诊断

在现实生产环节中，生产环节出现故障的情况是多种多样的。单个故障发生以后，由于生产环节相互耦合、合作密切，未发生故障的生产环节有可能在突然恶化的生产环境下发生故障，如此一来，生产过程呈现出多个故障的状态。另外，某个生产要素发生变化，导致多个生产环节同时进入恶劣的生产环境，进而致使多个故障同时发生。总之，像上述多种故障组合发生的问题，无论是对于现场的工程人员还是对实施该过程精确建模的设计人员，都具有巨大的挑战。因此，对工业生产过程中的多故障诊断问题的研究亟待进行。

3.4.1 多故障诊断的基本步骤

多故障诊断的基本过程包含基本模型构建和诊断实施两个环节。构建模型的思路的前两步与节 3.3.1 小节的思路相似，首先是基于广义主成分分离出来反映故障信息的部分和反映正常运行信息的部分，然后根据反映故障信息的数据部分进行主成分分析，得到描述这部分信息的故障子空间。为方便后续描述，先把这两步内容表述如下。

构建基本的故障子空间。

步骤 1：计算 $\boldsymbol{C}_Y=\boldsymbol{Y}^{\mathrm{T}}\boldsymbol{Y}$，$\boldsymbol{C}_X=\boldsymbol{X}^{\mathrm{T}}\boldsymbol{X}$。

步骤 2：通过广义主成分算法提取特征对$(\boldsymbol{C}_X,\boldsymbol{C}_Y)$的广义主成分 $\boldsymbol{W}$，有

$$[\boldsymbol{W},\boldsymbol{\Lambda}]=\mathrm{eig}(\boldsymbol{C}_X,\boldsymbol{C}_Y) \tag{3.15}$$

式中：eig 表示求广义特征的运算，利用 $\boldsymbol{W}$ 的前 j 个列向量$\widetilde{\boldsymbol{W}}_j$ 重构故障工况数据，得到故障数据部分 $\boldsymbol{X}_{\mathrm{f}}=\boldsymbol{X}(\boldsymbol{I}-\widetilde{\boldsymbol{W}}\widetilde{\boldsymbol{W}}^{\mathrm{T}})$。

步骤 3：对矩阵 $\boldsymbol{X}_{\mathrm{f}}^{\mathrm{T}}$ 做奇异值分解，即

$$\boldsymbol{X}_{\mathrm{f}}^{\mathrm{T}}=\boldsymbol{U}\boldsymbol{\Omega}\boldsymbol{V}^{\mathrm{T}} \tag{3.16}$$

式中，$\boldsymbol{\Omega}$ 对角线上的奇异值按照降序排列，筛选出前 i 个故障方向 $\boldsymbol{U}(1:i)$，此时的故障方向 $\boldsymbol{\Sigma}=\boldsymbol{U}(1:i)$。

然后需要在基于重构误差的故障监测模型下筛选构建模型获得描述故障信息能力最强、形式最简单的故障子空间。步骤如下。

步骤 1：预处理正常工况数据，构建 PCA 监测模型。计算 T^2 统计量和 SPE 统计量的控制限 l_{T^2}和 l_{SPE}。

步骤 2：利用 $\boldsymbol{Y}$ 的预处理结果处理故障工况的原始数据，得到可以处理的故障工况数据，并用 $\boldsymbol{X}$ 指代。

步骤 3：选择 $\boldsymbol{U}$ 中前 i 个故障方向组成故障子空间 $\boldsymbol{\Sigma}$，初始的 i 和 j 设置为 1。

步骤 4：利用故障子空间计算样本统计量的故障增益 $\boldsymbol{f}_{\mathrm{T}}(i)$ 和 $\boldsymbol{f}_s(i)$，利用故障子空间的投影 $\boldsymbol{\Sigma}\boldsymbol{f}_{\mathrm{T}}(i)$ 和 $\boldsymbol{\Sigma}\boldsymbol{f}_s(i)$，得到重构数据 $\boldsymbol{X}^*$。

步骤 5：对重构数据 $\boldsymbol{X}^*$ 实施故障监测，如果监测结果不合格，则修改故障子空间的设置参数，返回步骤 3；如果未监测到结果，则返回到步骤 3；如果 $s_{T^2}=s_{\mathrm{SPE}}=0$ 时，输出此时的故障子空间。

这两步的基本流程如图 3.7 所示。需要说明的是，实际应用的 GPCA 和 PCA 模型应具备在线处理能力。因此，可以利用前面几章研究的内容替换理想的离线模型。

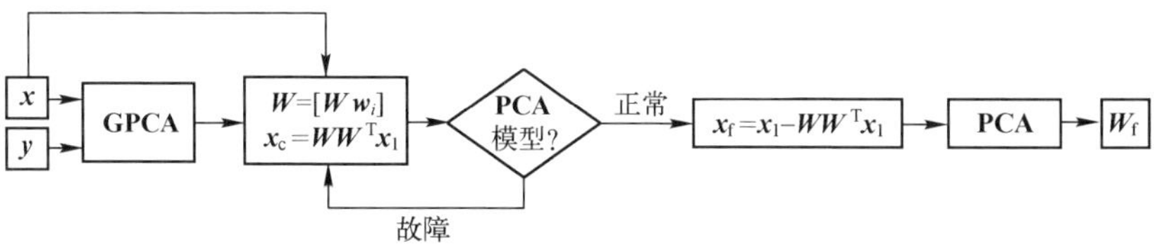

图 3.7　广义主成分提取故障子空间流程框图

用上述方法可以构造出单个故障的故障子空间，重复使用该方法可以描述多个单故障的故障子空间。这些故障子空间可以组成一个故障库，考虑采用奇

异值分解的方法，将故障库整合为一个完整的故障空间。每次输入一个位置的故障数据后，通过分离故障数据，将该故障数据投影到故障空间中去，利用奇异投影可以得到每个故障的分量。按照分量的差异可以判定当前故障状态中不同种类的故障对应的变化幅度。将该数据作为参考，结合具体工业过程的基本结构，为实际发生的多个故障实施诊断。故障库的具体处理步骤在 3.4.2 小节中将展开介绍。

3.4.2 基于奇异值分解的故障定位与诊断

Isermann[22]将故障诊断的内容细化为类型、位置、大小和时间 4 个方面。基于已有故障库，用奇异值分解方法构建故障库基矩阵表达当前故障，其坐标就是单故障的贡献。

根据已有故障库 $\{\boldsymbol{\Sigma}_s\}, s \in \{1,2,\cdots,\tau\}$，构造综合矩阵表达式 $\boldsymbol{\Sigma}_c = [\boldsymbol{\Sigma}_1\ \boldsymbol{\Sigma}_2 \cdots \boldsymbol{\Sigma}_\tau]$。通过奇异值分解构造故障库的基矩阵 $\boldsymbol{\Sigma}_U$，即

$$(\boldsymbol{\Sigma}_U, \boldsymbol{\Sigma}_S, \boldsymbol{\Sigma}_V) = \mathrm{SVD}(\boldsymbol{\Sigma}_c) \tag{3.17}$$

式中：$\boldsymbol{\Sigma}_U$ 为矩阵 $\boldsymbol{\Sigma}_c$ 奇异值分解的左奇异矩阵，此处 $\boldsymbol{\Sigma}_U$ 选择最精简的表达方式；$\boldsymbol{\Sigma}_S$ 为奇异值对角矩阵，大小与 $\boldsymbol{\Sigma}_U$ 相适应；$\boldsymbol{\Sigma}_V$ 为右奇异矩阵，$\boldsymbol{\Sigma}_V$ 的列数与 $\boldsymbol{\Sigma}_c$ 相同，因而 $\boldsymbol{\Sigma}_V$ 可以按照 $\boldsymbol{\Sigma}_c$ 的方式分解为 τ 个小矩阵的组合，即

$$\boldsymbol{\Sigma}_V = [\boldsymbol{\Sigma}_{V1}\ \boldsymbol{\Sigma}_{V2} \cdots \boldsymbol{\Sigma}_{V\tau}] \tag{3.18}$$

根据奇异值分解定义可知，组成 $\boldsymbol{\Sigma}_c$ 的各个小矩阵 $\boldsymbol{\Sigma}_i$ 可以表示为

$$\boldsymbol{\Sigma}_i = \boldsymbol{\Sigma}_U^{\mathrm{T}} \boldsymbol{\Sigma}_S \boldsymbol{\Sigma}_{Vi} \tag{3.19}$$

此时，左奇异矩阵 $\boldsymbol{\Sigma}_U$ 的各个方向可以理解为 $\boldsymbol{\Sigma}_c$ 的一组基，各个故障子空间 $\boldsymbol{\Sigma}_i$ 在这组基上的坐标为 $\boldsymbol{\Sigma}_S \boldsymbol{\Sigma}_{Vi}$。同理，多故障空间可表达为

$$\boldsymbol{\Sigma}_{\mathrm{f}} = \boldsymbol{\Sigma}_U^{\mathrm{T}} \boldsymbol{M}_{\mathrm{f}} \tag{3.20}$$

式中：$\boldsymbol{M}_{\mathrm{f}}$ 为多故障空间的投影坐标。当 $\boldsymbol{\Sigma}_U$ 为方阵时，$\boldsymbol{\Sigma}_U$ 可逆，此时 $\boldsymbol{M}_{\mathrm{f}}$ 有唯一解。当 $\boldsymbol{\Sigma}_U$ 为非方阵时，式为超越方程，可求最小二乘解，$\boldsymbol{M}_{\mathrm{f}} = (\boldsymbol{\Sigma}_U^{\mathrm{T}})^{\dagger} \boldsymbol{\Sigma}_{\mathrm{f}}$。

通过联立式和可得当前多故障空间在每个单故障子空间上的投影转换矩阵。那么，每个样本中，不同故障的幅值贡献表示为

$$\boldsymbol{f}_{i*} = \boldsymbol{\Sigma}_{Vi}^{\mathrm{T}} \boldsymbol{\Sigma}_S^{-1} (\boldsymbol{\Sigma}_U^{\mathrm{T}})^{\dagger} \boldsymbol{\Sigma}_f \boldsymbol{f}_{i*} \tag{3.21}$$

式中：$\boldsymbol{f}_{i*}$ 为第 i 个故障子空间方向的增益向量。$*$ 表示 PCA 监测的主元空间或者残差空间。为对各个故障进行排列，定义故障幅值增益占比为

$$N_{i*} = \frac{\mathrm{norm}(\boldsymbol{f}_{i*}, 2)}{\sum_{i=1}^{i=\tau} \mathrm{norm}(\boldsymbol{f}_{i*}, 2)} \tag{3.22}$$

式中：$\mathrm{norm}(\boldsymbol{f}_{i*}, 2)$ 为 $\boldsymbol{f}_{i*}$ 的 2 范数。

故障幅值增益占比可展示多故障工业过程的单故障发生的程度和顺序，结合单故障在工业过程中的具体意义和工业实际可以诊断故障，如定位部件、分析原因、评估后果以及维护策略。

3.4.3　数值分析和仿真实验

本节通过两个数值仿真和 TE 工业过程证明本章提出算法在提取故障子空间的有效性。

算例 1　数值仿真

数值仿真的模型为

$$\boldsymbol{X}^*(i)=\boldsymbol{Gt}(i)+\boldsymbol{e}(i) \tag{3.23}$$

式中：$\boldsymbol{X}^*\in\mathbf{R}^{5\times500}$为记录 5 个传感器的 500 个数据点；$\boldsymbol{G}\in\mathbf{R}^{5\times2}$为建立过程状态与传感器测量的测量矩阵；$\boldsymbol{t}\in\mathbf{R}^{2\times500}$为两个独立的过程，且服从标准正态分布；$\boldsymbol{e}\in\mathbf{R}^{5\times500}$为 5 个独立的噪声，服从均值为 0、方差为 0.01 的高斯分布。测量矩阵为

$$\boldsymbol{G}=\begin{bmatrix}-0.1670 & -0.1352\\ -0.5671 & -0.3695\\ -0.1608 & -0.1019\\ 0.7574 & -0.0563\\ -0.2258 & -0.9119\end{bmatrix} \tag{3.24}$$

该过程设置两个故障，起始于 100 点，故障 1 在 5 号变量，幅度为 11，故障 2 在 2 号变量，幅度为 6，可得故障工况数据为

$$\boldsymbol{X}(i)=\boldsymbol{X}^*(i)+\boldsymbol{\Sigma f} \tag{3.25}$$

式中：$\boldsymbol{\Sigma}=\begin{bmatrix}0 & 0 & 0 & 0 & 1\\ 0 & 1 & 0 & 0 & 0\end{bmatrix}^{\mathrm{T}}$；$\boldsymbol{f}=[1\quad 1\quad 6]$。

图 3.8 所示为 T^2 统计量故障检测结果，图中虚线部分表示该过程的 T^2 统计量控制限，实线数据表示没有重构的故障工况数据的 T^2 统计量。T^2 统计量在 100 点以后超过并保持在控制限上方，说明 PCA 监测模型在 100 点以后开始故障报警。同时，图中加粗的实线表示使用本章方法所得重构数据的 T^2 统计量，均分布在控制限以下，说明重构后的数据不包含故障信息。图 3.8 中小框通过放大，清晰展示重构后数据的 T^2 统计量。

5 个故障的 T^2 贡献情况如图 3.9 所示，红色虚线为参考线，表示贡献度 100%。在样本点 100 前后，曲线明显区分为两拨，说明样本点 100 处 T^2 贡献发生巨大变化，印证了图 3.8 的分析结论。100 点以后，两拨曲线区分开来，故障 01、03 和 04 的曲线明显低于故障 02 和 05，表明该过程主要有故障 02 和

05 发挥作用，也就说明多故障中主要包含故障 02 和 05。同时故障 05 的贡献比故障 02 的大，与实验设置一致。对图 3.9 中各数据统计可知，5 样本各个故障的 T^2 贡献为[4.98% 38.77% 5.04% 4.10% 47.11%]，故障发生前故障的 T^2 贡献为[16.12% 26.08% 16.32% 13.23% 28.25%]，只有故障 05 和故障 02 的贡献变大，说明该多故障包含故障 02 和故障 05，这也与实验设置一致。实验结果表明，本章所提出算法是有效的。

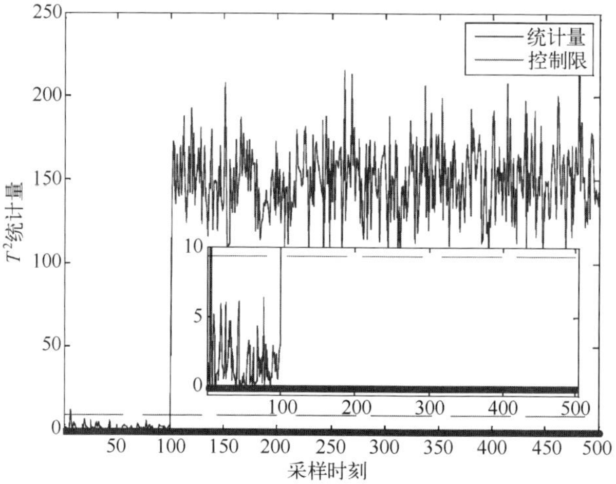

图 3.8 仿真数据在重构前（实线）和重构后（点线）T^2 统计量的变化情况

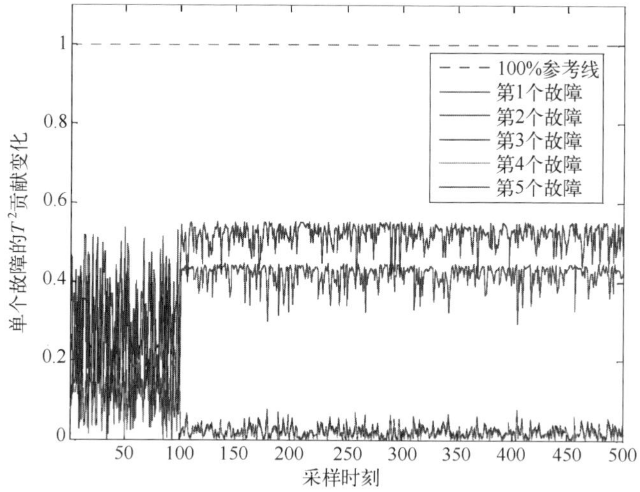

图 3.9 多故障数据中单故障的 T^2 统计量贡献变化情况（见彩图）

算例 2　TE 工业过程

田纳西-伊斯曼工业过程是由伊斯曼化工公司提出的对实际化工生产过程的模拟，用于验证化工工业过程评价、监测和过程控制的方法。整个过程包括 5 个主要的操作单元，即反应器、冷凝器、气液分离器、循环压缩机和汽提塔。TE 过程包含 41 个测试变量和 12 个操作变量，工况包含正常运行和 21 中可操作的故障工况。每种故障类型分别有 480 个训练数据样本和 960 个测试数据样本，测试样本在第 160 个样本点后开始加入故障。故障 02 表示的是进料口某种组分含量发生了变化，另外两种组分的进料流量比保持不变，这会导致化工系统出现一个阶跃的故障。故障 04 表示的是化工过程中反应器冷却水入口问题发生变化，这也会导致化工系统出现一个阶跃的故障。通过计算机仿真生成加入故障的数据。本章考虑故障 02 和故障 04 同时发生，故障 04 幅值为 0.7，故障 02 幅值为 0.3。

图 3.10 显示 T^2 统计量在数据重构前后的故障检测结果，实线表示重构前的 T^2 统计量，该统计量在 160 点后超过控制限，这说明 TE 化工过程在 160 点后出现故障。图中的小框放大了纵坐标为 60 以下的图片内容，图中点线表示的采用本章提取的故障子空间重构故障工况数据的 T^2 统计量，可看出所有的统计量都没有超过控制限。验证了本章提出多故障提取算法的有效性。图 3.11 显示的是实现重构的多故障空间中，故障库中每个故障对该故障空间的贡献变化情况。红色虚线表示 100%占比作为其他 T^2 统计量占比的参考线，不同颜色的实线表示故障库中故障 01～05 的贡献变化情况。从样本的角度来看，160 样本前后的数据变化验证了故障监测结果。从单故障角度来看，故障 02 的贡献明显一直处于高位，其他故障的贡献处于低位，尤其是故障 03 的贡献，从检测出故障开始，故障 03 的贡献逐渐趋近于 0。这表明，从故障方向来看，故障 02 在该工业过程中被估计为主要故障，同时也可能存在故障 01、04 或 05，这些故障对工业过程的影响随时间不断变化。

经过统计可知各个故障贡献为[14.75% 59.03% 3.53% 7.06% 15.62%]。此时故障 02 对总故障贡献最大，是诊断分析的主要方向。需要注意的是，要准确判断该过程的故障情况，还需要对比故障发生前后贡献。由图 3.12 可知，样本 160 以前故障贡献百分比为[32.59% 20.26% 8.67% 2.90% 35.58%]。通过对比两组数据可知，故障 01、03、05 在监测到故障以后贡献变小了，故障 02 和故障 04 贡献变大，而且故障 02 的贡献变化比故障 04 的大，表明该过程存在的故障就是故障 02 和故障 04，并且故障 02 的影响更大，应当在后续工业生产线检查或保养调整中作为主要的问题解决。这与实验数据的设置相符，表明本章提出的多故障定位算法能够准确诊断出工业过程中存在的多个故障，并且通过故障贡献可以区分不同故障产生的影响。

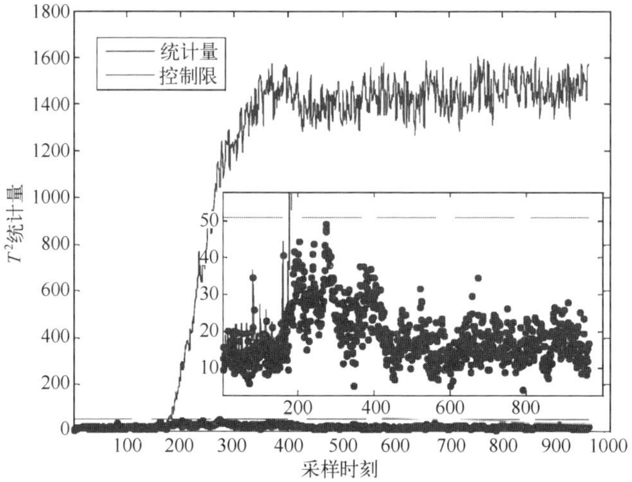

图 3.10 多故障数据在重构前（实线）和重构后（点线）T^2统计量的变化情况

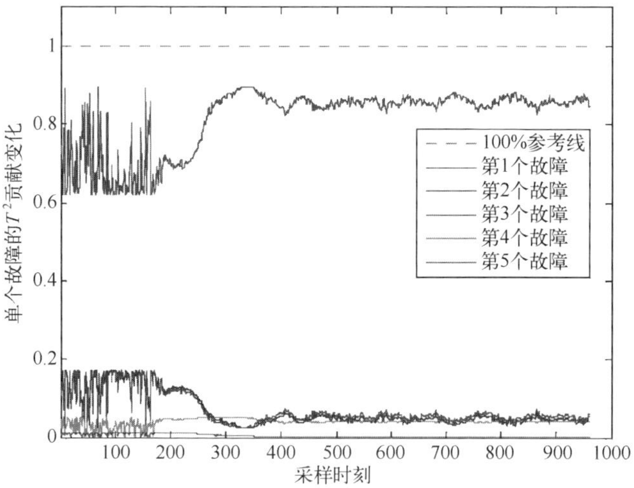

图 3.11 多故障数据中单故障的 T^2 统计量贡献变化情况（见彩图）

另外，TE 工业过程结构复杂，其多故障空间经过多次优化。图 3.12 展示 T^2 统计量几个优化阶段的重构效果。按照优化顺序介绍。左上图重构数据还有很多处于控制限以上，但已经消除大部分故障。右上角重构数据控制限以上的比左上角少了很多。左下角重构数据的统计量持续下降，只有一个点在控制限以上。右下角显示多故障空间优化完成。

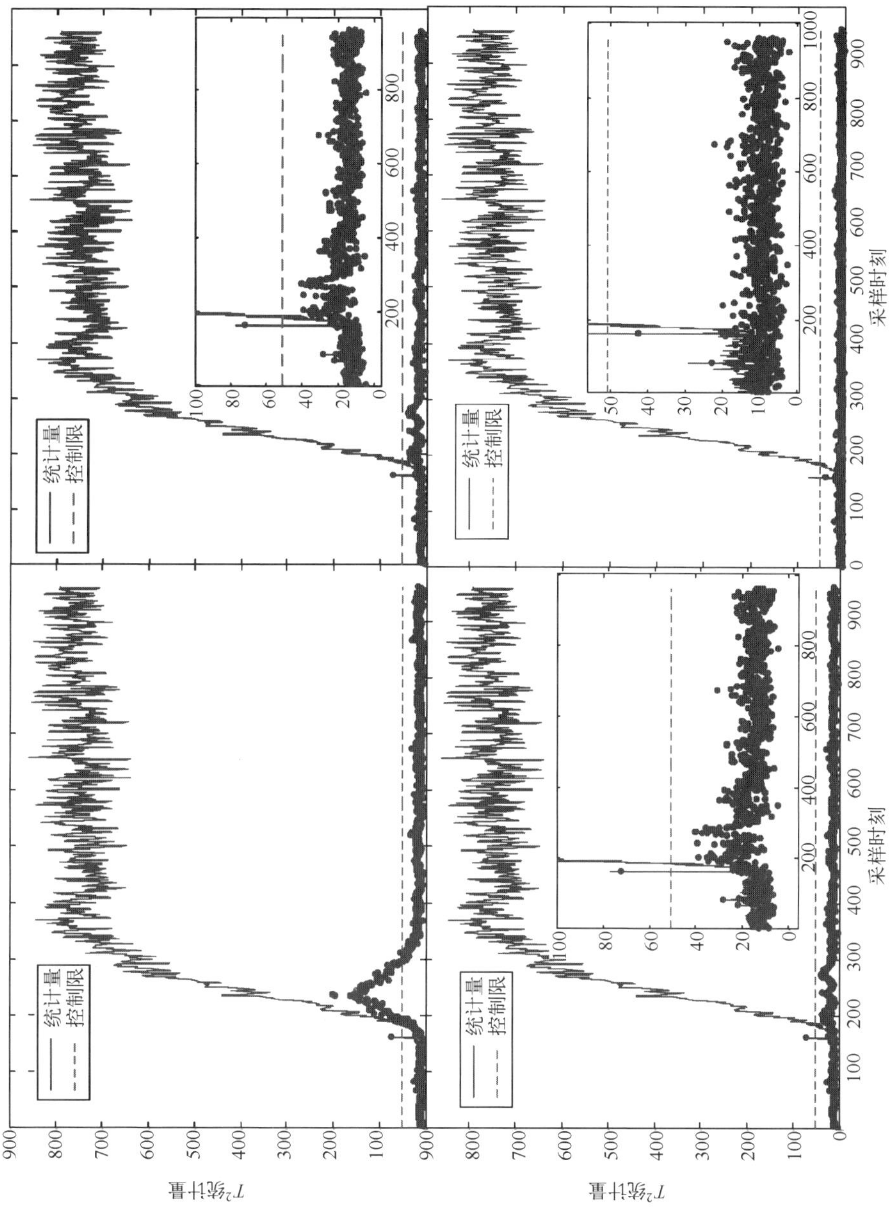

图 3.12　优化过程中多故障数据的 T^2 统计量变化情况

3.5 小结

本章提出了新的基于广义主成分的数据故障建模和多故障诊断方法。该方法的实施是基于前几章的研究内容。通过广义主成分分析实现正常工况数据和故障工况数据的数据分离，分离出故障工况数据中表示故障信息的数据。再通过主成分分析得到表征故障信息的故障子空间。该故障子空间相比传统故障诊断方法对故障诊断的描述更加精确。最后，通过对多个故障子空间的奇异主成分分析，实现多故障并行发生情形下的故障诊断。

参考文献

[1] Zhao, Z B, Wang S B, Sun C, et al. Sparse multiperiod group lasso for bearing multifault diagnosis [J]. IEEE Transactions on Instrumentation and Measurement, 2019: 1-13.

[2] Peng K X, R Z H, Dong J, et al. A new hierarchical framework for detection and isolation of multiple faults in complex industrial processes [J]. IEEE Access, 2019: 12006-12015.

[3] Chiang L H, Russell E L, Braatz R D. Fault diagnosis in chemical processes using Fisher discriminant analysis, discriminant partial least squares, and principal component analysis [J]. Chemometrics Intelligent Laboratory and System, 2000, 50 (2): 243-252.

[4] 胡茑庆, 陈徽鹏, 程哲, 等. 基于经验模态分解和深度卷积神经网络的行星齿轮箱故障诊断方法 [J]. 机械工程学报, 2019, 55 (07): 9-18.

[5] 曲建岭, 余路, 袁涛, 等. 基于一维卷积神经网络的滚动轴承自适应故障诊断算法 [J]. 仪器仪表学报, 2018, 39 (07): 134-143.

[6] 孙文珺, 邵思羽, 严如强. 基于稀疏自动编码深度神经网络的感应电动机故障诊断 [J]. 机械工程学报, 2016, 52 (09): 65-71.

[7] Alcala C, Qin S Z. Reconstruction-based contribution for process monitoring with kernel principal component analysis [J]. Industrial and Engineering Chemistry Research, 2010, 49 (17): 7849-7857.

[8] Liu Q, Qin, et al. Decentralized fault diagnosis of continuous annealing processes based on multilevel PCA [J]. IEEE transactions on automation science and engineering, 2013, 10 (3): 687-698.

[9] Zhang Y, Zhou H, Qin S, et al. Decentralized fault diagnosis of large-scale processes using multiblock kernel partial least squares [J]. IEEE Transactions on Industrial Informatics, 2010, 6 (1): 3-10.

[10] Gang Li, Alcala C F, Qin S J, et al. Generalized reconstruction-based contributions for output-relevant fault diagnosis with application to the Tennessee Eastman Process [J]. IEEE

Transactions on Control Systems Technology, 2011, 19 (5): 1114-1127.

[11] 基于主元分析和贡献图的微小故障诊断研究 [D]. 杭州: 浙江大学, 2015.

[12] Zhao C H, Gao F R. Fault subspace selection approach combined with analysis of relative changes for reconstruction modeling and multifault diagnosis [J]. IEEE Transactions on Control Systems Technology, 2016, 24 (3): 928-939.

[13] El-Thalji I, Jantunen E. A summary of fault modelling and predictive health monitoring of rolling element bearings [J]. Mechanical Systems and Signal Processing, 2015, 60: 252-272.

[14] Shang J, Chen M, Ji H, et al. Recursive transformed component statistical analysis for incipient fault detection [J]. Automatica, 2017, 80 (6): 313-327.

[15] Jackson J, Mudholkar G. Control procedures for residuals associated with principal component analysis [J]. Technometrics, 1979, 21 (3): 341-349.

[16] Yue H H, Qin S J. Reconstruction-based fault identification using a combined index [J]. Industrial and Engineering Chemistry Research, 2001, 40 (20): 4403-4414.

[17] Alcala C, Qin S J. Reconstruction-based contribution for process monitoring with kernel principal component analysis [J]. Industrial and Engineering Chemistry Research, 2010, 49 (17): 7849-7857.

[18] Feng X, Kong X, Ma H, et al. A novel unified and self-stabilizing algorithm for generalized eigenpairs extraction [J]. IEEE Transactions on Neural Networks and Learning Systems, 2017, 28 (12): 3032-3044.

[19] 葛志强, 宋执环, 杨春节. 基于 MCUSUM-ICA-PCA 的微小故障检测 [J]. 浙江大学学报: 工学版, 2008, 42 (3): 373-377.

[20] Downs J J, Vogel E F. A plant-wide industrial process control problem [J]. Computers and Chemical Engineering, 1993, 17 (3): 245-255.

[21] 宁超, 陈茂银, 周东华. 基于阈值故障子空间提取算法的多故障重构 [J]. 上海交通大学学报, 2015, 49 (6): 780-785.

[22] Isermann R. Model based fault detection and diagnosis methods [C]. IEEE American Control Conference, Piscataway, New Jersey, USA, 1995.

第4章　在线监控动态并发 PLS 算法及其过程监控技术

4.1　引言

偏最小二乘法（PLS）因其提取质量相关信息的能力而被广泛应用于与质量相关的过程监控中[1-5]。然而 PLS 及其空间扩展方法[6-9]只考虑了 $\boldsymbol{X}$ 和 $\boldsymbol{Y}$ 之间的静态关系，但在实际工业过程中，$\boldsymbol{X}$ 和 $\boldsymbol{Y}$ 之间存在动态关系，静态模型不能完全描述动态过程。为了解决这一问题，提出了两种 PLS 动态展开方法。第一种方法是数据预处理方法[10-12]。通过构造一个包含大量时滞值的增广 $\boldsymbol{X}$，考虑系统的动态特性，然后利用现有的线性 PLS 算法对其进行建模。然而随着时滞数据的累积，会导致计算复杂度的增加。在第二种方法中，通过修改内部和外部 PLS 模型，得到动态 PLS 模型[13-15]。而在内部模型中，通过控制系统设计出输入潜变量与输出潜变量之间的内部动态模型；最终构建出外静、内动的 D-PLS 模型。基于 Kaspar 等的研究，Lakshminarayanan 等[16]通过 ARX 模型或 Hammerstein 模型对输入/输出潜变量之间的动态关系进行描述，提出了改进内部模型的动态 ARX-PLS 算法。上述算法尽管给出了内部动态关系的明确表示，但还存在内部模型与外部模型动、静不统一的缺点。基于此，Li 等[17]提出新的目标函数得到动态外部模型，通过历史输入潜变量加权与输出潜变量构建出动态内部模型，最终给出了内外模型一致的 D-PLS 模型。在过程监控中，D-PLS 有着与 PLS 模型相同的缺点，因此将其拓展为 D-TPLS 模型，通过 TE 过程验证了算法的有效性。Dong 等[18]指出 Li 等[17]构建的内部模型存在难以解释的缺陷，他们用 ARX 模型对输入输出潜变量之间的动态关系进行描述，得到一个明确的内部动态模型，并给出内外模型统一的动态偏最小二乘（Di-PLS）模型。为了降低斜角分解导致的质量空间的多余信息，Jiao 等[19]提出了动态改进潜结构投影（DMPLS）模型，将过程数据正交投影到两个子空间进行监测。

通常情况下，当前时间段的质量数据不能被实时获得，这造成了过程数据和质量数据不等长。在这种情况下，更新在线监控模型是一个严峻的挑战。本章提出了一种采用时延过程数据与时延质量数据之间关系的在线监控动态 PLS（OMD-PLS）模型。为了全面监控质量相关和过程相关的故障数据，还提出了一种基于 OMD-PLS 的在线监控动态并发 PLS（OMDC-PLS）模型[20]，该模型还能够检测轻微的偏差。此外，提出了一种基于 OMDC-PLS 模型的报警参数报警方法，有效降低了误报率（FAR）。最后，采用数值模拟和田纳西-伊斯曼过程（TEP）用于说明所提方法的有效性。

4.2 动态 PLS 算法

到目前为止，有两种 PLS 动态拓展方法：第一种是数据预处理方法。通过构造时滞数据组成的增广 $\boldsymbol{X}$，考虑到了系统的动态特性，然后利用现有的线性 PLS 算法对其进行建模。第二种是通过修改内部和外部 PLS 模型获得动态 PLS 模型。然而，第一种方法引入了时滞数据，导致计算量大大增加，并且对模型可解释性较低。在第二种方法中，仅将内部模型修改为动态会导致内外模型不统一，外模型的可解释性较低。因此，Li 提出了一个目标函数来获得一个新的动态外部模型[17]，得到动态 PLS（D-PLS）算法。D-PLS 中动态内部模型由加权输入和输出潜变量构建，之后，Li 又将 D-PLS 拓展到动态 T-PLS（D-TPLS）模型。下面简要介绍 D-PLS 算法。

假设输入数据矩阵 $\boldsymbol{X}=[\boldsymbol{x}_1,\boldsymbol{x}_2,\cdots,\boldsymbol{x}_n]^{\mathrm{T}}\in\mathbf{R}^{n\times m}$ 由具有 n 个样本的 m 个过程变量组成。输出数据矩阵 $\boldsymbol{Y}=[\boldsymbol{y}_1,\boldsymbol{y}_2,\cdots,\boldsymbol{y}_n]^{\mathrm{T}}\in\mathbf{R}^{n\times p}$ 由具有 n 个样本的 p 个质量变量组成。为了描述一个动态过程，Li 提出了以下外模型目标函数[71]，即

$$
\begin{cases}
\max\limits_{\boldsymbol{w},\boldsymbol{c},\beta_{(j)}} (\boldsymbol{w}^{\mathrm{T}}\boldsymbol{X}_{(0)}^{\mathrm{T}}\beta_{(0)}+\cdots+\boldsymbol{w}^{\mathrm{T}}\boldsymbol{X}_{(d-1)}^{\mathrm{T}}\beta_{(d-1)})\boldsymbol{Y}\boldsymbol{c} \\
\text{s. t.} \qquad \|\boldsymbol{w}\|=\|\boldsymbol{c}\|=1 \\
\qquad \beta_{(0)}^2+\beta_{(1)}^2+\cdots+\beta_{(d-1)}^2=1
\end{cases}
\tag{4.1}
$$

式中：$\beta_{(j)}$ 为 $\boldsymbol{X}_{(j)}\boldsymbol{w}$ 的权重系数；$\boldsymbol{X}_{(j)}=[\boldsymbol{x}_{d-j},\boldsymbol{x}_{d+1-j},\cdots,\boldsymbol{x}_{d+N-j}]^{\mathrm{T}}\in\mathbf{R}^{(N+1)\times m}$ 为时滞 j 的输入数据矩阵，$j=0,1,\cdots,d-1$，相当于通过长度为 $N+1$ 滑动窗口将 $\boldsymbol{X}$ 分为 d 块，满足 $d+N=n$。该优化模型的解就是找到使 $\boldsymbol{X}$ 和 $\boldsymbol{Y}$ 的动态线性关系最大化的方向向量 $\boldsymbol{w}$ 和系数向量 $\boldsymbol{\beta}=[\beta_{(0)},\beta_{(1)},\cdots,\beta_{(d-1)}]^{\mathrm{T}}$。为了简化模型，给出以下定义，即

$$\boldsymbol{X}_g=[\boldsymbol{X}_{(0)},\boldsymbol{X}_{(1)},\cdots,\boldsymbol{X}_{(d-1)}]\in\mathbf{R}^{(N+1)\times md} \tag{4.2}$$

$$\boldsymbol{Y}_{(0)}=[\boldsymbol{y}_d,\boldsymbol{y}_{d+1},\cdots,\boldsymbol{y}_{d+N}]^{\mathrm{T}}\in\mathbf{R}^{(N+1)\times p} \tag{4.3}$$

$$\boldsymbol{\beta}^{\mathrm{T}}\otimes\boldsymbol{w}^{\mathrm{T}}=(\boldsymbol{\beta}\otimes\boldsymbol{w})^{\mathrm{T}}=[\beta_{(0)}\boldsymbol{w}^{\mathrm{T}},\beta_{(1)}\boldsymbol{w}^{\mathrm{T}},\cdots,\beta_{(d-1)}\boldsymbol{w}^{\mathrm{T}}]\in\mathbf{R}^{1\times md} \tag{4.4}$$

式中：$\otimes$为直积，那么该 D-PLS 模型可表达为

$$\begin{cases}\max\limits_{w,c,\beta}(\boldsymbol{\beta}\otimes\boldsymbol{w})^{\mathrm{T}}\boldsymbol{X}_g^{\mathrm{T}}\boldsymbol{Y}_{(0)}\boldsymbol{c}\\ \text{s. t. } \|\boldsymbol{w}\|=\|\boldsymbol{c}\|=\|\boldsymbol{\beta}\|=1\end{cases}\tag{4.5}$$

当 $d=1$ 时，该优化模型就是普通的 PLS，动态建模时不考虑 $d=1$ 的情况，因此规定 $d\geqslant 2$，也就是 D-PLS 模型至少引入了一个时滞数据，定义 $q=d-1$ 为时滞数。当考虑到实际工程的一些问题，这些较为理想的算法模型将无法实现较好的功能。下面给出本研究提出的在线监控动态偏最小二乘（OMD-PLS）算法模型及其拓展模型在线监控动态并发 PLS（OMDC-PLS）算法模型。

4.3 OMD-PLS 和 OMDC-PLS 算法

4.3.1 OMD-PLS 算法的提出

在实际工业过程中，过程变量的测量频率高于质量变量的测量频率。通常情况下，在 $\boldsymbol{Y}_{(0)}$ 中，当前时间段 $t\in(0,d)$ 的质量数据 $[\boldsymbol{y}_{d+N+1-t}\cdots\boldsymbol{y}_{d+N}]^{\mathrm{T}}$ 是不可获得的。另外，时延过程数据和时延质量数据之间存在相关性。因此，D-PLS 目标函数中的 $\boldsymbol{Y}_{(0)}$ 应当被修改为 $\boldsymbol{Y}_g=[\boldsymbol{Y}_{(t)},\boldsymbol{Y}_{(t+1)},\cdots,\boldsymbol{Y}_{(d-1)}]\in\mathbf{R}^{(n-q)\times(d-t)p}$，其中 $\boldsymbol{Y}_{(j)}$ 为对应于 $\boldsymbol{X}_{(j)}$ 的时延质量数据。该修改实现了两个目标：①在线监控期间，即使在该时间段内缺少当前的一些质量数据，当前过程数据也可用于更新模型，这提高了模型的动态更新能力；②时延质量数据的引入考虑到了更为全面的相关性，因此改进了模型的质量相关故障检测能力。修改后的目标函数为 OMD-PLS 目标函数，该优化模型的解就是找到使 $\boldsymbol{Y}$ 及其时延数据和 $\boldsymbol{X}$ 的动态线性关系最大化的方向向量 $\boldsymbol{w}$ 和系数向量 $\boldsymbol{\beta}=[\beta_{(0)},\beta_{(1)},\cdots,\beta_{(d-1)}]^{\mathrm{T}}$，有

$$\begin{cases}\max\limits_{w,c,\beta}(\boldsymbol{\beta}\otimes\boldsymbol{w})^{\mathrm{T}}\boldsymbol{X}_g^{\mathrm{T}}\boldsymbol{Y}_g\boldsymbol{c}\\ \text{s. t. } \|\boldsymbol{w}\|=\|\boldsymbol{c}\|=\|\boldsymbol{\beta}\|=1\end{cases}\tag{4.6}$$

拉格朗日乘数被用于解决这种优化问题，定义以下内容，即

$$\begin{aligned}\max\ J=&(\boldsymbol{\beta}\otimes\boldsymbol{w})^{\mathrm{T}}\boldsymbol{X}_g^{\mathrm{T}}\boldsymbol{Y}_g\boldsymbol{c}+\frac{1}{2}\lambda_w(1-\boldsymbol{w}^{\mathrm{T}}\boldsymbol{w})\\&+\frac{1}{2}\lambda_c(1-\boldsymbol{c}^{\mathrm{T}}\boldsymbol{c})+\frac{1}{2}\lambda_\beta(1-\boldsymbol{\beta}^{\mathrm{T}}\boldsymbol{\beta})\end{aligned}\tag{4.7}$$

取关于 $\boldsymbol{w}$、$\boldsymbol{c}$ 和 $\boldsymbol{\beta}$ 的导数并将结果设置为零，简化之后得到

$$\begin{cases} \boldsymbol{S}_w \boldsymbol{\beta} = \lambda_\beta \lambda_c \boldsymbol{\beta} \\ \boldsymbol{S}_\beta \boldsymbol{w} = \lambda_w \lambda_c \boldsymbol{w} \end{cases} \tag{4.8}$$

其中

$$\boldsymbol{S}_w \equiv (\boldsymbol{I}_d \otimes \boldsymbol{w})^{\mathrm{T}} \boldsymbol{X}_g^{\mathrm{T}} \boldsymbol{Y}_g \boldsymbol{Y}_g^{\mathrm{T}} \boldsymbol{X}_g (\boldsymbol{I}_d \otimes \boldsymbol{w}) \in \mathbf{R}^{d \times d} \tag{4.9}$$

$$\boldsymbol{S}_\beta \equiv (\boldsymbol{\beta} \otimes \boldsymbol{I}_m)^{\mathrm{T}} \boldsymbol{X}_g^{\mathrm{T}} \boldsymbol{Y}_g \boldsymbol{Y}_g^{\mathrm{T}} \boldsymbol{X}_g (\boldsymbol{\beta} \otimes \boldsymbol{I}_m) \in \mathbf{R}^{m \times m} \tag{4.10}$$

式中：$\lambda_\beta \lambda_c$ 和 $\lambda_w \lambda_c$ 为最大目标函数值。

因此，$\boldsymbol{\beta}$ 是 $\boldsymbol{S}_w$ 的最大特征向量，$\boldsymbol{w}$ 是 $\boldsymbol{S}_\beta$ 的最大特征向量。应该注意，$\boldsymbol{w}$ 和 $\boldsymbol{\beta}$ 不能使用直接计算，因为 $\boldsymbol{S}_w$ 和 $\boldsymbol{S}_\beta$ 分别取决于 $\boldsymbol{w}$ 和 $\boldsymbol{\beta}$。根据文献［17］中介绍的方法，可以初始化 $\boldsymbol{w}$ 并使用迭代计算 $\boldsymbol{w}$ 和 $\boldsymbol{\beta}$。详细的 OMD-PLS 算法过程如表 4.1 所列。

在表 4.1 中，$d=q+1$。参数 A 和 q 由二维交叉验证确定，如表 4.2 中所概述。通过 OMD-PLS 算法可得到以下参数，即

$$\begin{cases} \boldsymbol{B} = [\boldsymbol{\beta}_1, \boldsymbol{\beta}_2, \cdots, \boldsymbol{\beta}_A] \in \mathbf{R}^{d \times A} \\ \boldsymbol{W} = [\boldsymbol{w}_1, \boldsymbol{w}_2, \cdots, \boldsymbol{w}_A] \in \mathbf{R}^{m \times A} \\ \boldsymbol{T}_g = [\boldsymbol{t}_{g,1}, \boldsymbol{t}_{g,2}, \cdots, \boldsymbol{t}_{g,A}] \in \mathbf{R}^{(n-q) \times A} \\ \boldsymbol{Q} = [\boldsymbol{q}_1, \boldsymbol{q}_2, \cdots, \boldsymbol{q}_A] \in \mathbf{R}^{(d-t)p \times A} \\ \boldsymbol{P}_{(j)} = [\boldsymbol{p}_{(j),1}, \boldsymbol{p}_{(j),2}, \cdots, \boldsymbol{p}_{(j),A}] \in \mathbf{R}^{m \times A} \end{cases} \tag{4.11}$$

表 4.1　OMD-PLS 算法

标准化建模数据矩阵 $\boldsymbol{X}$ 和 $\boldsymbol{Y}$ 为零均值单位方差，然后根据 D-PLS 模型的二维交叉验证确定参数 A 和 q。求得 $\boldsymbol{X}_{g,i}$ 和 $\boldsymbol{Y}_{g,i}$，令 $i=1$。
步骤 1：令 $\boldsymbol{w}_i=[1,0,\cdots,0]^{\mathrm{T}}$，计算出 $\boldsymbol{S}_{w,i}$，然后求解 $\boldsymbol{S}_{w,i}$ 的最大特征向量作为 $\boldsymbol{\beta}_i$。
步骤 2：由 $\boldsymbol{\beta}_i$ 计算出 $\boldsymbol{S}_{\beta,i}$，然后求解 $\boldsymbol{S}_{\beta,i}$ 的最大特征向量作为 $\boldsymbol{w}_i$。 迭代步骤 1 和步骤 2 直到 $\boldsymbol{w}_i$ 和 $\boldsymbol{\beta}_i$ 收敛。
步骤 3：更新 $\boldsymbol{Y}_{g,i}$： $\boldsymbol{t}_{g,i}=\boldsymbol{X}_{g,i}(\boldsymbol{\beta}_i \otimes \boldsymbol{w}_i)$，$\boldsymbol{q}_i=\boldsymbol{Y}_{g,i}^{\mathrm{T}}\boldsymbol{t}_{g,i}/\boldsymbol{t}_{g,i}^{\mathrm{T}}\boldsymbol{t}_{g,i}$，$\boldsymbol{Y}_{g,i+1}=\boldsymbol{Y}_{g,i}-\boldsymbol{t}_{g,i}\boldsymbol{q}_i^{\mathrm{T}}$
步骤 4：更新 $\boldsymbol{X}_{g,i}$： 令 $j=0$， （1）$\boldsymbol{t}_{(j),i}=\boldsymbol{X}_{(j),i}^{\mathrm{T}}\boldsymbol{w}_i$，$\boldsymbol{p}_{(j),i}=\boldsymbol{X}_{(j),i}^{\mathrm{T}}\boldsymbol{t}_{(j),i}/\boldsymbol{t}_{(j),i}^{\mathrm{T}}\boldsymbol{t}_{(j),i}$，$\boldsymbol{X}_{(j),i+1}=\boldsymbol{X}_{(j),i}-\boldsymbol{t}_{(j),i}\boldsymbol{p}_{(j),i}^{\mathrm{T}}$； （2）令 $j=j+1$，返回（1）直到 $j>d-1$ 进行（3）； （3）$\boldsymbol{X}_{g,i+1}=[\boldsymbol{X}_{(0),i+1}, \boldsymbol{X}_{(1),i+1}, \cdots, \boldsymbol{X}_{(d-1),i+1}]$。
步骤 5：令 $i=i+1$，返回步骤 1 直到 $i>A$。

表 4.2 二维交叉验证

二维交叉验证
步骤 1：初始化参数 $A_{\max}$ 和 $q_{\max}$，并且令 $A\in[1,A_{\max}]$，$q\in[1,q_{\max}]$。
步骤 2：采用 D-PLS 模型获得可预测部分 $\hat{\boldsymbol{Y}}$，然后计算均方预测误差，即 $\mathrm{MSPE}=\frac{1}{n}\lVert\boldsymbol{Y}-\hat{\boldsymbol{Y}}\rVert^2$。
步骤 3：A 和 q 由最小的 MSPE 决定。

式中：$i=1,2,\cdots,A$；$j=0,1,\cdots,d-1$。为了直接从 $\boldsymbol{X}_g$ 中计算 $\boldsymbol{T}_g$，定义权重矩阵 $\boldsymbol{R}_g$，即

$$\begin{cases}\boldsymbol{R}_{(j)}=\boldsymbol{W}(\boldsymbol{P}_{(j)}^{\mathrm{T}}\boldsymbol{W})^{-1}\\ \boldsymbol{R}_{\boldsymbol{B}(j)}=[\boldsymbol{B}_{(j),1}\boldsymbol{R}_{(j),1},\cdots,\boldsymbol{B}_{(j),A}\boldsymbol{R}_{(j),A}]\\ \boldsymbol{R}_g=[\boldsymbol{R}_{\boldsymbol{B}(1)};\cdots;\boldsymbol{R}_{\boldsymbol{B}(d-1)}]\end{cases}\tag{4.12}$$

式中：$\boldsymbol{B}_{(j),i}$ 为 $\boldsymbol{B}$ 中第 j 行第 i 列的元素，那么可得 $\boldsymbol{T}_g=\boldsymbol{X}_g\boldsymbol{R}_g$。最终 OMD-PLS 模型可以表示为

$$\begin{cases}\boldsymbol{X}_{(j)}=\hat{\boldsymbol{X}}_{(j)}+\widetilde{\boldsymbol{X}}_{(j)}=\boldsymbol{T}_{(j)}\boldsymbol{P}_{(j)}^{\mathrm{T}}+\widetilde{\boldsymbol{X}}_{(j)}\\ \boldsymbol{Y}_g=\hat{\boldsymbol{Y}}_g+\widetilde{\boldsymbol{Y}}_g=\boldsymbol{T}_g\boldsymbol{Q}^{\mathrm{T}}+\widetilde{\boldsymbol{Y}}_g\end{cases}\tag{4.13}$$

4.3.2 OMDC-PLS 算法的提出

D-PLS 优化模型以最大化 $\boldsymbol{X}_g$ 和 $\boldsymbol{Y}_{(0)}$ 的协方差来提取动态关系得分 $\boldsymbol{T}_g$。得分 $\boldsymbol{T}_g$ 仅与 $\boldsymbol{Y}_{(0)}$ 的可预测部分相关，单独监控 $\boldsymbol{T}_g$ 忽略了 $\boldsymbol{Y}_{(0)}$ 在 D-PLS 优化模型中无法被 $\boldsymbol{X}_g$ 预测的变化。Li 等[17]基于 D-PLS 优化模型提出了 D-TPLS 过程监控模型，因此 D-TPLS 具有两个问题：一个是模型仅监控可预测部分 $\hat{\boldsymbol{Y}}$，这使不可预测的质量变化不受 D-TPLS 模型的监控；另一个是输入数据空间 $\boldsymbol{X}$ 不必要地分成 4 个子空间，它可以简洁地分为预测相关子空间和预测无关子空间[22]。为了提供动态质量数据和动态过程操作数据的完整监控方案，本小节基于在线监控动态偏最小二乘（OMD-PLS）优化模型，提出了一种在线监控动态并发潜结构投影（OMDC-PLS）模型来实现 3 个目标：①从 OMD-PLS 模型中提取出与 $\hat{\boldsymbol{Y}}_g$ 直接相关的动态得分 $\boldsymbol{U}_{gc}$，实现对质量相关故障的监控；②将 $\boldsymbol{Y}_g$ 的不可预测部分 $\widetilde{\boldsymbol{Y}}_{gc}$ 通过 PCA 进一步分解，实现对不可预测部分 $\widetilde{\boldsymbol{Y}}_{gc}$ 的主元子空间和残差子空间异常变化的监控；③首先建立 $\boldsymbol{X}_g$ 和动态得分 $\boldsymbol{U}_{gc}$ 的直接

关系，即 $\boldsymbol{U}_{gc}=\boldsymbol{X}_g\boldsymbol{R}_{gc}$，并将 $\boldsymbol{X}_g$ 投影到 span $\{\boldsymbol{R}_{gc}\}^{\perp}$ 上，得到与质量无关但输入相关子空间 $\widetilde{\boldsymbol{X}}_{gc}$；然后将 $\widetilde{\boldsymbol{X}}_{gc}$ 通过 PCA 进一步分解，实现对 $\widetilde{\boldsymbol{X}}_{gc}$ 的主元子空间和残差子空间异常变化的监控。OMDC-PLS 算法流程在表 4.3 中列出。

通过 OMDC-PLS 算法构建模型为

$$\begin{cases}\boldsymbol{X}_g=\boldsymbol{U}_{gc}\boldsymbol{R}^{\dagger}_{gc}+\boldsymbol{T}_{gx}\boldsymbol{P}_{gx}^{\mathrm{T}}+\widetilde{\boldsymbol{X}}_{gr}\\ \boldsymbol{Y}_g=\boldsymbol{U}_{gc}\boldsymbol{Q}_{gc}^{\mathrm{T}}+\boldsymbol{T}_{gy}\boldsymbol{P}_{gy}^{\mathrm{T}}+\widetilde{\boldsymbol{Y}}_{gr}\end{cases}\tag{4.14}$$

式中：$\boldsymbol{U}_{gc}$ 为可预测质量相关部分的得分；$\boldsymbol{T}_{gx}$ 为可预测质量无关但输入相关部分的主元得分；$\boldsymbol{T}_{gy}$ 为不可预测质量部分的主元得分；$\boldsymbol{Q}_{gc}$、$\boldsymbol{R}_{gc}^{\dagger}$、$\boldsymbol{P}_{gx}$ 和 $\boldsymbol{P}_{gy}$ 为对应部分的负载矩阵；$\widetilde{\boldsymbol{X}}_{gr}$ 和 $\widetilde{\boldsymbol{Y}}_{gc}$ 分别为 $\boldsymbol{X}_g$ 和 $\boldsymbol{Y}_g$ 的残差。$\boldsymbol{u}_{gc}^{\mathrm{T}}$、$\boldsymbol{t}_{gx}^{\mathrm{T}}$、$\boldsymbol{t}_{gy}^{\mathrm{T}}$、$\boldsymbol{x}_g^{\mathrm{T}}$、$\widetilde{\boldsymbol{x}}_{gr}^{\mathrm{T}}$、$\boldsymbol{y}_g^{\mathrm{T}}$ 和 $\widetilde{\boldsymbol{y}}_{gr}^{\mathrm{T}}$ 分别是 $\boldsymbol{U}_{gc}$、$\boldsymbol{T}_{gx}$、$\boldsymbol{T}_{gy}$、$\boldsymbol{X}_g$、$\widetilde{\boldsymbol{X}}_{gr}$、$\boldsymbol{Y}_g$ 和 $\widetilde{\boldsymbol{Y}}_{gr}$ 的行向量，即单个样本。单个样本存在以下关系，即

$$\begin{cases}\boldsymbol{u}_{gc}=\boldsymbol{R}_{gc}^{\mathrm{T}}\boldsymbol{x}_g\\ \boldsymbol{t}_{gx}=\boldsymbol{P}_{gx}^{\mathrm{T}}\widetilde{\boldsymbol{x}}_{gc}\\ \boldsymbol{t}_{gy}=\boldsymbol{P}_{gy}^{\mathrm{T}}\widetilde{\boldsymbol{y}}_{gc}\\ \widetilde{\boldsymbol{x}}_{gr}=(\boldsymbol{I}-\boldsymbol{P}_{gx}\boldsymbol{P}_{gx}^{\mathrm{T}})\widetilde{\boldsymbol{x}}_{gc}\\ \widetilde{\boldsymbol{y}}_{gr}=(\boldsymbol{I}-\boldsymbol{P}_{gy}\boldsymbol{P}_{gy}^{\mathrm{T}})\widetilde{\boldsymbol{y}}_{gc}\end{cases}\tag{4.15}$$

式中：$\widetilde{\boldsymbol{x}}_{gc}=\boldsymbol{x}_g-\boldsymbol{R}_{gc}^{\dagger\mathrm{T}}\boldsymbol{u}_{gc}$；$\widetilde{\boldsymbol{y}}_{gc}=\boldsymbol{y}_g-\boldsymbol{Q}_{gc}\boldsymbol{u}_{gc}$。

表 4.3　OMDC-PLS 算法

算法步骤
步骤 1：首先进行 OMD-PLS 算法，得到可预测输出 $\hat{\boldsymbol{Y}}_g=\boldsymbol{T}_g\boldsymbol{Q}^{\mathrm{T}}$，对 $\hat{\boldsymbol{Y}}_g$ 进行 SVD 分解，即 $\hat{\boldsymbol{Y}}_g=\boldsymbol{U}_{gc}\boldsymbol{D}_{gc}\boldsymbol{V}_{gc}^{\mathrm{T}}\equiv\boldsymbol{U}_{gc}\boldsymbol{Q}_{gc}^{\mathrm{T}}$　(4.16) 式中 $\boldsymbol{Q}_{gc}=\boldsymbol{V}_{gc}\boldsymbol{D}_{gc}$，SVD 分解后选取前 l_{gc} 个主元进行降维处理，$l_{gc}=\mathrm{rank}(\boldsymbol{Q})$。右奇异阵 $\boldsymbol{V}_{gc}$ 为正交阵，则 $\boldsymbol{U}_{gc}=\hat{\boldsymbol{Y}}_g\boldsymbol{V}_{gc}\boldsymbol{D}_{gc}^{-1}=\boldsymbol{X}_g\boldsymbol{R}_g\boldsymbol{Q}^{\mathrm{T}}\boldsymbol{D}_{gc}^{-1}\equiv\boldsymbol{X}_g\boldsymbol{R}_{gc}$，$\boldsymbol{R}_{gc}=\boldsymbol{R}_g\boldsymbol{Q}^{\mathrm{T}}\boldsymbol{D}_{gc}^{-1}$。
步骤 2：构建不可预测输出 $\widetilde{\boldsymbol{Y}}_{gc}=\hat{\boldsymbol{Y}}_g-\boldsymbol{U}_{gc}\boldsymbol{Q}_{gc}^{\mathrm{T}}$，然后对 $\widetilde{\boldsymbol{Y}}_{gc}$ 进行 PCA 分解，即 $\widetilde{\boldsymbol{Y}}_{gc}=\boldsymbol{T}_{gy}\boldsymbol{P}_{gy}^{\mathrm{T}}+\widetilde{\boldsymbol{Y}}_{gr}$　(4.17) 主元个数 l_{gy} 由累积贡献率 CPV 来确定。
步骤 3：将 $\boldsymbol{X}_g$ 投影到 span$\{\boldsymbol{R}_{gc}\}$ 上得到可预测质量相关输入部分 $\boldsymbol{U}_{gc}\boldsymbol{R}_{gc}^{\dagger}$，将 $\boldsymbol{X}_g$ 投影到 span $\{\boldsymbol{R}_{gc}\}^{\perp}$ 上，得到可预测质量不相关输入部分 $\widetilde{\boldsymbol{X}}_{gc}=\boldsymbol{X}_g-\boldsymbol{U}_{gc}\boldsymbol{R}_{gc}^{\dagger}$，其中 $\boldsymbol{R}_{gc}^{\dagger}=(\boldsymbol{R}_{gc}^{\mathrm{T}}\boldsymbol{R}_{gc})^{-1}\boldsymbol{R}_{gc}^{\mathrm{T}}$。
步骤 4：对 $\widetilde{\boldsymbol{X}}_{gc}$ 进行 PCA 分解，即 $\widetilde{\boldsymbol{X}}_{gc}=\boldsymbol{T}_{gx}\boldsymbol{P}_{gx}^{\mathrm{T}}+\widetilde{\boldsymbol{X}}_{gr}$　(4.18) 主元个数 l_{gx} 由累积贡献率 CPV 来确定。

4.4 基于 OMDC-PLS 算法的动态过程监控技术

4.4.1 OMDC-PLS 模型过程监控指标

基于 4.3 节的 OMDC-PLS 模型，采用能够代表相应子空间协变量的 $\boldsymbol{U}_{gc}$、$\boldsymbol{T}_{gx}$、$\widetilde{\boldsymbol{X}}_{gr}$、$\boldsymbol{T}_{gy}$ 和 $\widetilde{\boldsymbol{Y}}_{gr}$ 来构建过程监控指标，用来监控相应子空间的异常变化。

由于可预测输出相关得分 $\boldsymbol{U}_{gc}$ 为正交阵，其列向量为零均值和 $1/(n-1)$ 方差。因此，可通过 T^2 统计量来监控，即

$$T_c^2=(n-1)\boldsymbol{u}_{gc}^{\mathrm{T}}\boldsymbol{u}_{gc} \tag{4.19}$$

根据 PCA 过程监控技术，可预测质量无关输入的主元空间和残差空间可由 T^2 统计量和 Q 统计量来监控，分别为

$$T_x^2=\boldsymbol{t}_{gx}^{\mathrm{T}}\boldsymbol{\Lambda}_x^{-1}\boldsymbol{t}_{gx} \tag{4.20}$$

$$Q_x=\|\widetilde{\boldsymbol{x}}_{gr}\|^2 \tag{4.21}$$

式中：$\boldsymbol{\Lambda}_x=\boldsymbol{T}_{gx}^{\mathrm{T}}\boldsymbol{T}_{gx}/(n-1)$ 为 $\boldsymbol{T}_{gx}$ 的协方差矩阵。

同理，不可预测质量的主元得分空间和残差空间可由 T^2 统计量和 Q 统计量来监控，分别为

$$T_y^2=\boldsymbol{t}_{gy}^{\mathrm{T}}\boldsymbol{\Lambda}_y^{-1}\boldsymbol{t}_{gy} \tag{4.22}$$

$$Q_y=\|\breve{\boldsymbol{y}}_{gr}\|^2 \tag{4.23}$$

式中：$\boldsymbol{\Lambda}_y=\boldsymbol{T}_{gy}^{\mathrm{T}}\boldsymbol{T}_{gy}/(n-1)$ 为 $\boldsymbol{T}_{gy}$ 的协方差矩阵。

要想根据上述 5 个指标对工业过程进行全方位监控，需要根据正态分布的数据计算这些指标的控制限。OMDC-PLS 算法与 Wang 和 Yin[21] 提出的 OSC-MPLS 算法都采用 SVD 分解，因此输入相关得分和输出相关得分都是正交的。当样本数足够大，理论上 T^2 统计量的控制限都可采用 $J_{\mathrm{th},T^2}=\chi^2_{l,\alpha}$ 来计算，其中 l 为主元个数，$1-\alpha$ 为置信水平，Q 统计量的控制限可采用 $J_{\mathrm{th},Q}=g\chi^2_{h,\alpha}$ 来计算，其中 $g=b/2a$ 和 $h=2a^2/b$，a 和 b 分别是正常工况下 Q 统计量的均值和方差。

在线监控时，由于时滞数据的引入，一些微小的噪声扰动以及前期微小的故障将被多次引入数据中。这些噪声扰动和前期的微小故障通常是次成分，最终留在残差 $\widetilde{\boldsymbol{X}}_{gr}$ 中，因此残差 $\widetilde{\boldsymbol{X}}_{gr}$ 统计量 Q_x 的控制限 $J_{\mathrm{th},Q_x}=g_x\chi^2_{h_x,\alpha}$ 可敏感这些噪声扰动和微小故障。为了分别监控微小故障与大幅值故障，定义了一个大幅值故障控制限 $\hat{J}_{\mathrm{th},Q_x}$。$\hat{J}_{\mathrm{th},Q_x}$ 随着时滞数据的增加而增大，通过 4.5.3 小节的实验，得出 $\hat{J}_{\mathrm{th},Q_x}$ 与 J_{th,Q_x} 之间的倍数 T_i 与参数 d 存在以下关系，即

$$T_i=1.281+0.1358d-0.0018d^2,\ 2\leqslant d\leqslant 40,\ \mathrm{CPV}=0.85 \tag{4.24}$$

也就是$\hat{J}_{\mathrm{th},Q_x}=T_iJ_{\mathrm{th},Q_x}=T_ig\chi^2_{h,\alpha}$。其中 J_{th,Q_x}可敏感噪声扰动或前期的微小故障，$\hat{J}_{\mathrm{th},Q_x}$可监控较大幅度的故障。

在线监控时，需要获得样本窗长数为 d 的数据矩阵 $\boldsymbol{X}_{\mathrm{new}}=[\boldsymbol{x}_{\mathrm{new},1},\boldsymbol{x}_{\mathrm{new},2},\cdots,\boldsymbol{x}_{\mathrm{new},d}]^{\mathrm{T}}\in\mathbf{R}^{d\times m}$才能构建动态数据 $\boldsymbol{x}_{g,\mathrm{new}}=[\boldsymbol{x}^{\mathrm{T}}_{\mathrm{new},d},\boldsymbol{x}^{\mathrm{T}}_{\mathrm{new},d-1},\cdots,\boldsymbol{x}^{\mathrm{T}}_{\mathrm{new},1}]$。其中当前可测过程数据为 $\boldsymbol{x}_{\mathrm{new},d}$，而 $\boldsymbol{x}_{\mathrm{new},1},\boldsymbol{x}_{\mathrm{new},2},\cdots,\boldsymbol{x}_{\mathrm{new},(d-1)}$由建模数据提供，同理样本窗长为 $d-t$ 的质量数据矩阵为 $\boldsymbol{Y}_{\mathrm{new}}=[\boldsymbol{y}_{\mathrm{new},1},\boldsymbol{y}_{\mathrm{new},2},\cdots,\boldsymbol{y}_{\mathrm{new},(d-t)}]^{\mathrm{T}}\in\mathbf{R}^{(d-t)\times p}$，对应的动态质量数据为 $\boldsymbol{y}_{g,\mathrm{new}}=[\boldsymbol{y}^{\mathrm{T}}_{\mathrm{new},(d-t)},\boldsymbol{y}^{\mathrm{T}}_{\mathrm{new},(d-t-1)},\cdots,\boldsymbol{y}^{\mathrm{T}}_{\mathrm{new},1}]$，那么可得到新的得分和残差为

$$\begin{cases}\boldsymbol{u}_{gc,\mathrm{new}}=\boldsymbol{R}^{\mathrm{T}}_{gc}\boldsymbol{x}_{g,\mathrm{new}}\\ \boldsymbol{t}_{gx,\mathrm{new}}=\boldsymbol{P}^{\mathrm{T}}_{gx}\widetilde{\boldsymbol{x}}_{g,\mathrm{new}}\\ \boldsymbol{t}_{gy,\mathrm{new}}=\boldsymbol{P}^{\mathrm{T}}_{gy}\widetilde{\boldsymbol{y}}_{g,\mathrm{new}}\end{cases}\tag{4.25}$$

$$\begin{cases}\widetilde{\boldsymbol{x}}_{gr,\mathrm{new}}=(\boldsymbol{I}-\boldsymbol{P}_{gx}\boldsymbol{P}^{\mathrm{T}}_{gx})\widetilde{\boldsymbol{x}}_{gc,\mathrm{new}}\\ \widetilde{\boldsymbol{y}}_{gr,\mathrm{new}}=(\boldsymbol{I}-\boldsymbol{P}_{gy}\boldsymbol{P}^{\mathrm{T}}_{gy})\widetilde{\boldsymbol{y}}_{gc,\mathrm{new}}\end{cases}\tag{4.26}$$

式中：$\widetilde{\boldsymbol{x}}_{gc,\mathrm{new}}=\boldsymbol{x}_{g,\mathrm{new}}-\boldsymbol{R}^{\dagger\mathrm{T}}_{gc}\boldsymbol{u}_{c,\mathrm{new}}$；$\widetilde{\boldsymbol{y}}_{gc,\mathrm{new}}=\boldsymbol{y}_{g,\mathrm{new}}-\boldsymbol{Q}_{gc}\boldsymbol{u}_{c,\mathrm{new}}$。那么可计算出新的统计量 $T^2_{c,\mathrm{new}}$、$T^2_{x,\mathrm{new}}$、$Q_{x,\mathrm{new}}$、$T^2_{y,\mathrm{new}}$和 $Q_{y,\mathrm{new}}$，分别与对应的统计量的控制限作对比。

（1）如果 $T^2_{c,\mathrm{new}}>J_{\mathrm{th},T^2_c}=\chi^2_{l_{gc},\alpha}$，说明 $\boldsymbol{x}_{g,\mathrm{new}}$中发生了可预测质量相关的故障。

（2）如果 $T^2_{x,\mathrm{new}}>J_{\mathrm{th},T^2_x}=\chi^2_{l_{gx},\alpha}$或 $Q_{x,\mathrm{new}}>\hat{J}_{\mathrm{th},Q_x}=T_ig\chi^2_{h,\alpha}$，说明 $\boldsymbol{x}_{g,\mathrm{new}}$中发生了与质量无关但与输入相关的故障。

（3）如果 $Q_{x,\mathrm{new}}>J_{\mathrm{th},Q_x}=g_x\chi^2_{h_x,\alpha}$，说明 $\boldsymbol{x}_{gr,\mathrm{new}}$中存在幅值较大的噪声干扰或发生微小故障。

（4）如果 $Q_{x,\mathrm{new}}>\hat{J}_{\mathrm{th},Q_x}$并且 $T^2_{y,\mathrm{new}}>J_{\mathrm{th},T^2_y}=\chi^2_{l_{gy},\alpha}$，发生了潜在质量相关故障。

（5）如果 $T^2_{y,\mathrm{new}}>J_{\mathrm{th},T^2_y}=\chi^2_{l_{gy},\alpha}$或 $Q_{y,\mathrm{new}}>J_{\mathrm{th},Q_y}=g_y\chi^2_{h_y,\alpha}$，发生了不可预测质量相关故障。

4.4.2　OMDC-PLS 模型过程监控技术

在本小节中，针对 OMDC-PLS 设计了一套动态过程监控技术，旨在实现两个目标：①$\mathrm{Num}_{T^2_c}$、$\mathrm{Num}_{T^2_x}$，$\mathrm{Num}_{T^2_y}$和 Num_{Q_y}分别定义为 $T^2_{c,\mathrm{new}}$、$T^2_{x,\mathrm{new}}$、$T^2_{y,\mathrm{new}}$和 $Q_{y,\mathrm{new}}$的警报参数，并定义 $\mathrm{Num}_{Q_x,J}$和 $\mathrm{Num}_{Q_x,\hat{J}}$为 $Q_{x,\mathrm{new}}$的两个报警参数。如果统计量超过相应的控制限制，相应的警报参数的数值增加 1。如果不是，则相应的警报参数将重新置零。在报警参数超出参数限值（PL）之前，不会触发故障报警。②定义 MU 为实现模型更新功能的模型更新参数。动态过程监控技术

见表 4.4。

表 4.4 OMDC-PLS 动态过程监控技术

离线建模及参数初始化
OMDC-PLS 模型由标准化建模数据矩阵 $\boldsymbol{X}$ 和 $\boldsymbol{Y}$ 构建，并计算所有控制限制。然后，所有警报参数都设置为 0，令 PL = 5，MU = 100，$i=0$。并提供初始化动态数据 $\boldsymbol{x}_{\text{new},(1+i)},\boldsymbol{x}_{\text{new},(2+i)},\cdots,\boldsymbol{x}_{\text{new},(d-1+i)}$ 和 $\boldsymbol{y}_{\text{new},(1+i)},\boldsymbol{y}_{\text{new},(2+i)},\cdots,\boldsymbol{y}_{\text{new},(d-t-1+i)}$ 以进行在线监控。
步骤 1：采用当前可测数据 $\boldsymbol{x}_{\text{new},(d+i)}$、$\boldsymbol{y}_{\text{new},(d-t+i)}$ 得到当前过程数据矩阵 $\boldsymbol{X}_{\text{new}}=[\boldsymbol{x}_{\text{new},(1+i)},\boldsymbol{x}_{\text{new},(2+i)},\cdots,\boldsymbol{x}_{\text{new},(d+i)}]^{\mathrm{T}}$ 和质量数据矩阵 $\boldsymbol{Y}_{\text{new}}=[\boldsymbol{y}_{\text{new},(1+i)},\boldsymbol{y}_{\text{new},(2+i)},\cdots,\boldsymbol{y}_{\text{new},(d-t+i)}]^{\mathrm{T}}$，然后分别转换为动态样本数据 $\boldsymbol{x}_{g,\text{new}}=[\boldsymbol{x}^{\mathrm{T}}_{\text{new},(d+i)},\cdots,\boldsymbol{x}^{\mathrm{T}}_{\text{new},(1+i)}]$ 和 $\boldsymbol{y}_{g,\text{new}}=[\boldsymbol{y}^{\mathrm{T}}_{\text{new},(d-t+i)},\cdots,\boldsymbol{y}^{\mathrm{T}}_{\text{new},(1+i)}]$。
步骤 2：计算新统计量 $T^2_{c,\text{new}}$、$T^2_{x,\text{new}}$、$T^2_{y,\text{new}}$、$Q_{y,\text{new}}$ 和 $Q_{x,\text{new}}$，然后与对应的控制线对比。 （1）如果没有一个新统计量超过控制限，将所有报警参数置零，进行步骤 4； （2）如果 $T^2_{c,\text{new}}$、$T^2_{x,\text{new}}$、$T^2_{y,\text{new}}$、$Q_{y,\text{new}}$ 和 $Q_{x,\text{new}}$ 中存在超过控制线的情况，将对应的报警参数加 1，将未超过控制限的参数置 0，然后进行步骤 3。
步骤 3：分别比较 $\text{Num}_{T^2_x}$、$\text{Num}_{T^2_y}$、Num_{Q_y}、$\text{Num}_{Q_x,J}$ 和 $\text{Num}_{Q_x,\hat{J}}$ 与 PL 的大小。 （1）如果 $\text{Num}_{Q_x,J}>\text{PL}$，检测到噪声扰动或微小故障。 （2）如果 $\text{Num}_{T^2_c}>\text{PL}$，检测到可预测质量相关的故障。 （3）如果 $\text{Num}_{T^2_x}>\text{PL}$ 或者 $\text{Num}_{\hat{Q}_x}>\text{PL}$，检测到可预测质量不相关但输入相关的故障。 （4）如果 $\text{Num}_{T^2_y}>\text{PL}$ 或者 $\text{Num}_{Q_y}>\text{PL}$，检测到不可预测质量相关故障。 （5）如果 $\text{Num}_{Q_x,\hat{J}}>\text{PL}$，并且 $\text{Num}_{T^2_y}>\text{PL}$ 或者 $\text{Num}_{Q_y}>\text{PL}$，检测到不可预测质量相关故障。 如果只有（1）被满足，发出警报，警报系统运行略有偏差。 如果（2）~（5）中任意一个被满足，警报系统将发生严重故障，表明故障起点为 $i-\text{FA}+1$； 如果（1）~（5）都没有被满足，那么不报警。 最后，都令 $i=i+1$，执行步骤 1。
步骤 4：将 $\boldsymbol{x}_{\text{new},(d+i)}$ 和 $\boldsymbol{y}_{\text{new},(d-t+i)}$ 分别存入 $\boldsymbol{X}_j=[\boldsymbol{X}_j;\boldsymbol{x}^{\mathrm{T}}_{\text{new},(d+i)}]$ 和 $\boldsymbol{Y}_j=[\boldsymbol{Y}_j;\boldsymbol{y}^{\mathrm{T}}_{\text{new},(d-t+i)}]$。令 $j=j+1$ 和 $i=i+1$。
步骤 5：如果 $j=\text{MU}$，则从 $\boldsymbol{X}$ 和 $\boldsymbol{Y}$ 移除 j 个老样本数据。然后将 $\boldsymbol{X}_j$ 和 $\boldsymbol{Y}_j$ 分别加入 $\boldsymbol{X}$ 和 $\boldsymbol{Y}$ 中。更新 OMDC-PLS 模型，并令 $j=0$ 进行步骤 1；否则进行步骤 1。

OMDC-PLS 动态过程监控技术实现了模型在线更新功能和故障分类报警功能，并且具有敏感噪声小扰动和微小故障的功能。为了更详细地描述表 4.4 中的实现过程，如图 4.1 所示。

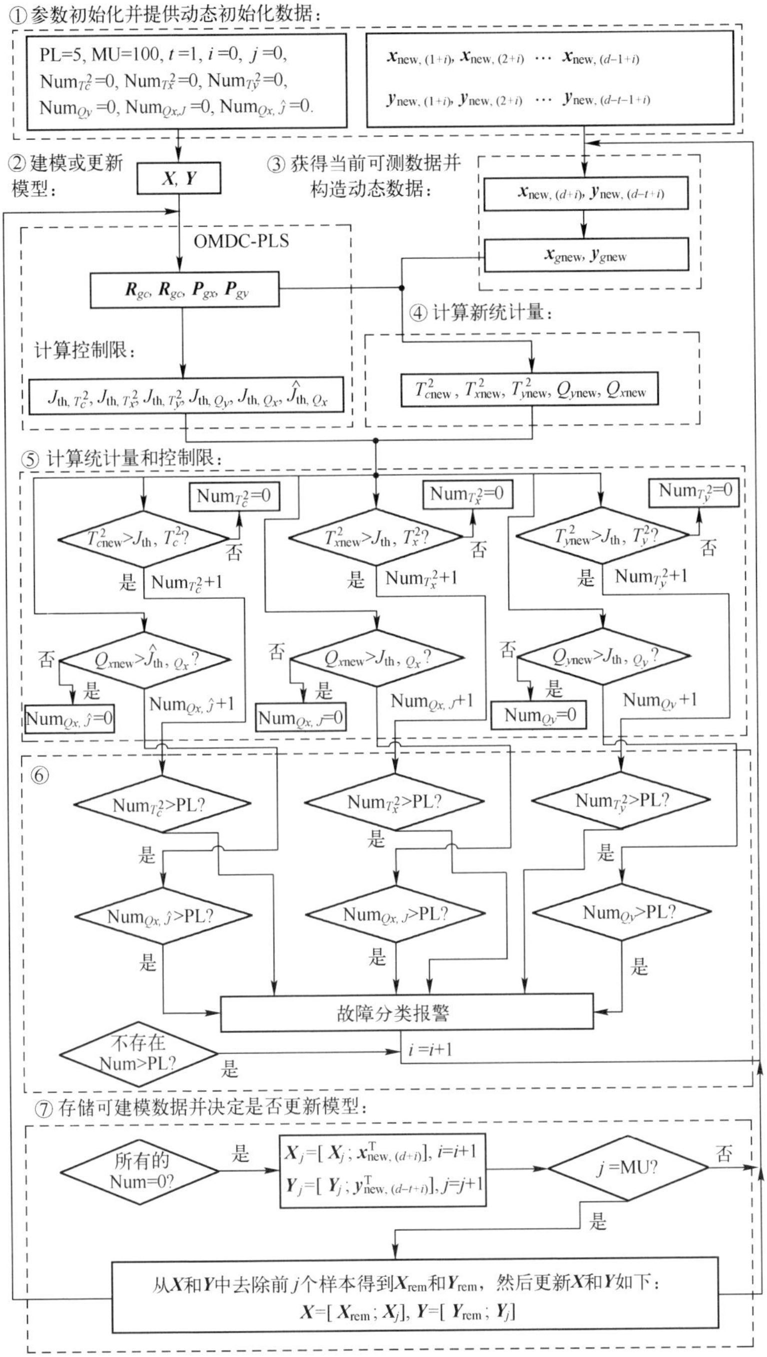

图 4.1　动态过程监控技术流程框图

4.5 田纳西-伊斯曼过程的案例研究

本次实验主要是为了验证 OMDC-PLS 算法及其动态过程监控技术的有效性。首先将 OMDC-PLS 与 CPLS 和 D-TPLS 通过质量无关故障进行故障检测对比，显示出动态过程监控技术的有效性；然后对比了质量相关的故障检测，显示出 OMDC-PLS 更强的故障检测能力。

4.5.1 实验数据初始化

在该实验中，选择过程测量变量 XMEAS(1~36)和控制变量 XMV(1~11)以组成 $\boldsymbol{X}$。选择质量测量变量 XMEAS(37~41)来组成 $\boldsymbol{Y}$。初始建模数据为 d00 正常数据，其样本数为 500。在线监测数据样本的数量为 980，其中前 500 个为正常数据，后 480 个为故障数据。480 个样本的故障数据来自 21 个过程故障（d01~d21），其中 d01~d15 是 15 个已知故障。对于 CPLS，由 10 折交叉验证确定。设 $t=1$。对于 OMDC-PLS 和 D-TPLS，A 和 q 的值越大，算法的计算量越大。q 的值不应该太大。与 A 值相比，q 值使计算量增加得更多。必须指定 $A_{\max}$ 和 $q_{\max}$ 以确定适合在线模型更新的参数。因此，规定 $A_{\max}=4$ 和 $q_{\max}=10$，通过二维交叉验证的方法（见 4.3 和表 4.2）搜索最优的 A 和 q。结果如图 4.2 所示，其中 $A=4$ 且 $q=5$。

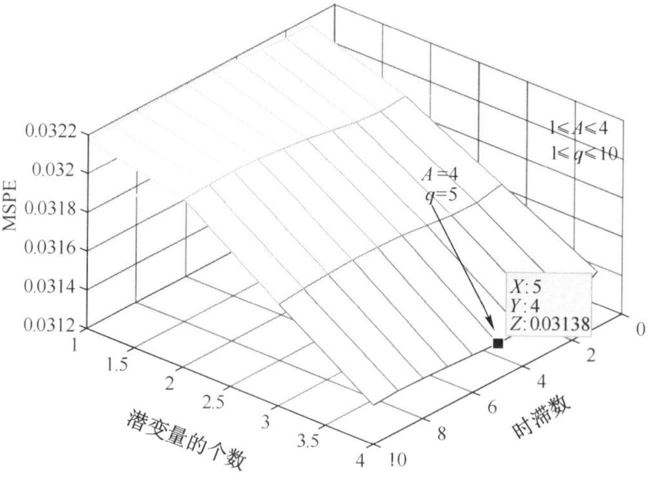

图 4.2 TEP 的二维交叉验证结果

4.5.2 故障检测实验

在应用已知故障之前，应确定故障是否与 $\boldsymbol{y}$ 有关。根据文献［6］中引入的标准，9 个故障[IDV(1,2,5~8,10,12,13)]被认为是与质量相关的故障，5 个故障[IDV(3,4,9,11,15)]被认为是与质量无关的故障。根据文献［19］中引入的误报率（FAR）和故障检测率（FDR），在表 4.5 和表 4.6 中列出了 14 个故障 FAR 和 FDR。

表 4.5　TEP 的质量无关故障检测的虚警率

故障编号	虚警率/%		
	CPLS（A=4）	OMDC-PLS(A=4,q=5)	D-TPLS(A=4,q=5)
	$T^2_{c,\mathrm{new}}$	$T^2_{c,\mathrm{new}}$	$T^2_{y,\mathrm{new}}$
IDV(3)	2.29	**0**	1.25
IDV(4)	1.66	**0**	1.25
IDV(9)	2.91	**0**	0.84
IDV(11)	4.16	**0**	11.90
IDV(15)	1.87	**0**	1.46

表 4.6　TEP 的质量相关故障检测率

故障编号	故障检测率/%						
	CPLS(A=4)		OMDC-PLS(A=4,q=5)			D-TPLS(A=4,q=5)	
	$T^2_{c,\mathrm{new}}$	$Q_{x,\mathrm{new}}$	$T^2_{c,\mathrm{new}}$	$Q^J_{x,\mathrm{new}}$	$Q^{\hat{J}}_{x,\mathrm{new}}$	$T^2_{y,\mathrm{new}}$	$Q_{s,\mathrm{new}}$
IDV(1)	98.54	99.38	98.54	**100**	**99.58**	98.54	99.37
IDV(2)	96.05	98.54	**97.92**	**100**	**98.75**	54.27	97.30
IDV(5)	39.29	**52.39**	**42.71**	**100**	47.5	29.23	43.66
IDV(6)	98.54	99.79	98.33	**100**	**100**	**99.16**	**99.79**
IDV(7)	67.98	99.79	**72.92**	**100**	**100**	41.76	95.63
IDV(8)	95.84	**97.71**	**97.08**	**99.79**	97.50	74.74	82.12
IDV(10)	54.05	**67.15**	**60.21**	**100**	56.67	13.57	61.95
IDV(12)	93.14	95.43	**93.96**	**100**	**96.67**	68.69	87.11
IDV(13)	94.17	**97.92**	**94.79**	**100**	97.29	79.54	94.80

$Q^{J}_{x,\mathrm{new}}$和$Q^{\hat{J}}_{x,\mathrm{new}}$分别表示$Q_x$统计量的两个控制限制$J_{\mathrm{th},Q_x}$和$\hat{J}_{\mathrm{th},Q_x}$的检测结果。

在表4.5中，OMDC-PLS方法的FAR为0，因为OMDC-PLS采用警报参数警报方法。因此，OMDC-PLS方法更适合质量相关的故障检测。在连续工业生产过程中，由于短暂可恢复的故障而停止生产，会造成不必要的经济损失。因此，在本实验中，设置参数限制PL=5，这意味着在发出警报之前，必须5个连续样本都检测到故障；否则不会发出警报。

表4.6表明，提出的OMDC-PLS方法质量相关故障的FDR高于C-PLS和D-TPLS方法。仅在IDV(6)中，OMDC-PLS的FDR低于CPLS和D-TPLS。这些结果充分显示出OMDC-PLS具有比成熟方法更好的质量相关故障检测能力。如图4.3中的比较所示，OMDC-PLS可以成功检测到过程中的噪声或微小故障。在图4.3（a）和图4.3（c）中可看出CPLS和D-TPLS未能检测到IDV(3)。相反，OMDC-PLS的$Q^{J}_{x,\mathrm{new}}$完全检测到D进料温度的轻微偏差，如图4.3（b）所示。这主要是因为OMDC-PLS引入了时延的过程变量，使$\widetilde{\boldsymbol{X}}_{gr}$中多次累积这些轻微偏差，因此$Q_x$统计量可以更容易地检测这些小偏差。对于CPLS，$Q_y$为空不需要监控，故仅给出其他4项统计量的监测结果。

IDV（5）的CPLS、OMDC-PLS和D-TPLS监测结果分别在图4.4（a）、图4.4（b）和图4.4（c）中给出，图中显示在第500点检测到故障。然而，该过程最终在第700个样本数之后显示正常。在700点之后，只有OMDC-PLS的$Q^{J}_{x,\mathrm{new}}$检测到冷凝器冷却水流量的轻微偏差，而C-PLS和D-TPLS方法未能检测到这种轻微偏差。

在质量无关的故障检测中，IDV（11）的CPLS，OMDC-PLS和D-TPLS监测结果分别在图4.5（a）、图4.3（b）和图4.3（c）中给出，故障仅被CPLS和OMDC-PLS中的$T^2_{x,\mathrm{new}}$和$Q_{x,\mathrm{new}}$检测到。在D-TPLS中，故障由$T^2_{s,\mathrm{new}}$、$Q_{s,\mathrm{new}}$和$T^2_{d,\mathrm{new}}$检测到。因此，故障被识别为可预测质量无关但与过程相关的故障。OMDC-PLS的$Q_{x,\mathrm{new}}$FDR高于CPLS的$Q_{x,\mathrm{new}}$FDR和D-TPLS的$Q_{s,\mathrm{new}}$FDR。OMDC-PLS、CPLS和D-TPLS的FDR分别为96.7%、77.5%和74.1%。这个例子表明，OMDC-PLS在质量无关的故障检测中也比CPLS和D-TPLS表现更好。

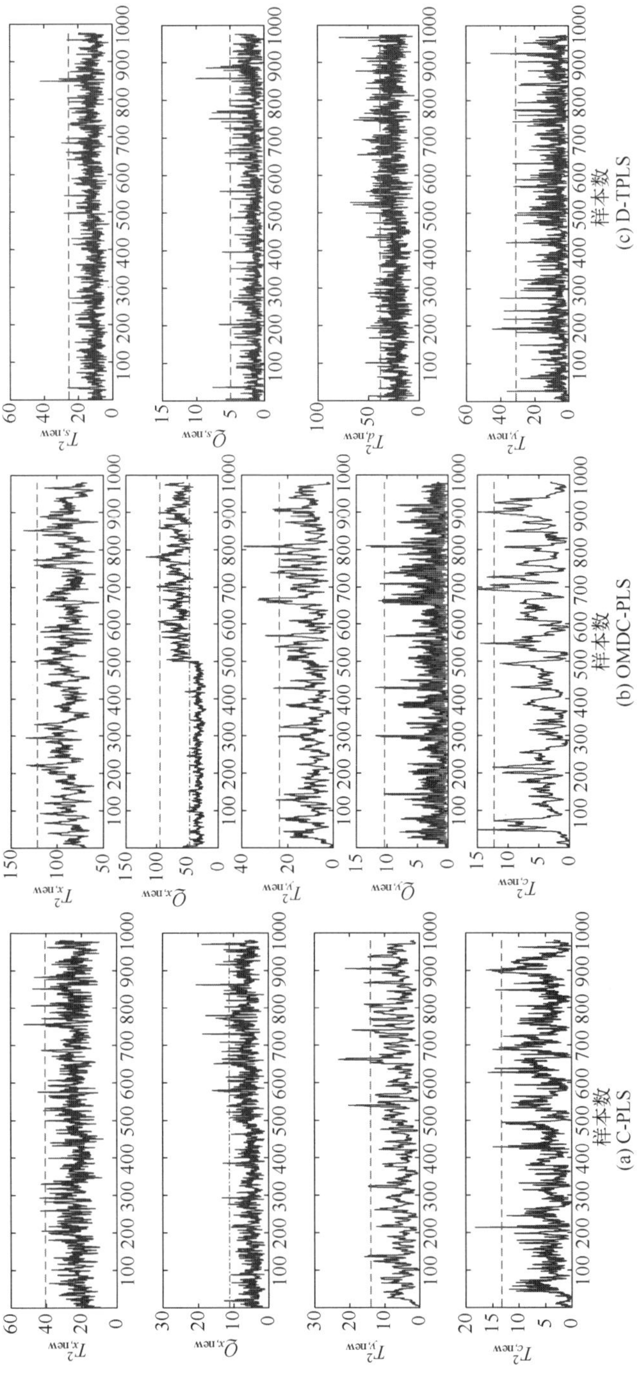

图 4.3　CPLS、OMDC-PLS 和 D-TPLS 对 IDV(3) 的检测结果

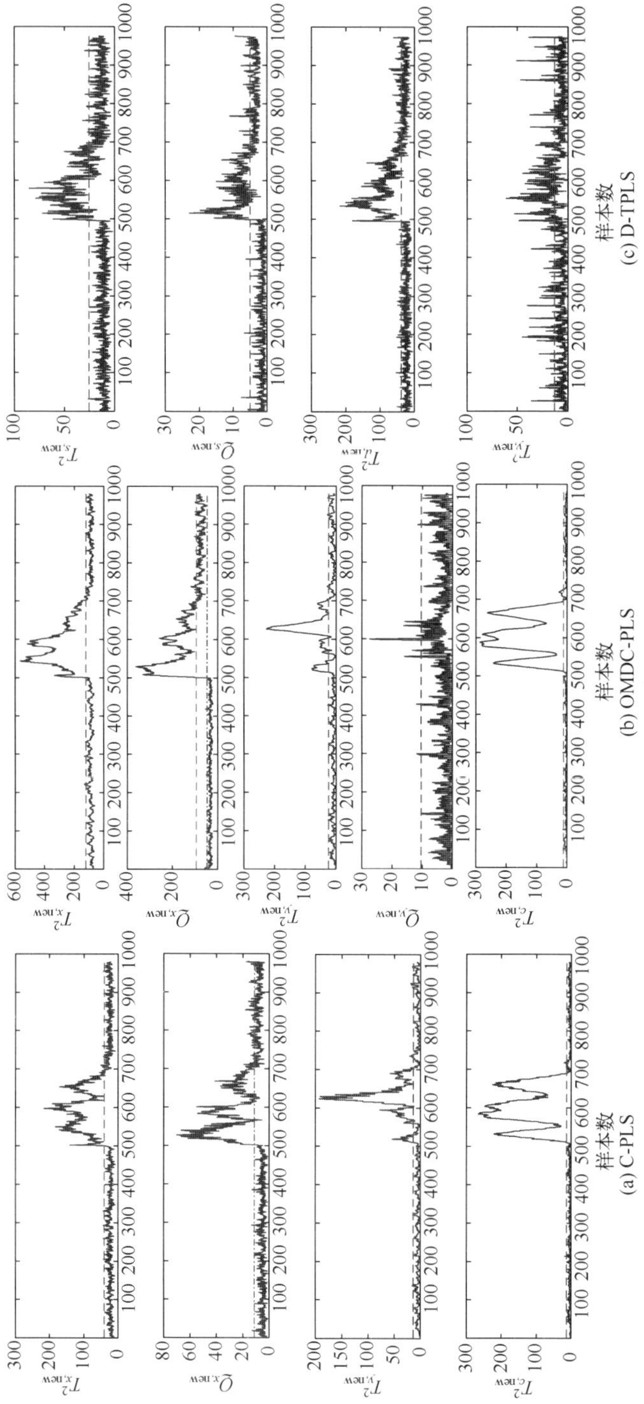

图 4.4 CPLS、OMDC-PLS 和 D-TPLS 对 IDV(5)的检测结果

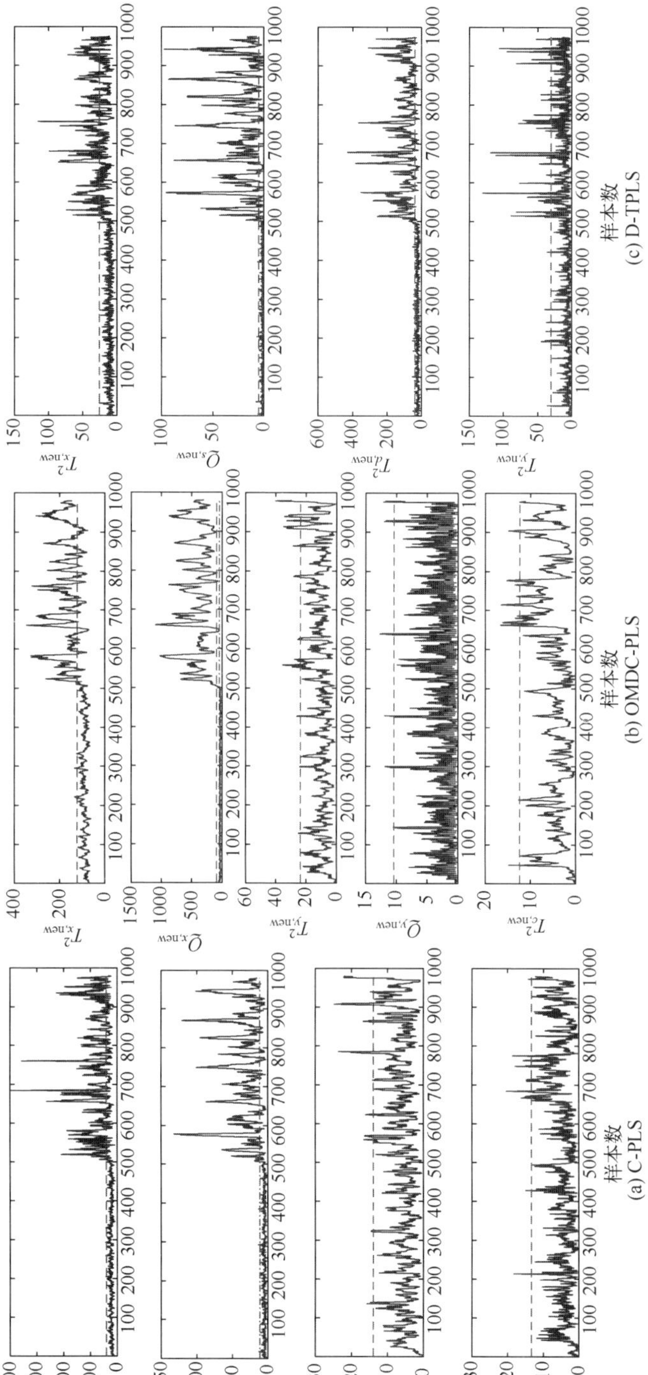

图 4.5　CPLS、OMDC-PLS 和 D-TPLS 对 IDV(11)的检测结果

4.5.3 参数 T_i 与参数 d 之间的关系

为了直接从 J_{th,Q_x} 计算 $\hat{J}_{\mathrm{th},Q_x}$，定义了参数 T_i。T_i 与参数 d 之间存在隐含关系。为了找到这种关系，选择 d00 数据集和 d00_te 数据集，并执行 39 次实验以获得 39 组 J_{th,Q_x} 和 $\hat{J}_{\mathrm{th},Q_x}$。然后，用 $d\in[2,40]$ 计算 T_i，通过曲线拟合得到 T_i 和 d 之间的关系。实验的详细过程如表 4.7 所列。

表 4.7 参数 T_i 与参数之间的关系 d

参数关系计算流程表
步骤 1：令 CPV＝0.85，$A=4$、$d=2$ 和 $d_{\max}=40$。
步骤 2：由数据集 d00 构建 OMDC-PLS 模型，并计算控制限 J_{th,Q_x}。
步骤 3：基于该模型，通过数据集 d00_te 计算的统计量 $Q_{x\mathrm{new}}$，然后计算 $Q_{x\mathrm{new}}$ 的控制限 $\hat{J}_{\mathrm{th},Q_x}$。
步骤 4：计算 $T_i(d)=\hat{J}_{\mathrm{th},Q_x}/J_{\mathrm{th},Q_x}$，令 $d=d+1$，然后返回步骤 2 直到 $d=d_{\max}$。
步骤 5：采用 MATLAB 内置的拟合函数拟合出 T_i 和 d 的关系

4.6 小结

在本章中，采用时间延迟的过程数据和延迟的质量数据之间的关系提出了在线监控动态偏最小二乘（OMD-PLS）模型，克服了在线监控缺失质量数据时的模型更新问题。此外，本节提出了在线监控动态并发 PLS（OMDC-PLS）模型。OMDC-PLS 模型可以实现质量相关和过程相关的故障监控功能，并且具有比成熟方法（即 C-PLS 和 D-TPLS）更强的质量相关的故障检测能力。本节还提出了一种报警参数报警方法，它增强了 OMDC-PLS 的动态监控能力，有效地降低了 FAR。此外，OMDC-PLS 可以提前检测到轻微的偏差，还可以通过其他统计量的趋势识别这些轻微偏差是否与不可预测质量相关。

参考文献

[1] 彭开香，马亮，张凯．复杂工业过程质量相关的故障检测与诊断技术综述［J］．自动化学报，2017，03（43）：32-48.

[2] Qin S J. Recursive PLS algorithms for adaptive data modeling [J]. Computers & chemical engineering, 1998, 22 (4-5): 503-514.

[3] 孔祥玉，曹泽豪，安秋生，等．偏最小二乘线性模型及其非线性动态扩展模型综述 [J]. 控制与决策，2018 (9): 1537-1548.

[4] 周东华，李钢，李元．数据驱动的工业过程故障诊断技术：基于主元分析与偏最小二乘的方法 [M]. 北京：科学出版社，2011.

[5] Zhang Y, Du W, Fan Y, et al. Process fault detection using directional kernel partial least squares [J]. Industrial & Engineering Chemistry Research, 2015, 54 (9): 2509-2518.

[6] Zhou D, Li G, Qin S J. Total projection to latent structures for process monitoring [J]. Aiche Journal, 2010, 56 (1): 168-178.

[7] Qin S J, Zheng Y. Quality-relevant and process-relevant fault monitoring with concurrent projection to latent structures [J]. Aiche Journal, 2013, 59 (2): 496-504.

[8] Yin S, Ding S X, Zhang P, et al. Study on modifications of PLS approach for process monitoring [J]. Threshold, 2011, 2: 12389-12394.

[9] Peng K, Zhang K, You B, et al. Quality-relevant fault monitoring based on efficient projection to latent structures with application to hot strip mill process [J]. IET Control Theory & Applications, 2015, 9 (7): 1135-1145.

[10] Ricker N L. The use of biased least-squares estimators for parameters in discrete-time pulse-response models [J]. Industrial & Engineering Chemistry Research, 1988, 27 (2): 343-350.

[11] Qin S J, Mcavoy T. Nonlinear FIR modeling via a neural net PLS approach [J]. Computers & Chemical Engineering, 1996, 20 (2): 147-159.

[12] Qin S J, Mcavoy T J. A Data-based process modeling approach and its applications [J]. IFAC Proceedings Volumes, 1992, 25 (5): 93-98.

[13] Liu Q, Qin S J, Chai T. Quality-relevant monitoring and diagnosis with dynamic concurrent projection to latent structures [J]. IFAC Proceedings Volumes, 2014, 47 (3): 2740-2745.

[14] Kaspar M H, Ray W H. Dynamic PLS modelling for process control [J]. Chemical Engineering Science, 1993, 48 (20): 3447-3461.

[15] 童楚东，史旭华，蓝艇．正交信号校正的自回归模型及其在动态过程监测中的应用 [J]. 控制与决策，2016, 31 (8): 1505-1508.

[16] Lakshminarayanan S, Shah S L, Nandakumar K. Modeling and control of multivariable processes: Dynamic PLS approach [J]. Aiche Journal, 1997, 43 (9): 2307-2322.

[17] LiG, Liu B, Qin S J, et al. Quality relevant data-driven modeling and monitoring of multivariate dynamic processes: The dynamic T-PLS approach [J]. IEEE Transactions on Neural Networks, 2011, 22 (12): 2262-2271.

[18] Dong Y, Qin S J. Regression on dynamic PLS structures for supervised learning of dynamic data [J]. Journal of Process Control, 2018, 68: 64-72.

[19] Jiao J, Yu H, Wang G. A Quality-related fault detection approach based on dynamic least squares for process monitoring [J]. IEEE Trans Industrial Electronics, 2016, 63 (4): 2625-2632.

[20] Kong X, Cao Z, An Q, et al. Quality-related and process-related fault monitoring with online monitoring dynamic concurrent PLS [J]. IEEE Access, 2018, 6: 59074-59086.

[21] Wang G, Yin S. Quality-related fault detection approach based on orthogonal signal correction and modified PLS [J]. IEEE Transactions on Industrial Informatics, 2017, 11 (2): 398-405.

第5章　基于OSC与递推MPLS算法的质量相关故障在线监测技术

5.1　引言

在健康监测中，传统的静态建模方法[1-5]对批处理过程有着较好的检测效果，但是通常只适用于稳态过程，模型建立后将不会变化。然而在实际过程中，由于导弹关键部件的老化以及工作环境的微小变化都会引起工作点的缓慢漂移，是一个典型的时变过程，而基于传统批处理的静态模型难以描述上述变化。针对该问题有许多方法可以处理：①动力学模型[6-8]，通过加权的延时数据建立内外动态模型，描述输入与输出的动态关系；②数据扩充方法[9-11]，该方法是过程监控中常用的模型更新方式，将历史输入数据加入输入数据矩阵，使用历史数据和测试数据构造有限冲击（FIR）动态更新模型；③递推模型，Helland[12]提出递推偏最小二乘（recursive PLS，RPLS）算法，该算法结合实时信息和历史模型参数对模型进行动态更新；Qin[13]将RPLS扩展到新的块式结构，并提出具有移动窗口和遗忘因子的自适应RPLS算法，进一步加强与新数据的结合。然而RPLS模型无法区分质量相关空间和质量无关空间，难以有效监测质量相关故障。Dong[14]将递推结构引入TPLS，提出递推全潜结构投影模型（RTPLS），实现质量相关过程的自适应监控。但是RTPLS模型仍是基于斜交分解，质量相关子空间存在质量正交的信息，易导致误报或者漏报。为了将并行潜结构投影算法扩展到时变系统，RCPLS[15]方法被提出，能够降低冗余空间分解并实现模型的自适应更新。

改进PLS（MPLS）[16]模型同样局限于稳态过程，需要寻求模型动态更新方法来监控时变系统质量的变化。在动力学模型中，MPLS的空间投影方式无法建立内外动态模型，不适用于该方法。而基于MPLS数据扩充的批处理建模虽然实现了模型动态更新，但是重复使用历史数据导致建模样本不断累积，计算量越来越大。为了更加高效地更新模型，本书提出递推改进潜结构投影（RMPLS）算法[17]。使用历史模型参数和测试数据建立更新矩阵，结合移动窗口实现模型的高效更新。但是进一步考虑到RMPLS重复使用了少量历史信息，导致质量无关故障引发的误报警情况增加。因此，在 RMPLS 算法的基础上结合正交信号修正（OSC）预处理模型[18]提出了更为全面的 OSC-RMPLS 过程监测算法。该算法直接除去 $\boldsymbol{X}$ 中与质量无关的信息，然后通过 RMPLS 在线自适应更新模型进行质量相关故障的过程监测。最后应用数值仿真和田纳西-伊斯曼过程验证 RMPLS 在过程监控中的有效性。

本章所提算法优势体现在以下几点：①OSC-RMPLS 模型采用递推结构和移动窗口避免了数据的重复使用，极大减少了模型更新计算量，降低内存空间要求；②OSC-RMPLS 充分保留 MPLS 模型正交分解的优势，对质量无关故障实现有效监测；③与 MPLS 算法相比，过程监控中 OSC-RMPLS 算法具有更低的误报率和更为有效的质量相关故障报警率。

5.2 递推 PLS（RPLS）模型

RPLS 算法将历史数据的模型参数和新数据相结合，在降低计算量的同时实现模型的动态更新。

RPLS 模型对 PLS 模型进行修改并提出以下引理。

引理 如果 $\mathrm{rank}(X)=r\leqslant m$，那么

$$\widetilde{\boldsymbol{X}}_r=\widetilde{\boldsymbol{X}}_{r+1}=\cdots=\widetilde{\boldsymbol{X}}_m=0 \tag{5.1}$$

式中：$\widetilde{\boldsymbol{X}}_r$ 为提取 r 个主元后的残差部分。引理表明，主元的最大个数不会超过 r。对 $\boldsymbol{X}$ 提取全部主元，$\widetilde{X}=0$，式（5.1）可改写为

$$\begin{cases}\boldsymbol{X}=\boldsymbol{T}\boldsymbol{P}^{\mathrm{T}}\\ \boldsymbol{Y}=\boldsymbol{X}\boldsymbol{C}+\boldsymbol{F}\end{cases} \tag{5.2}$$

对残差矩阵 $\|\boldsymbol{Y}-\boldsymbol{X}\boldsymbol{C}\|$ 求极小值，$(\boldsymbol{X}^{\mathrm{T}}\boldsymbol{X})\boldsymbol{C}=\boldsymbol{X}^{\mathrm{T}}\boldsymbol{Y}$，对求广义逆，$\boldsymbol{C}=(\boldsymbol{X}^{\mathrm{T}}\boldsymbol{X})^{\dagger}\boldsymbol{X}^{\mathrm{T}}\boldsymbol{Y}$。PLS 回归系数 $\boldsymbol{C}$ 可以通过非线性迭代求取，$\boldsymbol{C}=\boldsymbol{R}\boldsymbol{B}\boldsymbol{Q}^{\mathrm{T}}$，其中，$\boldsymbol{R}=[\boldsymbol{r}_1,\boldsymbol{r}_2,\cdots,\boldsymbol{r}_a]$，$\boldsymbol{r}=\left(\prod_{h=1}^{i-1}\boldsymbol{I}_m-\boldsymbol{w}_h\boldsymbol{p}_h^{\mathrm{T}}\right)\boldsymbol{w}_i$。

当有新测试数据 $\{\boldsymbol{x}_{\mathrm{new}},\boldsymbol{y}_{\mathrm{new}}\}$，存储当前测试数据，更新 $\boldsymbol{X}_{\mathrm{new}}$ 和 $\boldsymbol{Y}_{\mathrm{new}}$，即

$$\boldsymbol{X}_{\mathrm{new}}=\begin{bmatrix}\boldsymbol{X}\\ \boldsymbol{X}_{\mathrm{new}}\end{bmatrix},\quad \boldsymbol{Y}_{\mathrm{new}}=\begin{bmatrix}\boldsymbol{Y}\\ \boldsymbol{Y}_{\mathrm{new}}\end{bmatrix} \tag{5.3}$$

得到更新后的系数矩阵为

$$\boldsymbol{C}_{\mathrm{new}}=\left(\begin{bmatrix}\boldsymbol{X}\\ \boldsymbol{X}_{\mathrm{new}}\end{bmatrix}^{\mathrm{T}}\begin{bmatrix}\boldsymbol{X}\\ \boldsymbol{X}_{\mathrm{new}}\end{bmatrix}\right)^{\dagger}\begin{bmatrix}\boldsymbol{X}\\ \boldsymbol{X}_{\mathrm{new}}\end{bmatrix}^{\mathrm{T}}\begin{bmatrix}\boldsymbol{Y}\\ \boldsymbol{Y}_{\mathrm{new}}\end{bmatrix} \tag{5.4}$$

文献［12］证明得分向量 $\boldsymbol{t}$ 和输出残差 $\widetilde{\boldsymbol{F}}$ 相互正交，即 $\boldsymbol{t}^{\mathrm{T}}\widetilde{\boldsymbol{F}}_r=0$，并且 $\boldsymbol{T}$ 为单位正交矩阵，则

$$\begin{cases} \boldsymbol{X}^{\mathrm{T}}\boldsymbol{X}=\boldsymbol{P}\boldsymbol{T}^{\mathrm{T}}\boldsymbol{T}\boldsymbol{P}^{\mathrm{T}}=\boldsymbol{P}\boldsymbol{P}^{\mathrm{T}} \\ \boldsymbol{X}^{\mathrm{T}}\boldsymbol{Y}=\boldsymbol{P}\boldsymbol{T}^{\mathrm{T}}\boldsymbol{T}\boldsymbol{B}\boldsymbol{Q}^{\mathrm{T}}+\boldsymbol{P}\boldsymbol{T}^{\mathrm{T}}F_r=\boldsymbol{P}\boldsymbol{B}\boldsymbol{Q}^{\mathrm{T}} \end{cases} \tag{5.5}$$

用 $\begin{bmatrix} \boldsymbol{P}^{\mathrm{T}} \\ \boldsymbol{x}_{\mathrm{new}} \end{bmatrix}^{\mathrm{T}}$ 和 $\begin{bmatrix} \boldsymbol{B}\boldsymbol{Q}^{\mathrm{T}} \\ \boldsymbol{y}_{\mathrm{new}} \end{bmatrix}^{\mathrm{T}}$ 代替 $\begin{bmatrix} \boldsymbol{X} \\ \boldsymbol{x}_{\mathrm{new}} \end{bmatrix}^{\mathrm{T}}$ 和 $\begin{bmatrix} \boldsymbol{Y} \\ \boldsymbol{y}_{\mathrm{new}} \end{bmatrix}^{\mathrm{T}}$，式（5.4）可改写为

$$\boldsymbol{C}_{\mathrm{new}}=\left(\begin{bmatrix} \boldsymbol{P}^{\mathrm{T}} \\ \boldsymbol{x}_{\mathrm{new}} \end{bmatrix}^{\mathrm{T}}\begin{bmatrix} \boldsymbol{P}^{\mathrm{T}} \\ \boldsymbol{x}_{\mathrm{new}} \end{bmatrix}\right)^{\dagger}\begin{bmatrix} \boldsymbol{P}^{\mathrm{T}} \\ \boldsymbol{x}_{\mathrm{new}} \end{bmatrix}^{\mathrm{T}}\begin{bmatrix} \boldsymbol{B}\boldsymbol{Q}^{\mathrm{T}} \\ \boldsymbol{y}_{\mathrm{new}} \end{bmatrix} \tag{5.6}$$

显然，RPLS 模型用模型参数代替了原始数据，降低模型更新样本数，提高了更新效率。但是，RPLS 模型提取了 $\boldsymbol{X}$ 的全部主元，导致无法区分输入变量中与质量相关部分和质量无关部分，在过程监测中存在严重的缺陷。

5.3　递推 MPLS 推导及其过程监控技术

针对基于数据扩充的 MPLS 在模型更新中计算量大、更新效率低的问题，本书提出递推改进 PLS（RMPLS）算法，该算法采用递推结构提高模型更新效率，同时克服过程中的动态干扰，提高质量相关故障监测效果。本节将对 MPLS 进行修改，推导 MPLS 递推结构，并设计完整的在线过程监控流程。

5.3.1　递推 MPLS 结构推导

本节将推导 MPLS 的递推结构，MPLS 模型为

$$\begin{cases} \boldsymbol{X}=\hat{\boldsymbol{T}}_M\hat{\boldsymbol{P}}_M^{\mathrm{T}}+\widetilde{\boldsymbol{T}}_M\widetilde{\boldsymbol{P}}_M^{\mathrm{T}} \\ \boldsymbol{Y}=\boldsymbol{X}\boldsymbol{M}+\boldsymbol{E}_y \end{cases} \tag{5.7}$$

式中：$\hat{\boldsymbol{T}}_M=\boldsymbol{X}\hat{\boldsymbol{P}}_M$；$\widetilde{\boldsymbol{T}}_M=\boldsymbol{X}\widetilde{\boldsymbol{P}}_M$。

$$\boldsymbol{X}^{\mathrm{T}}\boldsymbol{X}=\hat{\boldsymbol{P}}_M\hat{\boldsymbol{T}}_M^{\mathrm{T}}\hat{\boldsymbol{T}}_M\hat{\boldsymbol{P}}_M^{\mathrm{T}}+\widetilde{\boldsymbol{P}}_M\widetilde{\boldsymbol{T}}_M^{\mathrm{T}}\widetilde{\boldsymbol{T}}_M\widetilde{\boldsymbol{P}}_M^{\mathrm{T}}+\hat{\boldsymbol{P}}_M\hat{\boldsymbol{T}}_M^{\mathrm{T}}\widetilde{\boldsymbol{T}}_M\widetilde{\boldsymbol{P}}_M^{\mathrm{T}}+\hat{\boldsymbol{P}}_M\hat{\boldsymbol{T}}_M^{\mathrm{T}}\widetilde{\boldsymbol{T}}_M\widetilde{\boldsymbol{P}}_M^{\mathrm{T}} \tag{5.8}$$

$$\begin{cases} \hat{\boldsymbol{T}}_M^{\mathrm{T}}\hat{\boldsymbol{T}}_M=\hat{\boldsymbol{P}}_M^{\mathrm{T}}\boldsymbol{X}^{\mathrm{T}}\boldsymbol{X}\hat{\boldsymbol{P}}_M \\ \widetilde{\boldsymbol{T}}_M^{\mathrm{T}}\widetilde{\boldsymbol{T}}_M=\widetilde{\boldsymbol{P}}_M^{\mathrm{T}}\boldsymbol{X}^{\mathrm{T}}\boldsymbol{X}\widetilde{\boldsymbol{P}}_M \\ \hat{\boldsymbol{T}}_M^{\mathrm{T}}\widetilde{\boldsymbol{T}}_M=\hat{\boldsymbol{P}}_M^{\mathrm{T}}\boldsymbol{X}^{\mathrm{T}}\boldsymbol{X}\widetilde{\boldsymbol{P}}_M \\ \widetilde{\boldsymbol{T}}_M^{\mathrm{T}}\hat{\boldsymbol{T}}_M=\widetilde{\boldsymbol{P}}_M^{\mathrm{T}}\boldsymbol{X}^{\mathrm{T}}\boldsymbol{X}\hat{\boldsymbol{P}}_M \end{cases} \tag{5.9}$$

对 $\boldsymbol{X}^{\mathrm{T}}\boldsymbol{X}$ 进行满秩 PCA 分解，得负载矩阵 $\boldsymbol{P}_c$。为保证 $\boldsymbol{T}_c$ 为单位正交阵，将信息归一到负载矩阵上 $\boldsymbol{P}_c(:,i)=\boldsymbol{P}_c(:,i)/\|\boldsymbol{X}\boldsymbol{P}_c(:,i)\|$，$\|\boldsymbol{T}_c(:,i)=\boldsymbol{X}\boldsymbol{P}_c(:,i)\|=1$，则 $\boldsymbol{T}_c$ 为单位正交阵。由式（5.8）可得

$$\begin{aligned}X^{\mathrm{T}}X&=\hat{P}_M\hat{P}_M^{\mathrm{T}}P_cP_c^{\mathrm{T}}\hat{P}_M\hat{P}_M^{\mathrm{T}}+\tilde{P}_M\tilde{P}_M^{\mathrm{T}}P_cP_c^{\mathrm{T}}\tilde{P}_M\tilde{P}_M^{\mathrm{T}}\\&\quad+\hat{P}_M\hat{P}_M^{\mathrm{T}}P_cP_c^{\mathrm{T}}\tilde{P}_M\tilde{P}_M^{\mathrm{T}}+\tilde{P}_M\tilde{P}_M^{\mathrm{T}}P_cP_c^{\mathrm{T}}\hat{P}_M\hat{P}_M^{\mathrm{T}}\\&=(\hat{P}_M\hat{P}_M^{\mathrm{T}}P_c+\tilde{P}_M\tilde{P}_M^{\mathrm{T}}P_c)(\hat{P}_M\hat{P}_M^{\mathrm{T}}P_c+\tilde{P}_M\tilde{P}_M^{\mathrm{T}}P_c)^{\mathrm{T}}\end{aligned}\tag{5.10}$$

$$X^{\mathrm{T}}Y=X^{\mathrm{T}}XM+X^{\mathrm{T}}E_y\tag{5.11}$$

式中：E_y为 Y 的残差部分。由文献［4］可知，E_y与输入变量 X 不相关，故 $\mathrm{Cov}(e_y,x)=\varepsilon\{e_yx^{\mathrm{T}}\}=0$，式（5.11）可推导为

$$X^{\mathrm{T}}Y=X^{\mathrm{T}}XM\tag{5.12}$$

$$X^{\mathrm{T}}Y=(\hat{P}_M\hat{P}_M^{\mathrm{T}}P_c+\tilde{P}_M\tilde{P}_M^{\mathrm{T}}P_c)[(\hat{P}_M\hat{P}_M^{\mathrm{T}}P_c+\tilde{P}_M\tilde{P}_M^{\mathrm{T}}P_c)M]\tag{5.13}$$

当有一组新数据$\{x_{\mathrm{new}},y_{\mathrm{new}}\}$到来，模型系数矩阵为

$$C_{\mathrm{new}}=\left(\begin{bmatrix}X\\X_{\mathrm{new}}\end{bmatrix}^{\mathrm{T}}\begin{bmatrix}X\\X_{\mathrm{new}}\end{bmatrix}\right)^{\dagger}\begin{bmatrix}X\\X_{\mathrm{new}}\end{bmatrix}^{\mathrm{T}}\begin{bmatrix}Y\\Y_{\mathrm{new}}\end{bmatrix}\tag{5.14}$$

由表 5.1 给出的递推 MPLS 模型，可以采用量测数据和历史模型参数 $\left\{\begin{bmatrix}(\hat{P}_M\hat{P}_M^{\mathrm{T}}P_c+\tilde{P}_M\tilde{P}_M^{\mathrm{T}}P_c)^{\mathrm{T}}\\x_{\mathrm{new}}\end{bmatrix}\quad\begin{bmatrix}(\hat{P}_M\hat{P}_M^{\mathrm{T}}P_c+\tilde{P}_M\tilde{P}_M^{\mathrm{T}}P_c)M\\y_{\mathrm{new}}\end{bmatrix}\right\}$代替原始积累的历史数据$\{X,Y\}$进行模型更新，模型系数 $C_{\mathrm{new}}^{\mathrm{MPLS}}$可改写为

$$\begin{aligned}C_{\mathrm{new}}^{\mathrm{MPLS}}&=\left[\begin{bmatrix}(\hat{P}_M\hat{P}_M^{\mathrm{T}}P_c+\tilde{P}_M\tilde{P}_M^{\mathrm{T}}P_c)^{\mathrm{T}}\\x_{\mathrm{new}}\end{bmatrix}^{\mathrm{T}}\begin{bmatrix}\hat{P}_M\hat{P}_M^{\mathrm{T}}P_c+\tilde{P}_M\tilde{P}_M^{\mathrm{T}}P\\x_{\mathrm{new}}\end{bmatrix}\right]^{\dagger}\\&\quad\cdot\left[\begin{bmatrix}(\hat{P}_M\hat{P}_M^{\mathrm{T}}P_c+\tilde{P}_M\tilde{P}_M^{\mathrm{T}}P_c)^{\mathrm{T}}\\x_{\mathrm{new}}\end{bmatrix}\quad\begin{bmatrix}(\hat{P}_M\hat{P}_M^{\mathrm{T}}P_c+\tilde{P}_M\tilde{P}_M^{\mathrm{T}}P_c)M\\y_{\mathrm{new}}\end{bmatrix}\right]\end{aligned}\tag{5.15}$$

比较 C_{new}和 $C_{\mathrm{new}}^{\mathrm{MPLS}}$可以看出，RMPLS 使用样本数少但包含大部分数据信息的潜变量代替了原始数据，模型更新矩阵样本数大幅度降低，并且 RMPLS 采用正交分解有效地去除了质量相关空间中的多余信息。

表 5.1 递推 MPLS 模型

步 骤	流 程
步骤 1	标准化 X 和 Y。
步骤 2	计算 $M=(X^{\mathrm{T}}X)^{\dagger}X^{\mathrm{T}}Y$。
步骤 3	对 MM^{T} 进行 SVD 分解，得到$\hat{P}_M$ 和$\tilde{P}_M$。

续表

步　骤	流　　程
步骤 4	将 $\boldsymbol{X}$ 投影到 $\mathrm{span}\{\boldsymbol{M}\}$ 和 $\mathrm{span}\{\boldsymbol{M}\}^{\perp}$，$\hat{\boldsymbol{X}}=\hat{\boldsymbol{T}}_M\hat{\boldsymbol{P}}_M^{\mathrm{T}}\in\mathrm{span}\{\boldsymbol{M}\}$，$\tilde{\boldsymbol{X}}=\tilde{\boldsymbol{T}}_M\tilde{\boldsymbol{P}}_M^{\mathrm{T}}\in\mathrm{span}\{\boldsymbol{M}\}^{\perp}$。
步骤 5	对 $\boldsymbol{X}^{\mathrm{T}}\boldsymbol{X}$ 进行 PCA 满秩分解，得负载矩阵 $\boldsymbol{P}_c$。
步骤 6	令 $\boldsymbol{P}_c(:,i)=\boldsymbol{P}_c(:,i)/\Vert\boldsymbol{X}\boldsymbol{P}_c(:,i)\Vert$，则 $\boldsymbol{T}_c(:,i)=\boldsymbol{X}\boldsymbol{P}_c(:,i)$，$i=1,2,\cdots,A$，$\Vert\boldsymbol{T}_c(:,i)\Vert=1$。
步骤 7	当提供新数据 $\{\boldsymbol{X}_{\mathrm{new}},\boldsymbol{Y}_{\mathrm{new}}\}$ 时，用 $\left\{\begin{bmatrix}(\hat{\boldsymbol{P}}_M\hat{\boldsymbol{P}}_M^{\mathrm{T}}\boldsymbol{P}_c+\tilde{\boldsymbol{P}}_M\tilde{\boldsymbol{P}}_M^{\mathrm{T}}\boldsymbol{P}_c)^{\mathrm{T}}\\\boldsymbol{X}_{\mathrm{new}}\end{bmatrix}\begin{bmatrix}(\hat{\boldsymbol{P}}_M\hat{\boldsymbol{P}}_M^{\mathrm{T}}\boldsymbol{P}_c+\tilde{\boldsymbol{P}}_M\tilde{\boldsymbol{P}}_M^{\mathrm{T}}\boldsymbol{P}_c)\boldsymbol{M}\\\boldsymbol{Y}_{\mathrm{new}}\end{bmatrix}\right\}$ 代替并返回步骤 2 更新模型。

5.3.2　基于递推 MPLS 的过程检测技术

本节将建立 RMPLS 模型过程监控统计指标，并分别在两个子空间中构造统计量，设计完整的过程检测技术，并给出效果评估指标。

1. 递推 MPLS 算法的过程监控指标

由表 5.1 可以分别得出得分矩阵 $\hat{\boldsymbol{T}}_M$、$\tilde{\boldsymbol{T}}_M$ 和负载矩阵 $\hat{\boldsymbol{P}}_M$、$\tilde{\boldsymbol{P}}_M$，当有一组新的测试数据 $\{\boldsymbol{x}_{\mathrm{new}},\boldsymbol{y}_{\mathrm{new}}\}$ 时，有

$$\boldsymbol{t}_{x,\mathrm{new}}=\hat{\boldsymbol{P}}_M^{\mathrm{T}}\boldsymbol{x}_{\mathrm{new}} \tag{5.16}$$

$$\boldsymbol{t}_{r,\mathrm{new}}=\tilde{\boldsymbol{P}}_M^{\mathrm{T}}\boldsymbol{x}_{\mathrm{new}} \tag{5.17}$$

分别构造统计量为

$$T_{x,\mathrm{new}}^2=\boldsymbol{t}_{x,\mathrm{new}}^{\mathrm{T}}\left(\frac{\hat{\boldsymbol{P}}_M^{\mathrm{T}}\boldsymbol{X}^{\mathrm{T}}\boldsymbol{X}\hat{\boldsymbol{P}}_M}{N-1}\right)^{-1}\boldsymbol{t}_{x,\mathrm{new}} \tag{5.18}$$

$$T_{r,\mathrm{new}}^2=\boldsymbol{t}_{r,\mathrm{new}}^{\mathrm{T}}\left(\frac{\tilde{\boldsymbol{P}}_M^{\mathrm{T}}\tilde{\boldsymbol{X}}^{\mathrm{T}}\tilde{\boldsymbol{X}}\tilde{\boldsymbol{P}}_M}{N-1}\right)^{-1}\boldsymbol{t}_{r,\mathrm{new}} \tag{5.19}$$

T_x^2 和 T_r^2 为训练数据由式（5.16）至式（5.19）建立的建模统计量，相应地，控制限构造为

$$\begin{cases}J_{\mathrm{th},T_c^2}=g\chi_{h,\alpha}^2,g=\dfrac{S}{\mu},h=\dfrac{2\mu^2}{S}\\J_{\mathrm{th},T_r^2}=g_r\chi_{h_r,\alpha}^2,g_r=\dfrac{S_r}{\mu_r},h_r=\dfrac{2\mu_r^2}{S_r}\end{cases} \tag{5.20}$$

式中：u 和 S 分别为标准正态下 T_x^2 的均值和方差；u_r 和 S_r 是标准正态下 T_r^2 的均值和方差；α 为 χ^2 分布的置信度；h 为自由度。

2. 递推 MPLS 过程监控技术

基于前文给出的统计指标，下面将给出一套完整的基于递推 MPLS 算法的过程监控技术，见表 5.2。

表 5.2 RMPLS 过程监控技术流程

步 骤	技 术 流 程
步骤 1	标准化 $\boldsymbol{X}$ 和 $\boldsymbol{Y}$，初始化存储数据矩阵 $\boldsymbol{X}_m$、$\boldsymbol{Y}_m$ 为空集，令存储矩阵样本上限为 Max，窗长为 WL。
步骤 2	用 $\boldsymbol{X}$ 和 $\boldsymbol{Y}$ 建立 RMPLS 模型，得到模型参数 $\boldsymbol{P}$ 和 $\boldsymbol{P}_r$，计算 $\boldsymbol{T}$、$\boldsymbol{T}_r$，通过 $\boldsymbol{X}$ 和 $\boldsymbol{Y}$ 计算初始模型控制限 J_{th,T^2}、J_{th,T_r^2}。
步骤 3	读取测试样本 $\{\boldsymbol{x}_{\text{new}},\boldsymbol{y}_{\text{new}}\}$，计算当前统计量 $T^2_{\hat{x},\text{new}}$ 和 $T^2_{r,\text{new}}$。
步骤 4	判断是否发生故障： 若 $\boldsymbol{T}^2_{\hat{x},\text{new}}<J_{\text{th},T^2}$，$T^2_{r\text{new}}<J_{th,T_r^2}$，则当前测试样本 $\{\boldsymbol{x}_{\text{new}},\boldsymbol{y}_{\text{new}}\}$ 未发生故障，存入 $\boldsymbol{X}_m$，$\boldsymbol{Y}_m$。 $\boldsymbol{X}_m=[\boldsymbol{X}_m\ \ \boldsymbol{x}_{\text{new}}]$，$\boldsymbol{Y}_m=[\boldsymbol{Y}_m\ \ \boldsymbol{y}_{\text{new}}]$，$i=i+1$。 若 $\boldsymbol{T}^2_{\hat{x},\text{new}}>J_{\text{th},T^2}$，则发生质量相关的故障。 若 $\boldsymbol{T}^2_{r\text{new}}>J_{\text{th},T_r^2}$，则发生质量无关的故障。 转步骤 5。
步骤 5	判断： 若 $i=\text{WL}$，更新模型： 由表 5.1 可得，分别用 $\left\{\begin{bmatrix}(\hat{\boldsymbol{P}}_M\hat{\boldsymbol{P}}_M^{\text{T}}\boldsymbol{P}_c+\widetilde{\boldsymbol{P}}_M\widetilde{\boldsymbol{P}}_M^{\text{T}}\boldsymbol{P}_c)^{\text{T}}\\ \boldsymbol{X}_{\text{new}}\end{bmatrix}\quad\begin{bmatrix}(\hat{\boldsymbol{P}}_M\hat{\boldsymbol{P}}_M^{\text{T}}\boldsymbol{P}_c+\widetilde{\boldsymbol{P}}_M\widetilde{\boldsymbol{P}}_M^{\text{T}}\boldsymbol{P}_c)\boldsymbol{M}\\ \boldsymbol{Y}_{\text{new}}\end{bmatrix}\right\}$ 代替上一次建模数据更新 RMPLS 模型，更新模型参数 $\boldsymbol{P}$、$\boldsymbol{P}_r$、$\boldsymbol{P}_c$ 和当前控制限 $J_{\text{th},T^2}=J_{\text{th},T_m^2}$，$J_{\text{th},T_r{}^2}=J_{\text{th},T_{rm}^2}$，令 $i=0$。 L 为 $\{\boldsymbol{X}_m,\boldsymbol{Y}_m\}$ 样本数，判断： 若 $L>\text{Max}$，则舍弃多余老数据，转步骤 3。 若 $L<=\text{Max}$，转步骤 3。 若 $i<\text{WL}$，转步骤 3。

其中，窗长 WL 决定了模型更新的效率和模型更新计算量。以最佳的监测效果和最低的窗长为目标函数，采用 PSO 智能优化算法[19-20]寻求最优窗长。

本节采用误报率（fault alarm rate，FAR）和有效报警率（fault detection rate，FDR）[21]对故障的检测效果进行评估，即

$$\text{FDR}=\frac{N_{\text{nea}}}{N_{\text{tfs}}} \tag{5.21}$$

$$\text{FAR}=\frac{N_{\text{nfa}}}{N_{\text{tfs}}} \tag{5.22}$$

式中：N_{nea}和N_{nfa}分别为有效报警和错误报警的数目；N_{tfs}为故障样本总数。

当监测样本发生质量相关故障时，FDR 高则故障监测效果良好；FAR 高则漏报警情况严重。

当监测样本发生质量无关故障时，FDR 高则质量无关故障监测效果良好；FAR 高则发生误报警情况严重。

5.4　基于 OSC 与递推 MPLS 的过程检测技术

5.3 节提出的 RMPLS 模型有效降低了模型更新的计算复杂度，同时将输入数据正交地划分为两个子空间。然而，RMPLS 作为一种后处理模型不能完全有效地去除 PCS 中的对预测质量无用的信息。因此，从输入 $\boldsymbol{X}$ 中直接去除系统变化中的不相关信息是解决该问题相对简单的方法。基于这一思想，本节采用正交信号校正（OSC）作为 RMPLS 的预处理工具去除质量无关信息，结合 OSC 算法和 RMPLS 算法进一步提出了 OSC-RMPLS 过程监控策略。所提出的策略分为两部分：第一部分是数据的离线数据预处理；第二部分是进行测试数据的在线监控。

5.4.1　OSC 模型

本节首先介绍 OSC 算法，如表 5.3 所列。

表 5.3　正交信号修正算法

步骤	算法流程
步骤 1	对过程数据 $\boldsymbol{X}$ 和质量数据 $\boldsymbol{Y}$ 进行归一化和中心化处理。
步骤 2	$\text{PCA}(\boldsymbol{X})\Rightarrow\boldsymbol{t}$，令 $\boldsymbol{t}_{\perp}=\boldsymbol{t}$。
步骤 3	$\boldsymbol{t}_{\text{new}}=\boldsymbol{t}-\dfrac{\boldsymbol{y}'\boldsymbol{t}}{\boldsymbol{y}'\boldsymbol{y}}\boldsymbol{y}$。
步骤 4	$\text{PLS}(\boldsymbol{X},\boldsymbol{t}_{\text{new}})\Rightarrow\boldsymbol{W},\boldsymbol{P},\boldsymbol{q}$。
步骤 5	$\boldsymbol{w}_{\perp}=\boldsymbol{W}(\boldsymbol{P}'\boldsymbol{W})^{-1}\boldsymbol{q}$。
步骤 6	$\boldsymbol{t}_{\perp}=\boldsymbol{X}\boldsymbol{w}_{\perp}$；返回步骤 3 直到 $\boldsymbol{t}_{\perp}$ 收敛。
步骤 7	$\boldsymbol{p}_{\perp}=\dfrac{\boldsymbol{X}^{\text{T}}\boldsymbol{t}_{\perp}}{\boldsymbol{t}_{\perp}^{\text{T}}\boldsymbol{t}_{\perp}}$。
步骤 8	$\boldsymbol{P}_{\perp}=[\boldsymbol{P}_{\perp}\quad \boldsymbol{p}_{\perp}]$，$\boldsymbol{W}_{\perp}=[\boldsymbol{W}_{\perp}\quad \boldsymbol{w}_{\perp}]$。
步骤 9	$\boldsymbol{X}_{\text{OSC}}=\boldsymbol{X}-\boldsymbol{t}_{\perp}\boldsymbol{p}_{\perp}^{\text{T}}$。
步骤 10	$\boldsymbol{X}=\boldsymbol{X}_{\text{OSC}}$；返回步骤 2，直到去正交 noc 次。

当有一组新数据$\{\boldsymbol{x}_{\text{new}},\boldsymbol{y}_{\text{new}}\}$时，由表 5.3 计算的模型参数 $\boldsymbol{W}_{\perp}$ 和 $\boldsymbol{P}_{\perp}$ 去除所有正交分量。

$$\boldsymbol{t}_{\text{new}}^{\mathrm{T}}=\frac{\boldsymbol{x}_{\text{new}}^{\mathrm{T}}\boldsymbol{w}_{\perp}}{\boldsymbol{w}_{\perp}^{\mathrm{T}}\boldsymbol{w}_{\perp}} \tag{5.23}$$

$$\boldsymbol{x}_{\text{new\_osc}}^{\mathrm{T}}=\boldsymbol{x}_{\text{new}}^{\mathrm{T}}-\boldsymbol{t}_{\text{new}}\boldsymbol{p}_{\perp}^{\mathrm{T}} \tag{5.24}$$

$$\boldsymbol{x}_{\text{new}}^{\mathrm{T}}=\boldsymbol{x}_{\text{new\_osc}}^{\mathrm{T}} \tag{5.25}$$

提取 OSC 模型参数 $\boldsymbol{W}_{\perp}$ 和 $\boldsymbol{P}_{\perp}$ 分量，重复式（5.23）到式（5.25），去除测量数据中的质量无关信息。

5.4.2 基于 OSC-RMPLS 模型的过程监控技术

由表 5.1 可以得到 RMPLS 的模型参数$\hat{\boldsymbol{P}}_M$、$\tilde{\boldsymbol{P}}_M$，$\hat{\boldsymbol{T}}_M$ 和$\tilde{\boldsymbol{T}}_M$，分别代表了对应子空间中的负载矩阵和得分矩阵，测试样本的得分向量计算为

$$\hat{\boldsymbol{t}}=\hat{\boldsymbol{P}}_M^{\mathrm{T}}x \tag{5.26}$$

$$\tilde{\boldsymbol{t}}=\tilde{\boldsymbol{P}}_M^{\mathrm{T}}x \tag{5.27}$$

统计量计算为

$$\boldsymbol{T}_c^2=\hat{\boldsymbol{t}}^{\mathrm{T}}\boldsymbol{\Lambda}^{-1}\hat{\boldsymbol{t}} \tag{5.28}$$

$$\boldsymbol{T}_r^2=\tilde{\boldsymbol{t}}^{\mathrm{T}}\boldsymbol{\Lambda}_r^{-1}\tilde{\boldsymbol{t}} \tag{5.29}$$

式中：$\boldsymbol{\Lambda}=(1/(n-1))\hat{\boldsymbol{T}}_M^{\mathrm{T}}\hat{\boldsymbol{T}}_M$；$\boldsymbol{\Lambda}_r=(1/(n-1))\tilde{\boldsymbol{T}}_M^{\mathrm{T}}\tilde{\boldsymbol{T}}_M$；$\hat{\boldsymbol{T}}_M$ 和$\tilde{\boldsymbol{T}}_M$ 分别为建模的质量相关得分矩阵和质量无关得分矩阵。

为了采用上述统计方法监控时变过程，本书根据建模数据的统计数据计算控制限值。如果样本数 n 足够大，则符合指数分布[22]。因此，基于大样本的统计数据的控制限值可以计算为

$$\begin{cases} J_{\text{th},T_c^2}=g\chi_{h,\alpha}^2,g=\dfrac{S}{2\mu},h=\dfrac{2\mu^2}{S} \\ J_{\text{th},T_r^2}=g_r\chi_{h_r,\alpha}^2,g_r=\dfrac{S_r}{2\mu_r},h_r=\dfrac{2\mu_r^2}{S_r} \end{cases} \tag{5.30}$$

式中：u 和 S 分别为标准正态下 T_x^2 的均值和方差；μ_r 和 S_r 为标准正态下 T_r^2 的均值和方差；α 为χ^2 分布的置信度；h 为自由度。

基于 OSC-RMPLS 模型的过程监控策略见表 5.4。

表 5.4　OSC-RMPLS 模型的过程监控策略

离线阶段	
步骤 1	对 $\boldsymbol{X}$ 和 $\boldsymbol{Y}$ 分别进行标准化。
步骤 2	采用历史故障数据训练建立 OSC 模型，得到模型参数 $\boldsymbol{W}_{\perp}$ 和 $\boldsymbol{P}_{\perp}$。
步骤 3	对正常建模数据由 OSC 模型参数去除质量正交信息，得到 $\boldsymbol{X}_{\mathrm{osc}}$。
步骤 4	对 $\boldsymbol{X}_{\mathrm{osc}}$ 采用 RMPLS 建模，得到 $\boldsymbol{P}$ 和 $\boldsymbol{P}_r$，并计算建模统计量 $T^2_{\mathrm{c\_mod}}$ 和 $T^2_{r\_\mathrm{mod}}$ 以及控制限 J_{th,T^2_c} 和 J_{th,T^2_r}。
在线监测阶段	
步骤 1	对每个在测试样本 $\boldsymbol{x}_{\mathrm{new}}$ 通过 OSC 模型参数 $\boldsymbol{W}_{\perp}$ 和 $\boldsymbol{P}_{\perp}$ 去除与质量正交信息，得到 $\boldsymbol{x}_{\mathrm{new\_osc}}$。
步骤 2	计算测量统计量 T^2_{new} 和 $T^2_{r\_\mathrm{new}}$。
步骤 3	判断故障： 若 $T^2_{\mathrm{new}}<J_{\mathrm{th},T^2}$ 并且 $T^2_{r\_\mathrm{new}}<J_{\mathrm{th},T^2_r}$，则 $\boldsymbol{X}_m=[\boldsymbol{X}_m\boldsymbol{x}_{\mathrm{new\_osc}}]$， $\boldsymbol{Y}_m=[\boldsymbol{Y}_m\boldsymbol{y}_{\mathrm{new\_osc}}], i=i+1$。 若 $T^2_{\mathrm{new}}>J_{\mathrm{th},T^2}$，则发生了质量相关故障。 若 $T^2_{r\_\mathrm{new}}>J_{\mathrm{th},T^2_r}$，则发生了质量无关故障。
步骤 4	如果 $i=\mathrm{WL}$， 更新 MPLS，得到新的模型参数 $\hat{\boldsymbol{P}}_{\mathrm{M}}$、$\tilde{\boldsymbol{P}}_{\mathrm{M}}$ 和 $\boldsymbol{P}_{\mathrm{c}}$，计算对应控制限 J_{th,T^2} 和 J_{th,T^2_r}，令 $i=0$。 如果 $L>\mathrm{Max}$，删除多余的存储样本。 如果 $L<\mathrm{Max}$，返回步骤 1，并继续检测下一个样本。

5.5　数值仿真

初始静态数值模型建立为

$$\begin{cases}\boldsymbol{x}_k=\boldsymbol{A}\boldsymbol{z}_k+\boldsymbol{e}_k\\ \boldsymbol{y}_k=\boldsymbol{c}\boldsymbol{x}_k+\boldsymbol{v}_k\end{cases}\tag{5.31}$$

式中：$\boldsymbol{e}_k\in\mathbf{R}^5$，$\boldsymbol{e}_{k,j}\sim N(0,0.05^2)(j=1,2,\cdots,5)$；$\boldsymbol{z}_k\in\mathbf{R}^3$，$\boldsymbol{z}_{k,i}\sim U([0,1])(i=1,2,3)$；$\boldsymbol{c}=[2\ \ 2\ \ 1\ \ 1\ \ 0]$；$\boldsymbol{v}_k\sim N(0,0.01^2)$；$\boldsymbol{A}=\begin{bmatrix}1&3&4&4&0\\3&0&1&4&1\\1&1&3&0&0\end{bmatrix}^{\mathrm{T}}$；$\boldsymbol{x}_k=[x_{k,1}\ \ x_{k,2}\ \ x_{k,3}\ \ x_{k,4}\ \ x_{k,5}]^{\mathrm{T}}$；$U([0,1])$属于$[0,1]$上的均值分布。

为了模拟时变过程，引入了时变增量 $\boldsymbol{e}^*_{k,j}\sim N(0,P*0.05^2)(j=1,2,\cdots,5)$，

其中 $P=ri/2n$ $(i=1,2,\cdots,n)$，r 是随机因子服从［0，1］均值分布。n 是生成的样本数。引入时变增量，正常数据会随时间的随机缓慢增加，时变模型建立为

$$\begin{cases}\boldsymbol{x}_k=\boldsymbol{A}\boldsymbol{z}_k+\boldsymbol{e}_k^*\\ \boldsymbol{y}_k=\boldsymbol{c}\boldsymbol{x}_k+\boldsymbol{v}_k\end{cases} \tag{5.32}$$

本节数值仿真正常数据由式（5.32）产生。

在正常输入空间中增加以下故障，即

$$\boldsymbol{x}_k=\boldsymbol{x}_k^*+\boldsymbol{\Xi}_x f_x \tag{5.33}$$

式中：$\boldsymbol{x}_k^*$ 为由式（5.32）生成的正常静态样本；$\boldsymbol{\Xi}$ 为故障方向向量；f_x 为故障的幅值。首先生成 200 个正常时变数据用于回归建模，然后由式（5.33）生成 2000 个样本用于故障检测，其中前 1800 个样本为正常时变样本，后 200 个样本为时变状态下的故障样本。MPLS 的更新窗长 WL=150，更新矩阵的最大存储值 Max=10。

本章提出用质量无关故障数据建立 OSC 模型的思想，因此 OSC 的故障建模样本由下式生成，即

$$\boldsymbol{x}_k=\boldsymbol{x}_k^*+\boldsymbol{\Xi}_{\text{osc}} f_{\text{osc}} \tag{5.34}$$

式中：$\boldsymbol{\Xi}_{\text{osc}}=[0\quad 0\quad 0\quad 0\quad 1]$为质量无关故障方向；OSC 的正交次数为 noc = 2，OSC 模型 PLS 元个数取 $A_{\text{osc}}=7$，故障幅值$f_{\text{osc}}=6$。

1. 缓慢时变系统下的质量无关故障

从系数矩阵 $\boldsymbol{c}$ 可以得出变量 $x_{k,5}$对预测 $\boldsymbol{y}$ 不会产生影响。因此，当 $x_{k,5}$发生故障时，过程变量不会影响输出 $\boldsymbol{y}$。在此基础上，本书设计了质量无关的故障方向向量 $\boldsymbol{\Xi}=[0\quad 0\quad 0\quad 0\quad 1]$，并将故障数据生成为

$$\boldsymbol{y}_k=\boldsymbol{c}(\boldsymbol{x}_k^*+\boldsymbol{\Xi}_x f_x)+\boldsymbol{v}_k=\boldsymbol{c}\boldsymbol{x}_k^* \tag{5.35}$$

图 5.1 表示了在时变系统下 MPLS、RMPLS 和 OSC-RMPLS 对质量无关故障的检测结果。由图中 MPLS 的$\hat{T}^2$ 可知，MPLS 的质量相关子空间受到质量无关故障引起的误警报的影响。而本节提出的 RMPLS 和 OSC-RMPLS 算法即使在质量无关故障幅值f_x足够大的情况下，也能保持较低的 FAR。其中，RMPLS 模型只在$\tilde{T}_R^2$ 统计空间中对质量无关故障进行了有效性检测，而在$\hat{T}_R^2$ 统计空间中几乎无报警的情况。OSC-RMPLS 在$\hat{T}_{R,\text{osc}}^2$和$\tilde{T}_{R,\text{osc}}^2$统计量中均基本未检测到故障，验证 OSC 有效地去除了输入数据中与输出正交的信息，从而降低了质量相关子空间中出现误报警的情况。

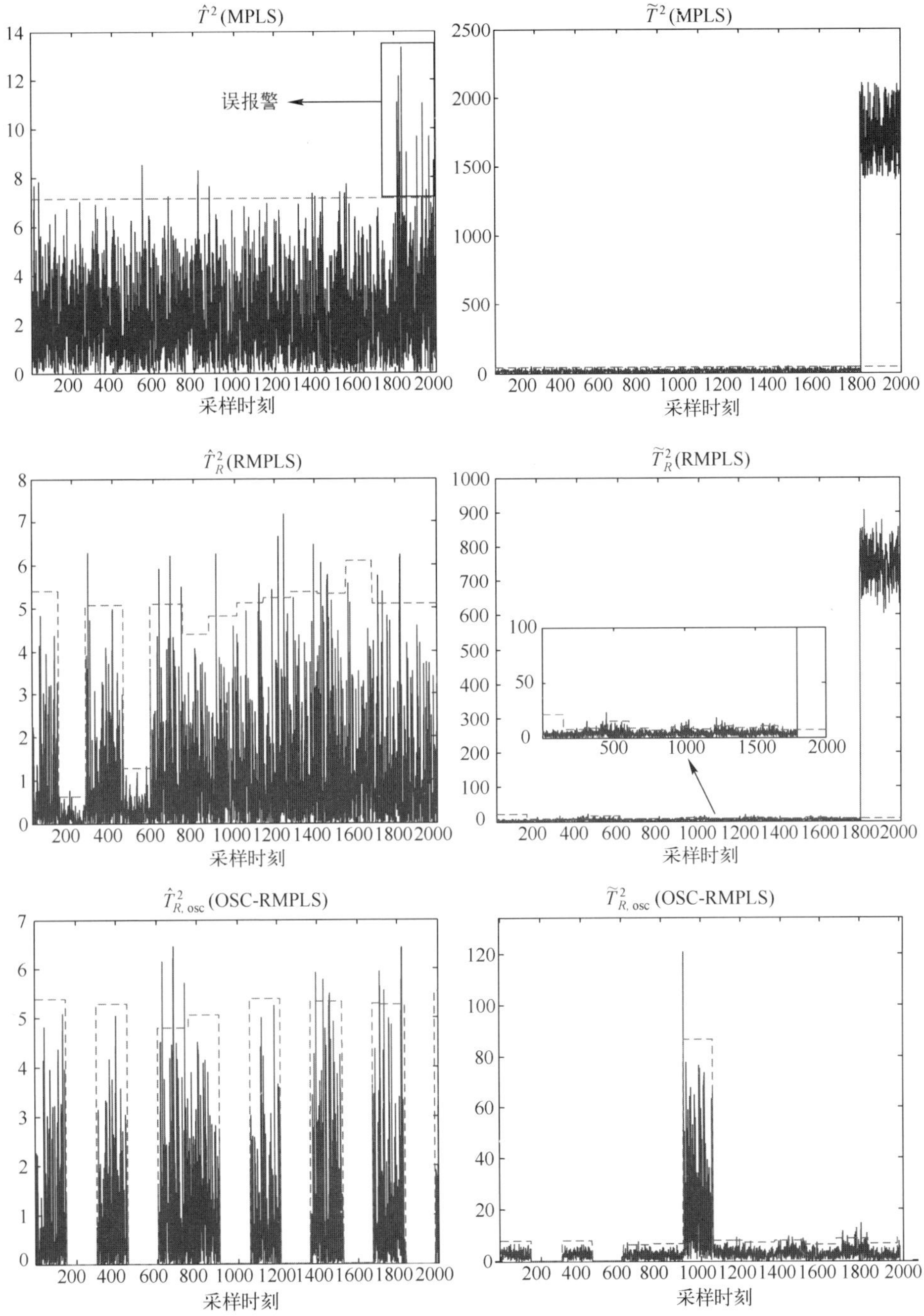

图 5.1　MPLS，RMPLS 和 OSC-RMPLS 对质量无关故障（$f=6$）检测结果

2. 缓慢时变系统下的质量相关故障

变量 $x_{k,1}$、$x_{k,2}$、$x_{k,3}$ 和 $x_{k,4}$ 负责预测输出 y_k，因此设计质量相关故障方向向量为 $\boldsymbol{\Xi}=[1\quad 1\quad 1\quad 1\quad 0]$。

图 5.2 表示了 MPLS、RMPLS 和 OSC-RMPLS 在缓时变系统下对质量相关

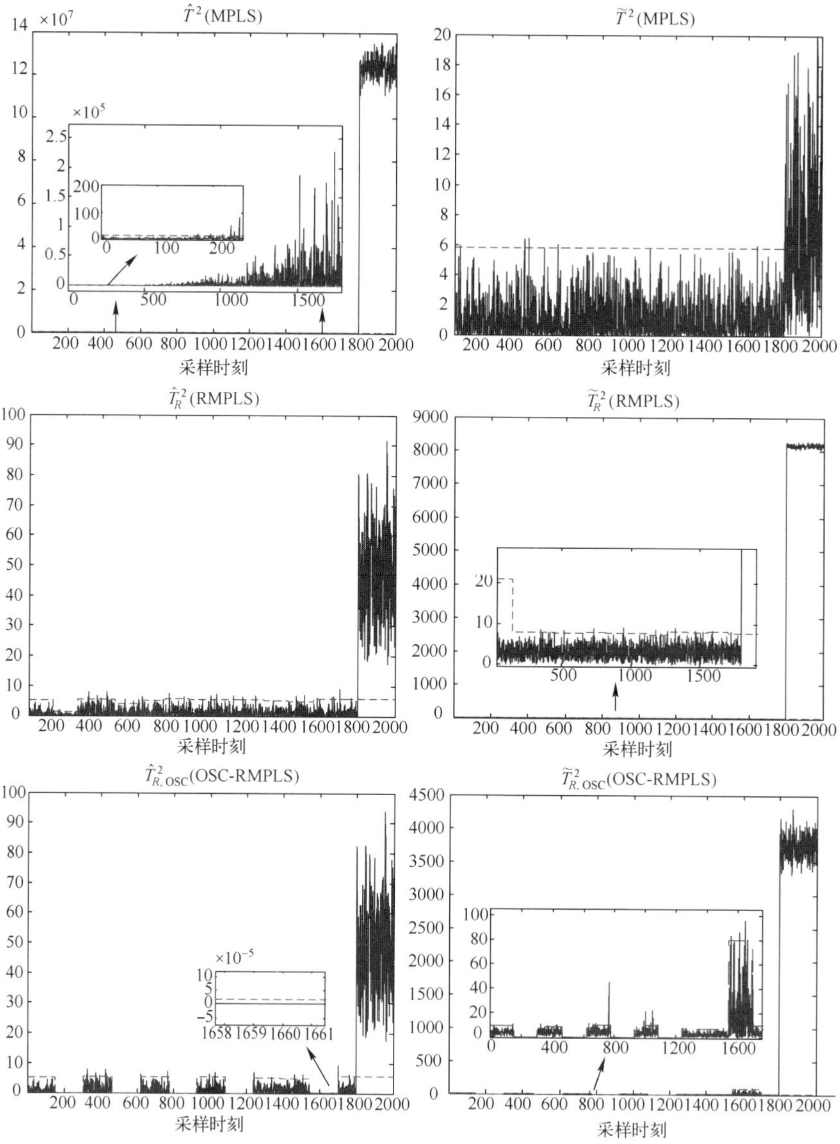

图 5.2 MPLS、RMPLS 和 OSC-RMPLS 对质量相关故障（$f=6$）检测结果

故障的检测结果。由图中 MPLS 的 $\hat{T}^2$ 统计量可知，MPLS 受缓时变影响，在 200 个样本后正常的时变数据被检测为故障，出现了严重的误报警。表明静态 MPLS 模型不适用于缓时变下的过程监控。由 RMPLS 的 $\hat{T}_R^2$ 统计量和 OSC-RMPLS 的 $\hat{T}_{R,\mathrm{osc}}^2$ 统计量可知，两模型通过模型的实时更新，有效区分了缓时变下的正常数据和故障数据，并且通过故障的逻辑判断，可以确定发生的故障为质量相关故障。

5.6　田纳西-伊斯曼过程实验仿真

本节将分为 3 部分进行实验：实验 1 检验了 RMPLS 模型更新计算量；实验 2 检验了 RMPLS 和 OSC-RMPLS 对质量无关故障的监测能力；实验 3 验证了缓时变过程下 RMPLS 和 OSC-RMPLS 对质量相关故障的监测性能。

选取数据集中的 22 个过程变量 XMEAS(1~22)和 11 个操纵变量 XMV(1~11)作为输入变量 $\boldsymbol{X}$，选取过程变量 XMEAS(35)作为质量变量 $\boldsymbol{y}$。建模数据为样本数为 500 的正常数据集，在线检测样本由 4000 个正常数据和 480 个故障样本组成，故障数据从 IDV(1,2,5~8,10,12,13)和 IDV(3,4,9,11,14,15)中选取。设置模型更新窗口长度 WL=350，存储矩阵长度 Max=10，MPLS、RMPLS 和 OSC-RMPLS 模型的主元个数由交叉验证确定，$A=1$。OSC 算法中的 PLS 的主元个数取 $A_{\mathrm{osc}}=7$，去正交次数 noc=2。

5.6.1　RMPLS 模型更新计算量检验

为比较基于数据扩充方法和所提算法计算复杂度的大小，采用文献［23］中的方法进行比较。其中 MPLS 模型和 RMPLS 模型在更新时复杂度都符合同一个计算公式，即

对 $N \times N$ 维的模型矩阵 $\boldsymbol{M}\boldsymbol{M}^{\mathrm{T}}$ 采用 1 个 SVD 分解的计算复杂度

式中：$\boldsymbol{M}$ 为 $\boldsymbol{X}$ 和 $\boldsymbol{Y}$ 的系数矩阵。可以看出，MPLS 和 RMPLS 在模型更新复杂度的计算中，区别在于 $\boldsymbol{M}$ 的样本数不同，因此为了检验 RMPLS 算法在模型更新中的计算量，将 MPLS 数据扩充模型更新算法和 RMPLS 算法在同一时刻对模型进行更新，比较模型每次更新时模型更新矩阵的样本维度，进而比较模型更新的计算复杂度。本节针对故障 IDV(1)进行在线监测，模型更新如图 5.3 所示。

在图 5.3 中，蓝色实线为统计量，红色虚线为控制限。RMPLS 在过程监测中更新了 10 次模型，由箭头可知，RMPLS 分别在 357、734、1105、1485、1872、2262、2652、3055、3458、3853 时刻对模型进行了更新。MPLS 算法在

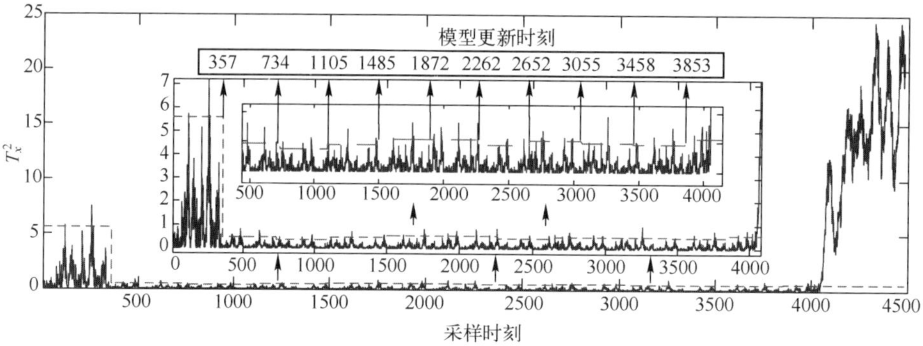

图 5.3 模型更新分析（见彩图）

相同时刻采用传统的数据批处理对模型进行更新。将模型更新矩阵维度作为计算量，可以得出 RMPLS 和 MPLS 计算量，见表 5.5。

表 5.5 RMPLS 和 MPLS 模型更新计算量

采样时刻	357	734	1105	1485	1872	2262	2652	3055	3458	3853	总计
RMPLS	383	394	394	394	394	394	394	394	394	394	3929
MPLS	854	1236	1583	1956	2335	2717	3092	3474	3853	4234	25334

在更新模型时，模型更新矩阵包含两部分数据：一部分是存储的新数据 $\boldsymbol{X}_M$；另一部分是代表了建模数据大部分信息的潜变量 $\hat{\boldsymbol{P}}_M$、$\widetilde{\boldsymbol{P}}_M$ 和 $\boldsymbol{P}_c$。如表 5.5 所列，RMPLS 算法每次模型更新的计算量均明显小于 MPLS 算法，总计算量 RMPLS 比 MPLS 少 21405。RMPLS 模型参数为 $(\hat{\boldsymbol{P}}_M\hat{\boldsymbol{P}}_M^{\mathrm{T}}\boldsymbol{P}_c+\widetilde{\boldsymbol{P}}_M\widetilde{\boldsymbol{P}}_M^{\mathrm{T}}\boldsymbol{P}_c)^{\mathrm{T}}\in\mathbf{R}^{33\times33}$，$(\hat{\boldsymbol{P}}_M\hat{\boldsymbol{P}}_M^{\mathrm{T}}\boldsymbol{P}_c+\widetilde{\boldsymbol{P}}_M\widetilde{\boldsymbol{P}}_M^{\mathrm{T}}\boldsymbol{P}_c)\boldsymbol{M}\in\mathbf{R}^{33\times1}$。当 $t=357$ 时，$\boldsymbol{X}_m$ 有 350 个样本，则模型更新矩阵 $\left\{\begin{bmatrix}(\hat{\boldsymbol{P}}_M\hat{\boldsymbol{P}}_M^{\mathrm{T}}\boldsymbol{P}_c+\widetilde{\boldsymbol{P}}_M\widetilde{\boldsymbol{P}}_M^{\mathrm{T}}\boldsymbol{P}_c)^{\mathrm{T}}\\ \boldsymbol{X}_{\mathrm{new}}\end{bmatrix}\in\mathbf{R}^{394\times33},\begin{bmatrix}(\hat{\boldsymbol{P}}_M\hat{\boldsymbol{P}}_M^{\mathrm{T}}\boldsymbol{P}_c+\widetilde{\boldsymbol{P}}_M\widetilde{\boldsymbol{P}}_M^{\mathrm{T}}\boldsymbol{P}_c)M\\ \boldsymbol{Y}_{\mathrm{new}}\end{bmatrix}\in\mathbf{R}^{394\times1}\right\}$ 的维度为 383，即计算量为 383。$\boldsymbol{X}_m$ 长度大于 Max，因此将保留最新的 11 个测试数据，舍弃其余老数据，并继续测试新数据。当 $t=734$ 时，$\boldsymbol{X}_m$ 存储 361 个样本，其中包括 11 个旧样本和 350 个新样本，此时模型更新矩阵计算量为 394。更新模型并舍弃老数据继续监测新测试数据，此后每个更新模型时刻的矩阵维度将保持 426，经 10 次模型更新后，RMPLS 的总计算量为 3929；对 MPLS 模型进行更新时，MPLS 存储矩阵每个时刻递增，每次累积 350 个正常测试样本后更新模型，在 $t=3853$ 时模型更新的计算量达到 4234，10 次模型更新后的总计算量为 25334。显然，RPLS 的计算量将随着样本数增加而一直递增，

RMPLS模型更新计算量远小于RPLS，模型更新效率将大幅度提高。

5.6.2　质量相关故障监测

工业过程的故障监测注重质量相关故障有效报警的能力，良好的故障检测率可以保证系统对故障进行及时有效的报警。本节将采用MPLS和RMPLS模型分别对质量相关故障IDV(1,2,5~8,10,12,13)进行监测，验证RMPLS对各故障的监测性能。检测率见表5.6，并对故障IDV(7)作图分析。

表5.6　质量相关故障有效报警率%

质量相关故障		MPLS	RMPLS		OSC-RMPLS	
故障编号	故障描述	$T^2_{c,\mathrm{new}}$	$T^2_{c,\mathrm{new}}$	$T^2_{r,\mathrm{new}}$	$T^2_{c,\mathrm{new}}$	$T^2_{r,\mathrm{new}}$
IDV(1)	*A/C*供料比故障，*B*成分恒定	83.36	80.45	100	**84.82**	99.79
IDV(2)	*B*浓度故障，*A/C*供料比恒定	82.33	90.58	98.34	**92.30**	97.71
IDV(5)	压缩机冷凝水入口温度变化	**99.79**	**99.79**	100	99.58	100
IDV(6)	*A*供料损失	98.13	97.09	100	**99.79**	100
IDV(7)	*C*压力损失	36.79	59.25	100	**74.22**	100
IDV(8)	*A*、*B*、*C*供料浓度	68.81	**82.12**	97.92	72.55	97.92
IDV(10)	*C*供料温度	60.29	**79.62**	96.25	78.58	95.01
IDV(12)	压缩机冷凝水入口温度变化	87.94	**92.93**	98.54	81.49	98.34
IDV(13)	*D*进料温度（流2）	88.36	82.74	97.71	**90.02**	97.75

在表5.6中，加粗字体为最优值。在监测故障IDV(2,5,7,8,10,12)时，RMPLS的故障有效报警率高于MPLS，其中对故障IDV(2,7,8,10)的报警率有大幅度提高，其中在监测IDV(8)时，OSC-RMPLS与MPLS的检测率较低，RMPLS则对该类故障有较好的检测效率。与RMPLS和MPLS相比，OSC-RMPLS在故障IDV(1,2,6,7,13)监测中的FDR最大，质量相关故障的检测率有较大提升。在监测故障IDV(5)时，MPLS和RMPLS的检测率相同且高于OSC-RMPLS，但是三者的检测率值都较大，且检测率差值在0.5%以内，均能对这几类故障进行有效报警。

综合比较检测率可以看出，基于递推结构的RMPLS有效结合了新数据动态更新控制限，全面提升了质量相关故障在缓时变过程中的监测性能。

图5.4是MPLS和RMPLS的T^2统计量对质量相关故障IDV(7)的监测情况，若测试数据中故障样本的统计量在控制限下，则表示出现了漏报。如图5.4所示，在4300个样本之后，MPLS和RMPLS的统计量处于控制限制之

下，存在大量漏报警的故障样本，对该类故障检测效果较差。OSC-RMPLS 对 IDV(7)的检测情况有大幅度改善，检测率提高到 74.22%。总体而言，与 MPLS 相比，RMPLS 和 OSC-RMPLS 改进了对各种质量相关故障的检测。

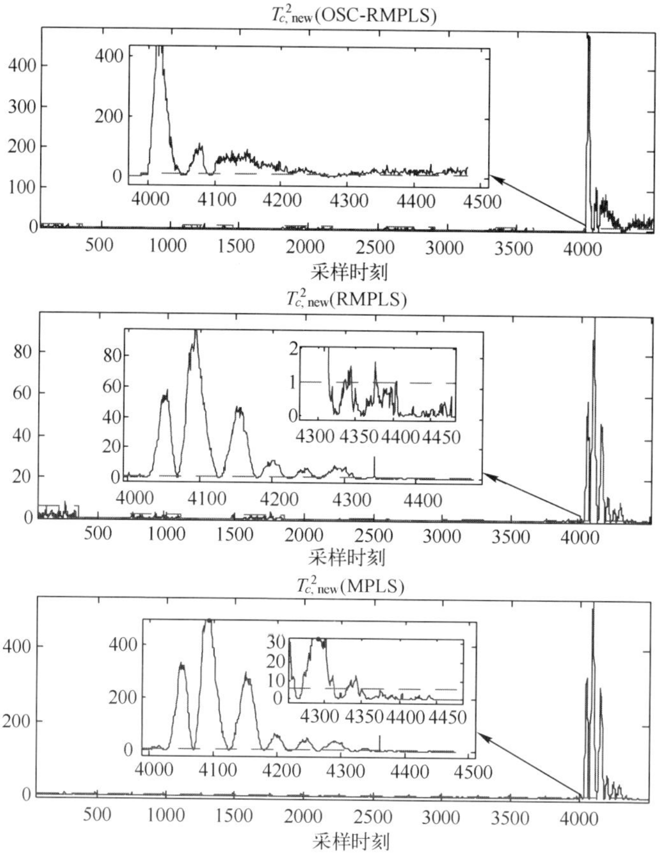

图 5.4　OSC-RMPLS、RMPLS 和 MPLS 对质量相关故障 IDV(7)监测图

综合表 5.6 和图 5.4 可知，MPLS 对质量相关故障的检测率普遍偏低，监测效果较差；RMPLS 和 OSC-RMPLS 对 MPLS 监测效果较差的几类故障监测效果均有大幅度提升。整体上对各类故障均具有较高的故障检测率，因此基于递推结构动态更新 RMPLS 模型和结合 OSC 的 RMPLS 模型可以实现对质量相关故障的有效监测。

5.6.3　质量无关故障监测

本节监测对象为质量无关故障 IDV(11)，这类故障均是由反应器冷却水入口温度变化导致，由于反应器温度是通过串级控制器控制，冷却水入口温度变化不会影响反应过程，因此不会影响实验的目标质量。

表 5.7 给出了 MPLS、RMPLS 和 OSC-RMPLS 模型对质量无关故障的过程监控误报率。从表 5.7 中可以看出，RMPLS 在对质量无关故障检测的过程中的误报率与 MPLS 相比普遍偏高，表明递归结构将导致误报率的增加，对质量无关故障检测的稳定性和有效性有所降低。基于 OSC-RMPLS 模型，在对各类质量无关故障的监测中，除了在 IDV(1) 中的误报率比 MPLS 略高外，其余各类质量无关故障均有最低的误报率。同时如图 5.5 所示，RMPLS 对质量无关的故障 IDV(11) 有明显的误报警。相比之下，OSC-RMPLS 对此故障具有较低的误报率和良好的监控性能。通过表 5.7 和图 5.5，可以得出结合 OSC 预处理方法的 RMPLS 模型有效地去除了质量无关信息，降低了误报警的情况。

表 5.7　质量无关故障误报率/%

故障编号	质量无关故障	MPLS	RMPLS	OSC-RMPLS
	故障描述	$T^2_{c,\text{new}}$	$T^2_{c,\text{new}}$	$T^2_{c,\text{new}}$
IDV(3)	D 供料温度	2.08	4.99	**2.07**
IDV(4)	反应器冷却水入口温度变化	6.44	3.12	**2.70**
IDV(9)	D 供料温度	**4.78**	6.86	5.82
IDV(11)	反应冷却水入口温度变化	6.23	14.76	**4.99**
IDV(15)	压缩机冷凝水阀门	2.29	5.82	**1.87**

在对 3 部分实验进行总结后可以得出结论如下：所提出的 OSC-RMPLS 方法不仅显著改善了质量相关故障和质量无关故障的监测性能，而且有效降低了模型更新的计算量。结合本节提出清晰的故障诊断逻辑策略，OSC-RMPLS 更适用于实际应用中对质量相关故障的过程监控。

5.7　小结

本章针对时变过程模型更新计算复杂度大、更新效率低的问题，提出一种自适应更新模型的递推潜结构（RMPLS）算法。同时基于 RMPLS 算法结合 OSC 预处理模型提出了更为全面的 OSC-RMPLS 质量故障过程监测技术。所提方法首先采用质量无关故障数据建立 OSC 模型，去除建模数据中的质量无关信息，然后由 RMPLS 算法在线自适应更新模型，并基于 OSC 模型在每次模型更新中去除建模数据质量无关信息。本章分别提出了基于 RMPLS 和 OSC-RM-

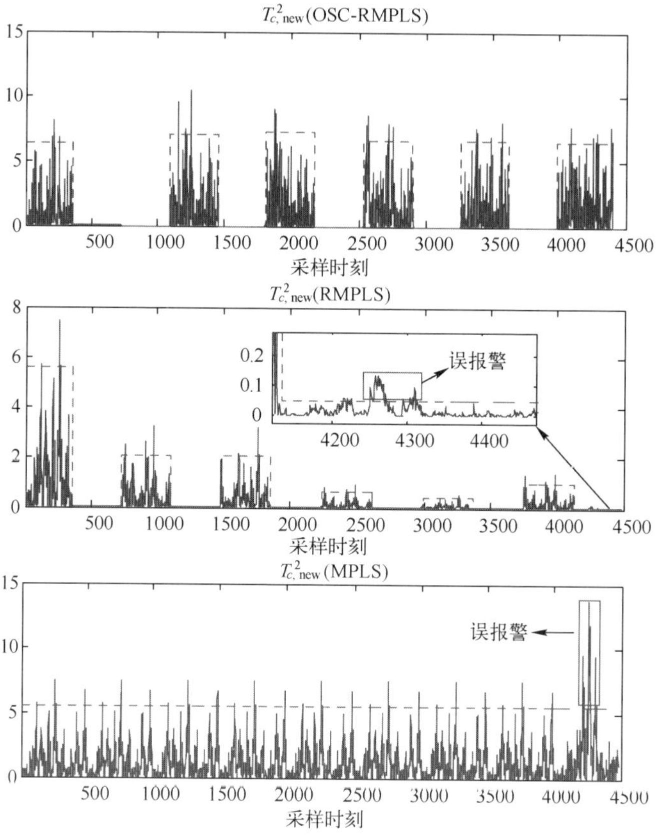

图 5.5 OSC-RMPLS、RMPLS 和 MPLS 对质量无关故障 IDV(11)监测图

PLS 的完整过程监控技术，在数值仿真中验证了时变环境下静态 MPLS、RMPLS 和 OSC-RMPLS 的监控性能。最后结合 TEP 实验过程验证了所提算法在过程监控中模型更新的高效性以及故障监测的可靠性。

参考文献

[1] 周东华，李钢，李元．数据驱动的工业过程故障诊断技术：基于主元分析与偏最小二乘的方法［M］．北京：科学出版社，2011.

[2] Zhou D，Li G，Qin S J. Total projection to latent structures for process monitoring [J]. Aiche Journal，2010，56（1）：168-178.

[3] Qin S J，Zheng Y. Quality-relevant and process-relevant fault monitoring with concurrent projection to latent structures [J]. Aiche Journal，2013，59（2）：496-504.

[4] Yin S, Ding S X, Zhang P, et al. Study on modifications of PLS approach for process monitoring [J]. Threshold, 2011, 2: 12389-12394.

[5] Peng K, Zhang K, You B, et al. Quality-relevant fault monitoring based on efficient projection to latent structures with application to hot strip mill process [J]. IET Control Theory & Applications, 2015, 9 (7): 1135-1145.

[6] Liu Q, Qin S J, Chai T. Quality-relevant monitoring and diagnosis with dynamic concurrent projection to latent structures [J]. IFAC Proceedings Volumes, 2014, 47 (3): 2740-2745.

[7] Kaspar M H, Ray W H. Dynamic PLS modelling for process control [J]. Chemical Engineering Science, 1993, 48 (20): 3447-3461.

[8] 童楚东，史旭华，蓝艇．正交信号校正的自回归模型及其在动态过程监测中的应用[J]. 控制与决策，2016，31 (8): 1505-1508.

[9] Ricker N L. The use of biased least-squares estimators for parameters in discrete-time pulse-response models [J]. Industrial & Engineering Chemistry Research, 1988, 27 (2): 343-350.

[10] Qin S J, Mcavoy T. Nonlinear FIR modeling via a neural net PLS approach [J]. Computers & chemical engineering, 1996, 20 (2): 147-159.

[11] Qin S J, Mcavoy T J. A Data-based process modeling approach and its applications [J]. IFAC Proceedings Volumes, 1992, 25 (5): 93-98.

[12] Helland K, Berntsen H E, Borgen O S, et al. Recursive algorithm for partial least squares regression [J]. Chemometrics and Intelligent Laboratory Systems, 1992, 14 (1-3): 129-137.

[13] Qin S J. Recursive PLS algorithms for adaptive data modeling [J]. Computers & Chemical Engineering, 1998, 22 (4-5): 503-514.

[14] Dong J, Zhang K, Huang Y, et al. Adaptive total PLS based quality-relevant process monitoring with application to the Tennessee Eastman process [J]. Neurocomputing, 2015, 154: 77-85.

[15] Hu C H, Xu Z Y, Kong X G, et al. Recursive CPLS based quality-relevant and process-relevant fault monitoring with application to the tennesseeeastman process [J]. IEEE Access, 2019, 7: 117934-117943.

[16] Yin S, Ding S X, Zhang P, et al. Study on modifications of PLS approach for process monitoring [J]. IFAC Proceedings Volumes, 2011, 44 (1): 12389-12394.

[17] Kong X G, Luo J Y, Xu Z Y, et al. Quality-relevant data-driven process monitoring based on orthogonal signal correction and recursive modified PLS [J]. IEEE Access, 2019, 7: 117934-117943.

[18] Svensson O, Kourti T, Macgregor J F. An investigation of orthogonal signal correction algorithms and their characteristics [J]. Journal of Chemometrics, 2010, 16 (4): 176-188.

[19] 许兰，田雨波，高国栋，等．基于 PSO 算法的空间映射方法设计微波滤波器 [J].

江苏科技大学学报（自然科学版），2018，v.32；No.167（02）：63-67.
[20] Li B B，Wang L，Liu B. An effective PSO-based hybrid algorithm for multiobjective permutation flow shop scheduling [M]. IEEE Press，2008.
[21] Kong X，Cao Z，An Q，et al. Quality-related and process-related fault monitoring with online monitoring dynamic concurrent PLS [J]. IEEE Access，2018，6，59074-59086.
[22] 王娜，闫在在 . AlphaPower 广义指数分布 [J]. 数学的实践与认识，2018（1）：207-215.
[23] Yin S，Ding X，Xie X，et al. A review on basic data-driven approaches for industrial process monitoring [J]. IEEE T Ind Electron，2014 61（11）：6418-6425.

第 6 章　基于高级偏最小二乘模型的质量相关故障在线监测技术

6.1　引言

由于偏最小二乘（PLS）算法[1-5]在处理大量高度相关的过程数据方面的优势，被公认为多变量过程监控中模型构建、故障检测和诊断的强大工具。在实际应用中，人们通常只关注产品的最终质量，因此 PLS 适合监视和预测系统中的关键性能指标[6]。PLS 将过程变量分解为与最终产品质量相关和与最终产品质量无关的两部分，通过监控前者，可以方便地检测系统运行过程中的质量相关故障，并间接了解产品的质量变化。由于与质量无关的信息对产品质量几乎没有影响，因此可以忽略不计。标准的 PLS 空间分解算法虽然可以对输入执行相关性分解，但是如文献［7-9］所述，标准 PLS 模型在过程空间上执行斜交分解，这导致大量过程变量信息直接保留在残差余子空间中。为了实现对质量相关信息的完全监控，Zhou 等[10]通过进一步分解标准 PLS 模型的得分矩阵和负载矩阵，提出了一种全潜结构投影（TPLS）模型。但是，TPLS 将过程变量分解成了 4 个空间，增加了需要进行监控的空间，从而使算法模型更加复杂。因此，Yin 等[11]提出了一种改进的潜结构投影（MPLS）模型解决上述斜交分解问题。MPLS 算法根据质量变量和过程变量之间的关系，将过程变量直接分解为两个相互正交的部分，这样既保证了质量相关信息不会保留在残差子空间内，又避免了大量的迭代过程。后来，在多空间类 PLS 算法领域，Wang 和 Yin[12]将正交信号校正与 MPLS 结合，提出一种称为正交信号校正的改进潜结构投影（OSC-MPLS）模型，去除了质量无关信息的干扰。基于 PLS 模型的多空间类算法众多[13-15]，上述所提出的多空间类 PLS 算法作为经典的扩展算法之一，其在大型复杂系统的故障检测与诊断中发挥了巨大作用，在实际应用中具有很好的故障检测性能。

进一步研究表明，MPLS 的空间分解方式在计算输入与输出的关系矩阵时存在广义逆，在矩阵非满秩的情况下，MPLS 模型可能会导致信息丢失，从而影响模型对输入进行正交分解时的精度。另外，在进行质量信息预测时，

MPLS 关注与过程变量直接相关的质量信息的预测，而在过程变量中往往还包含一部分干扰，需要对其进行去除后再对质量信息进行预测。为了解决这些问题，本章提出了以下创新。

（1）为解决质量信息丢失问题，提出了一种高级偏最小二乘（APLS）算法。APLS 算法首先给出了期望的过程变量分解方式，过程变量被直接正交分解为两部分：一部分仅与质量相关（称为过程变量主元空间，PVPS）；另一部分与质量无关。APLS 算法在求解关系矩阵时不存在广义逆计算，避免了可能存在的质量相关信息丢失问题。

（2）对质量变量和 PVPS 之间求取关系矩阵，将质量变量正交分解为可预测的质量信息子空间和不可预测的质量信息子空间两部分，这样的目的是消除过程变量中的噪声和外部干扰，以此提高对质量相关信息的预测精度。

6.2 高级偏最小二乘模型推导及其过程监控技术

本节提出了一种基于 APLS 的空间分解算法，以解决 MPLS 可能存在的质量信息丢失的问题。本节主要介绍了 APLS 算法的空间分解原理、传统统计量和控制限设计方法以及 APLS 算法实施的详细步骤。

6.2.1 APLS 算法空间分解原理

PLS 算法旨在将过程变量 $\boldsymbol{X}$ 正交分解为与质量 $\boldsymbol{Y}$ 相关和不相关的两个子空间，进而分别对这两个子空间进行监测。基于 PLS 空间分解的目标，本章首先给出了输入 $\boldsymbol{X}$ 的期望分解形式为

$$\boldsymbol{X}=\boldsymbol{Y}\boldsymbol{\Phi}+\boldsymbol{R}_X=\hat{\boldsymbol{X}}+\boldsymbol{R}_X \tag{6.1}$$

需要说明的是，式（6.1）中的 $\boldsymbol{X}$ 和 $\boldsymbol{Y}$ 是一组已知的正常建模数据，并且在作为输入和输出数据时没有意义，仅仅是用来获得输入与输出之间的系数矩阵。$\boldsymbol{\Phi}$ 即是仅当 $\boldsymbol{X}$ 和 $\boldsymbol{Y}$ 被作为输入和输出数据时的模型参数，并且包含 $\boldsymbol{X}$ 和 $\boldsymbol{Y}$ 之间的相关性信息。$\boldsymbol{R}_X$ 是与 $\boldsymbol{Y}$ 正交的空间，其中包含与 $\boldsymbol{Y}$ 不相关的信息。基于式（6.1）存在以下关系，即

$$\mathrm{Cov}(\boldsymbol{r}_x,\boldsymbol{y})=\boldsymbol{\varepsilon}\{\boldsymbol{y}^{\mathrm{T}}\boldsymbol{r}_x^{\mathrm{T}}\}=0 \tag{6.2}$$

式中：$\boldsymbol{r}_x^{\mathrm{T}}$ 和 $\boldsymbol{y}^{\mathrm{T}}$ 分别为 $\boldsymbol{R}_X$ 和 $\boldsymbol{Y}$ 中的行向量。

根据式（6.1）的关系可以推导得出

$$\frac{1}{N}\boldsymbol{X}^{\mathrm{T}}\boldsymbol{Y}=\frac{1}{N}(\boldsymbol{Y}\boldsymbol{\Phi}+\boldsymbol{R}_X)^{\mathrm{T}}\boldsymbol{Y}=\frac{1}{N}(\boldsymbol{Y}\boldsymbol{\Phi})^{\mathrm{T}}\boldsymbol{Y}+\frac{1}{N}\boldsymbol{R}_X^{\mathrm{T}}\boldsymbol{Y} \tag{6.3}$$

在式（6.2）中，由于 $\boldsymbol{R}_X$ 与 $\boldsymbol{Y}$ 的正交关系，所以有 $\boldsymbol{R}_X^{\mathrm{T}}\boldsymbol{Y}=0$，式（6.3）变为

$$\frac{1}{N}\boldsymbol{X}^{\mathrm{T}}\boldsymbol{Y}=\frac{1}{N}\boldsymbol{\Phi}^{\mathrm{T}}\boldsymbol{Y}^{\mathrm{T}}\boldsymbol{Y} \tag{6.4}$$

因此，$\boldsymbol{\Phi}$ 可以很容易地计算为

$$\boldsymbol{\Phi}=(\boldsymbol{Y}^{\mathrm{T}}\boldsymbol{Y})^{-1}\boldsymbol{Y}^{\mathrm{T}}\boldsymbol{X} \tag{6.5}$$

到目前为止，已经获得了 $\boldsymbol{X}$ 和 $\boldsymbol{Y}$ 的关系矩阵 $\boldsymbol{\Phi}$。根据此结果，需要将 $\boldsymbol{X}$ 分解为两部分，即 $\hat{\boldsymbol{X}}$ 和 $\boldsymbol{R}_X$。$\hat{\boldsymbol{X}}$ 仅包含与 $\boldsymbol{Y}$ 相关的变量信息，$\boldsymbol{R}_X$ 仅包含与 $\boldsymbol{Y}$ 正交的变量信息。执行上述分解的一种简单方法是将 $\boldsymbol{X}$ 正交投影到 $\mathrm{span}\{\boldsymbol{\Phi}\}$ 和 $\mathrm{span}\{\boldsymbol{\Phi}\}^{\perp}$ 空间上，即

$$\begin{cases}\hat{\boldsymbol{X}}=\mathrm{span}\{\boldsymbol{\Phi}\}\\ \boldsymbol{R}_X=\mathrm{span}\{\boldsymbol{\Phi}\}^{\perp}\end{cases} \tag{6.6}$$

为了实现上述正交投影，首先对矩阵 $\boldsymbol{\Phi}\boldsymbol{\Phi}^{\mathrm{T}}$ 进行 SVD 分解[16-17]，即

$$\boldsymbol{\Phi}\boldsymbol{\Phi}^{\mathrm{T}}=[\hat{\boldsymbol{\Gamma}}_{\psi}\quad \widetilde{\boldsymbol{\Gamma}}_{\psi}]\begin{bmatrix}\boldsymbol{\Lambda}_{\psi} & \boldsymbol{0}\\ \boldsymbol{0} & \boldsymbol{0}\end{bmatrix}\begin{bmatrix}\hat{\boldsymbol{\Gamma}}_{\psi}^{\mathrm{T}}\\ \widetilde{\boldsymbol{\Gamma}}_{\psi}^{\mathrm{T}}\end{bmatrix} \tag{6.7}$$

式中：$\hat{\boldsymbol{\Gamma}}_{\psi}\in\mathbf{R}^{m\times l}$；$\widetilde{\boldsymbol{\Gamma}}_{\psi}\in\mathbf{R}^{m\times(m-l)}$；$\boldsymbol{\Lambda}_{\psi}\in\mathbf{R}^{l\times l}$。

利用式（6.7）所求参数构造正交投影算子 $\boldsymbol{\Xi}_{\psi}$ 和 $\boldsymbol{\Xi}_{\psi}^{\perp}$。

$$\begin{cases}\boldsymbol{\Xi}_{\psi}=\hat{\boldsymbol{\Gamma}}_{\psi}\hat{\boldsymbol{\Gamma}}_{\psi}^{\mathrm{T}}\\ \boldsymbol{\Xi}_{\psi}^{\perp}=\widetilde{\boldsymbol{\Gamma}}_{\psi}\widetilde{\boldsymbol{\Gamma}}_{\psi}^{\mathrm{T}}\end{cases} \tag{6.8}$$

利用求得的正交投影算子，分别向 $\mathrm{span}\{\boldsymbol{\Phi}\}$ 和 $\mathrm{span}\{\boldsymbol{\Phi}\}^{\perp}$ 上进行投影，将 $\boldsymbol{X}$ 分解为两个子空间，即

$$\begin{cases}\hat{\boldsymbol{X}}=\boldsymbol{X}\boldsymbol{\Xi}_{\psi}=\boldsymbol{X}\hat{\boldsymbol{\Gamma}}_{\psi}\hat{\boldsymbol{\Gamma}}_{\psi}^{\mathrm{T}}\in\boldsymbol{S}_{\hat{x}}=\mathrm{span}\{\boldsymbol{\Phi}\}\\ \widetilde{\boldsymbol{X}}=\boldsymbol{X}\boldsymbol{\Xi}_{\psi}^{\perp}=\boldsymbol{X}\widetilde{\boldsymbol{\Gamma}}_{\psi}\widetilde{\boldsymbol{\Gamma}}_{\psi}^{\mathrm{T}}\in\boldsymbol{S}_{\tilde{x}}=\mathrm{span}\{\boldsymbol{\Phi}\}^{\perp}\end{cases} \tag{6.9}$$

类似地，按照与上述相同的方式，将 $\boldsymbol{Y}$ 分解为可预测的与质量相关信息的部分 $\hat{\boldsymbol{Y}}$ 和不可预测的与质量相关信息的部分 $\boldsymbol{E}_Y$，即

$$\boldsymbol{Y}=\hat{\boldsymbol{X}}\boldsymbol{\Omega}+\boldsymbol{E}_Y=\hat{\boldsymbol{Y}}+\boldsymbol{E}_Y \tag{6.10}$$

最后，得出最终的 APLS 模型为

$$\begin{cases} \boldsymbol{X}=\hat{\boldsymbol{X}}+\boldsymbol{R}_X=\boldsymbol{X}\hat{\boldsymbol{\Gamma}}_\psi\hat{\boldsymbol{\Gamma}}_\psi^{\mathrm{T}}+\boldsymbol{X}\tilde{\boldsymbol{\Gamma}}_\psi\tilde{\boldsymbol{\Gamma}}_\psi^{\mathrm{T}} \\ \boldsymbol{Y}=\hat{\boldsymbol{X}}\boldsymbol{\Omega}+\boldsymbol{E}_Y=\hat{\boldsymbol{Y}}+\boldsymbol{E}_Y \end{cases} \tag{6.11}$$

需要注意的是，$\hat{\boldsymbol{X}}$仅包含与质量变量 $\boldsymbol{Y}$ 有关的信息，$\boldsymbol{R}_X$ 与 $\boldsymbol{Y}$ 正交。$\hat{\boldsymbol{Y}}$负责预测与质量相关的信息，而 $\boldsymbol{E}_Y$ 则是质量变量的残差部分。

6.2.2 基于 APLS 的质量相关故障检测技术

本节重点介绍了 APLS 算法的空间分解原理，通过对 APLS 分解后的空间分别构造统计量和控制限实现了对质量相关信息的监测，并给出了基于 APLS 算法的故障检测性能评估方法。

1. APLS 算法的详细步骤

APLS 算法通过将过程变量 $\boldsymbol{X}_{\mathrm{tr}}$进行正交分解后，又将质量变量 $\boldsymbol{Y}_{\mathrm{tr}}$正交分解为两部分，同时实现了对过程变量的监测和质量相关信息的预测。最后，基于 APLS 算法的过程监控技术的主要步骤总结如下。

步骤 1：将用来建模的输入数据矩阵 $\boldsymbol{X}_{\mathrm{tr}}$和输出数据矩阵 $\boldsymbol{Y}_{\mathrm{tr}}$进行标准化处理。

步骤 2：根据 $\boldsymbol{X}_{\mathrm{tr}}$和 $\boldsymbol{Y}_{\mathrm{tr}}$的期望分解来计算系数矩阵 $\boldsymbol{\Phi}$。

步骤 3：对 $\boldsymbol{\Phi}\boldsymbol{\Phi}^{\perp}$ 进行 SVD 分解，由系数矩阵 $\boldsymbol{\Phi}$ 计算正交投影算子 $\boldsymbol{\Xi}_\psi$ 和 $\boldsymbol{\Xi}_\psi^{\perp}$。

步骤 4：正交分解 $\boldsymbol{X}_{\mathrm{tr}}$为两个子空间$\hat{\boldsymbol{X}}$和 $\boldsymbol{R}_X$。

步骤 5：根据 $\boldsymbol{Y}_{\mathrm{tr}}$和$\hat{\boldsymbol{X}}$的期望分解计算系数矩阵 $\boldsymbol{\Omega}$。

步骤 6：标准化测试数据 $\boldsymbol{X}_{\mathrm{test}}$。

步骤 7：使用步骤 3 和步骤 4 将测试数据 $\boldsymbol{X}_{\mathrm{test}}$ 分解为$\hat{\boldsymbol{X}}_{\mathrm{test}}$ 和 $\boldsymbol{R}_{X_{\mathrm{test}}}$ 两个子空间。

步骤 8：使用在步骤 5 中获得的参数 $\boldsymbol{\Omega}$ 来计算可预测的质量相关空间$\hat{\boldsymbol{Y}}_{\mathrm{pre}}$和不可预测的质量相关空间 $\boldsymbol{E}_{Y_{\mathrm{unpre}}}$。

步骤 9：在质量相关子空间$\hat{\boldsymbol{X}}_{\mathrm{test}}$和质量无关子空间 $\boldsymbol{R}_{X_{\mathrm{test}}}$ 计算相应的统计量和控制限。

步骤 10：在质量相关空间使用故障判据进行故障检测：

① 当 $T^2\geqslant\sigma$ 时，检测到有质量相关故障发生；

② 当 $T^2<\sigma$ 时，检测到无质量相关故障发生。

最后，表 6.1 给出了 APLS 算法步骤的总结。

表 6.1　APLS 算法步骤的总结

算法 1：ALPS 算法步骤摘要
离线建模
步骤 1：标准化建模数据。 步骤 2：用建模数据训练 APLS 模型。 步骤 3：获得 APLS 模型参数。
在线监测
步骤 1：标准化测试数据。 步骤 2：使用 APLS 模型对测试数据进行空间分解。 步骤 3：在质量相关故障空间计算统计量和控制限。 步骤 4：对可预测的质量相关信息进行预测。
故障检测
步骤 1：利用故障检测判据获取故障检测结果。

2. APLS 算法的过程监控指标

为了对 APLS 算法分解后的空间进行故障检测，需要设计相应的过程监控指标，即设计 APLS 的统计量和控制限计算方法。当测试数据 $\{\boldsymbol{x}_{\text{test}},\boldsymbol{y}_{\text{test}}\}$ 到来时，对测试数据 $\boldsymbol{X}_{\text{test}}$ 进行分解可以得到两个相互正交的空间 $\hat{\boldsymbol{X}}_{\text{test}}$ 和 $\boldsymbol{R}_{X_{\text{test}}}$。分别在空间 $\hat{\boldsymbol{X}}_{\text{test}}$ 和 $\boldsymbol{R}_{X_{\text{test}}}$ 中计算统计量和控制限，方法如下。

分别构造两个子空间的统计量为

$$T_{\hat{x}}^2=\boldsymbol{x}_{\text{test}}^{\mathrm{T}}\hat{\boldsymbol{\Gamma}}_{\psi}\boldsymbol{\Lambda}_{\psi}^{-1}\hat{\boldsymbol{\Gamma}}_{\psi}^{\mathrm{T}}\boldsymbol{x}_{\text{test}} \tag{6.12}$$

$$T_{\tilde{x}}^2=\boldsymbol{x}_{\text{test}}^{\mathrm{T}}\widetilde{\boldsymbol{\Gamma}}_{\psi}\boldsymbol{\Lambda}_{\psi}^{-1}\widetilde{\boldsymbol{\Gamma}}_{\psi}^{\mathrm{T}}\boldsymbol{x}_{\text{test}} \tag{6.13}$$

式中：$T_{\hat{x}}^2$ 和 $T_{\tilde{x}}^2$ 为建模统计量，其对应的控制限构造为

$$\begin{cases} J_{\text{th},T_{\hat{x}}^2}=\dfrac{m_1(N^2-1)}{N(N-m_1)}F_{m_1,N-m_1,\alpha} \\ J_{\text{th},T_{\tilde{x}}^2}=\dfrac{(n_1-m_1)(N^2-1)}{N(N-n_1+m_1)}F_{n_1-m,N-n_1+m_1,\alpha} \end{cases} \tag{6.14}$$

式中：α 为 F 分布的置信度；m_1 和 $N-m_1$ 为 F 分布的自由度；其他参数详细说明见文献 [18]。

6.3　数值仿真

本节将通过数值仿真实验来验证所提出的 APLS 算法的有效性。此外，还通过在 TE 过程仿真实验中比较 MPLS、OSC-MPLS 的质量相关故障检测性能

来验证 APLS 算法的优势。在进行实验之前，首先给出两个故障检测性能评价指标[19]，即有效警报率（effective alarms rates，EAR）和错误警报率（false alarms rates，FAR）进行性能评估，例如：

$$\mathrm{EAR}=\frac{有效报警率数}{总样本数}\times 100\% \tag{6.15}$$

$$\mathrm{FAR}=\frac{误报警数}{总样本数}\times 100\% \tag{6.16}$$

从实际工程应用背景的角度来看，高性能质量相关故障检测方案应具有以下特点。

（1）EAR 越高，算法检测质量相关故障的性能越强；

（2）FAR 越低，算法对正常数据的监测性能就越准确。

给出下面的数值仿真实例[19]，其中输入是动态的，输出是静态的，有

$$\begin{cases}\boldsymbol{t}_k=\boldsymbol{A}_1\boldsymbol{t}_{k-1}-\boldsymbol{A}_2\boldsymbol{t}_{k-2}+\boldsymbol{t}_k^*\\ \boldsymbol{x}_k=\boldsymbol{B}\boldsymbol{t}_k+\boldsymbol{e}_k\\ \boldsymbol{y}_k=\boldsymbol{C}_1\boldsymbol{x}_k+\boldsymbol{C}_2\boldsymbol{x}_{k-1}+\boldsymbol{v}_k\end{cases} \tag{6.17}$$

其中，$\boldsymbol{A}_1=\begin{bmatrix}0.4389 & 0.1210 & -0.0862\\ -0.2966 & -0.0550 & 0.2274\\ 0.4538 & -0.6573 & 0.4239\end{bmatrix}, \boldsymbol{A}_2=\begin{bmatrix}-0.2998 & -0.1905 & -0.2669\\ -0.0204 & -0.1585 & -0.2950\\ 0.1461 & -0.0755 & 0.3749\end{bmatrix}$

$$\boldsymbol{B}=\begin{bmatrix}0.5586 & 0.2042 & 0.6370\\ -0.2007 & 0.0492 & 0.4429\\ 0.0874 & 0.6062 & 0.0664\\ 0.9332 & 0.5463 & 0.3743\\ 0.2594 & 0.0958 & 0.2491\end{bmatrix}, \boldsymbol{C}_1=\begin{bmatrix}0.9249 & 0.4350\\ 0.6295 & 0.9811\\ 0.8783 & 0.0960\\ 0.6417 & 0.5275\\ 0.7948 & 0.5456\end{bmatrix}^{\mathrm{T}}, \boldsymbol{C}_2=\begin{bmatrix}1.7198 & -0.3715\\ 0.5835 & 1.5011\\ 1.4236 & 1.3226\\ 0.4963 & -1.4145\\ -2.5717 & 1.0696\end{bmatrix}^{\mathrm{T}}$$

$\boldsymbol{t}_k^* \sim N(0,2^2\boldsymbol{I}_3), \boldsymbol{e}_k \sim N(0,1^2\boldsymbol{I}_4), \boldsymbol{v}_k \sim N(0,1^2\boldsymbol{I}_5)$。

使用式（6.25）将故障数据加入到采样数据中，即

$$\boldsymbol{x}_k=\boldsymbol{x}_k^*+\boldsymbol{x}_{\mathrm{fault}} \tag{6.18}$$

式中：$\boldsymbol{x}_k^*$ 为无故障采样数据；$\boldsymbol{x}_{\mathrm{fault}}$ 为故障数据，包括质量相关故障和质量无关故障两种。

利用式（6.17），在正常工作条件下，生成 1000 个样本作为建模数据，用来建立 APLS 模型并获取模型参数；然后，用式（6.18）分别将质量相关故障和质量无关故障加入正常数据中，生成两组各包含 1000 个样本的数据作为测试数据进行检测。其中，1000 个测试数据中的前 500 个样本是正常数据，后 500 个样本是故障数据。另外，还需进行实验参数初始化：通过交叉验证选取主元个数 $A=9$；利用粒子群寻优（PSO）算法获得窗口长度为 $L=3$。

图 6.1 所示为 APLS 算法在正常工作条件下对可预测的质量信息 $\boldsymbol{Y}$ 的预测图。从图中可以看出，所提出的 APLS 算法能够准确地跟踪可预测的质量信息，因为在 $\boldsymbol{Y}$ 中还包含了一部分与 $\hat{\boldsymbol{X}}$ 无关的信息，因此预测值并不是完全跟踪真值，证明了所提出算法的有效性。然后，分别对质量相关故障和质量无关故障样本进行在线检测。

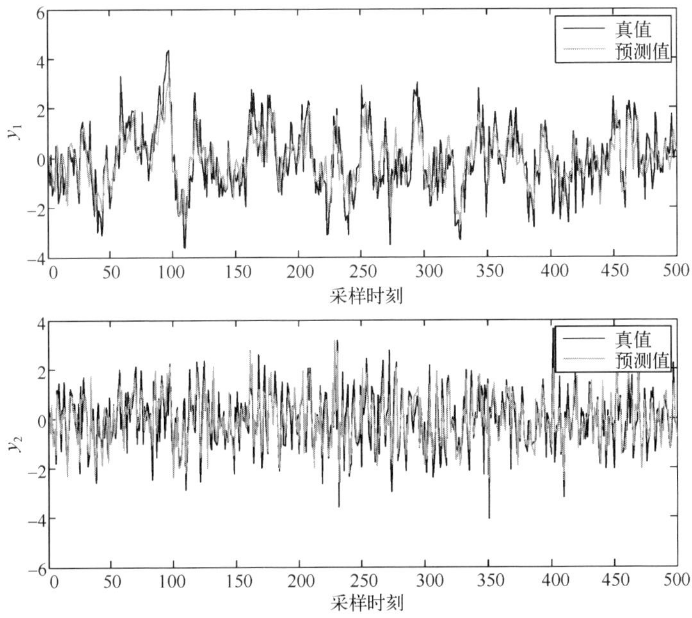

图 6.1　无故障情况下的质量预测结果

（1）加入质量相关故障为

$$\boldsymbol{x}_{\mathrm{f}}=[2.0000\quad 1.0000\quad -3.0000\quad 2.0000\quad -5.0000]^{\mathrm{T}} \tag{6.19}$$

图 6.2 给出了加入质量相关故障后的 APLS 算法检测结果。从图中可以看出，加入了质量相关故障后，在质量相关空间中、当故障来临时可以准确地检测出故障发生，证明了所提出的 APLS 算法对于质量相关故障检测的有效性和准确性。

（2）加入质量无关故障为

$$\boldsymbol{x}_{\mathrm{f}}=[0.0054\quad 0.3145\quad -0.0432\quad 0.7516\quad -0.4440]^{\mathrm{T}} \tag{6.20}$$

图 6.3 是在正常数据中加入了质量无关故障后的 APLS 算法检测结果。从图中可以看出，在主元空间中，APLS 算法没有检测到故障的发生，即没有发生质量相关故障；而在残差空间中，当故障来临时，APLS 算法准确地检测出了测试数据中质量无关故障的发生，证明 APLS 算法对于质量无关故障检测的有效性和准确性。

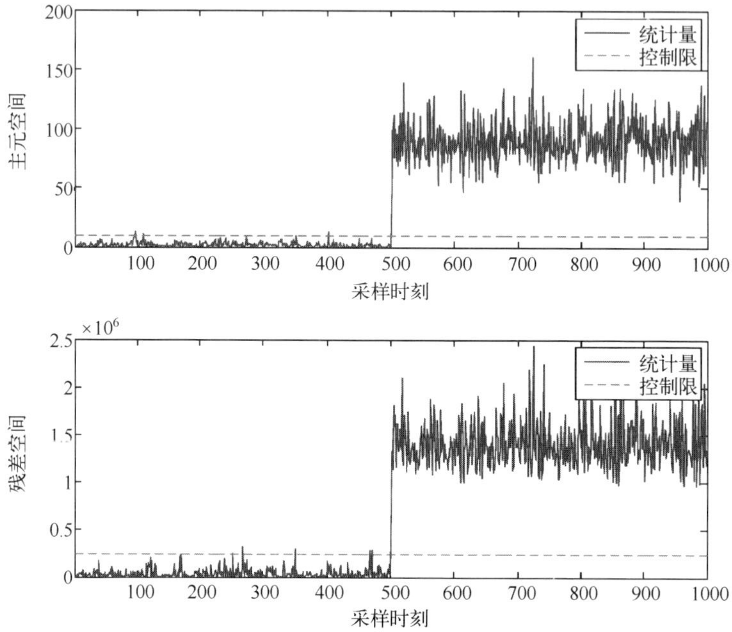

图 6.2 质量相关故障的检测结果

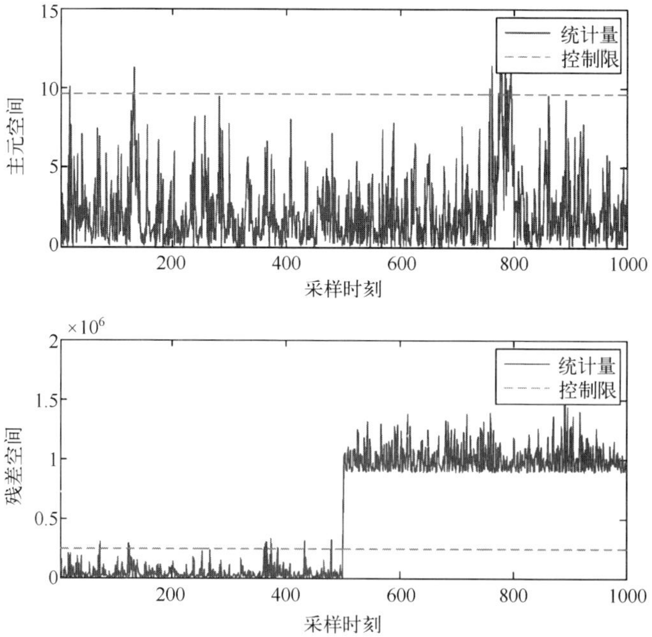

图 6.3 质量无关故障的检测结果

6.4　田纳西-伊斯曼过程实验仿真

在本节中，使用田纳西-伊斯曼过程（TEP）仿真实验平台对 3 种算法性能分别进行了验证和对比分析。本实验选取 100 个正常数据样本和 800 个故障数据样本共同组成测试数据用来模拟在线监测过程。此外，选择最终产品成分 XMEAS(65)作为输出 $\boldsymbol{y}$；选择了 33 个变量作为输入 $\boldsymbol{X}$（过程变量 XMEAS(1~22)和操纵变量 XMV(1~11)）。首先对实验参数初始化：通过交叉验证得到主元个数 $A=9$，选取窗口长度 $L=3$，由 PSO 寻优算法所得。

分别利用 MPLS、OSC-MPLS 和所提出的 APLS 方法来检测质量相关故障 1 即 IDV(1)，图 6.4 给出了 MPLS 算法对 IDV(1)的检测结果。从图中可以看出，在正常采样时刻，MPLS 算法的主元空间中统计量始终低于控制限，表明 MPLS 算法的 FAR 较低，即误报率较低；在故障采样时刻 MPLS 算法有多处漏报，其检测率即 EAR 较低。

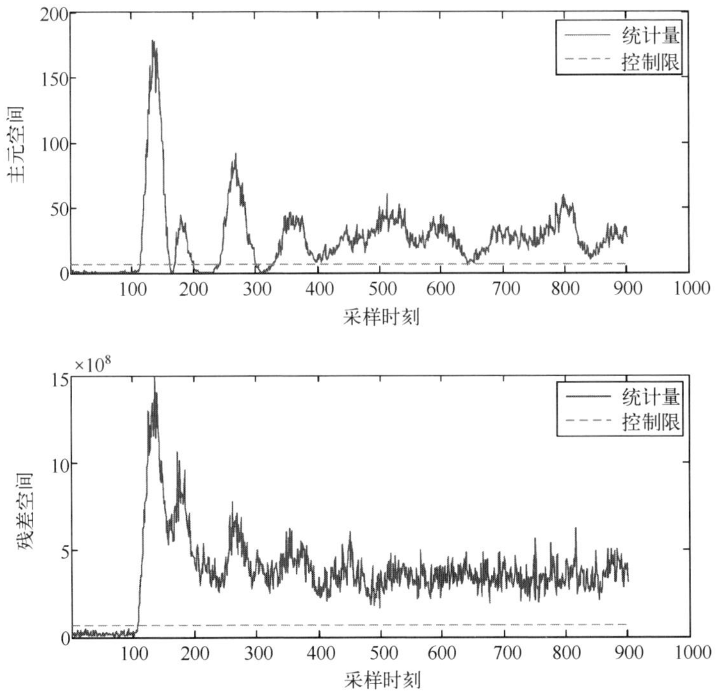

图 6.4　MPLS 算法对 IDV(1)的检测结果

图 6.5 是 OSC-MPLS 算法针对 IDV(1) 的检测结果。从图中可以看出，在主元空间中，通过对数据进行正交信号校正后，OSC-MPLS 算法的检测率即 EAR 明显提高，故障时刻的漏报率降低，但仍有一些故障数据未被 OSC-MPLS 算法有效检测。

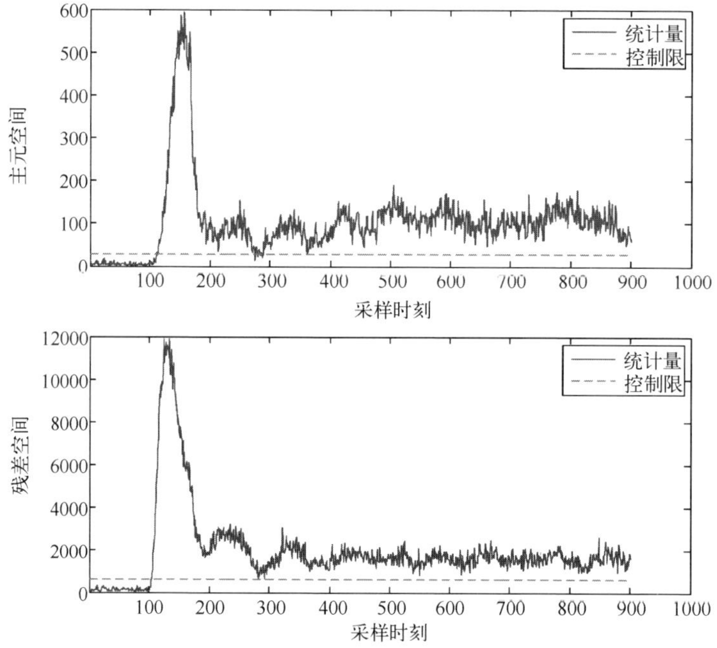

图 6.5 OSC-MPLS 算法对 IDV(1) 的检测结果

图 6.6 给出了 APLS 算法对 IDV(1) 的故障检测结果。从图中可以看出，当故障数据来临时，统计量始终在控制限上方，证明在主元空间中的质量相关故障可以通过 APLS 算法有效检测报警；在主元空间的正常采样数据时刻，APLS 算法的 FAR 也较低。实验结果表明，与 MPLS 和 OSC-MPLS 相比，APLS 算法的质量相关故障检测性能良好。

表 6.2 分别给出了 MPLS、OSC-MPLS 和 APLS 这 3 种算法所有质量相关故障的检测率。粗体部分表示 3 组算法中最高的 EAR 组，从表 6.2 中可以看出，所提出的 APLS 算法的 EAR 明显提高。在表 6.2 中，OSC-MPLS 的质量相关故障 EAR 通常高于 MPLS，因为 OSC-MPLS 利用正交信号校正算法对数据进行了预处理，去除了 $\boldsymbol{X}$ 中与 $\boldsymbol{Y}$ 正交的信息。与 MPLS 和 OSC-MPLS 相比，所提出的 APLS 算法的质量相关故障检测率明显提高，而 IDV(5) 由于反馈调节的作用，除了 APLS 算法的 EAR 低于 OSC-MPLS 算法 47.51%外，其他各组的质量相

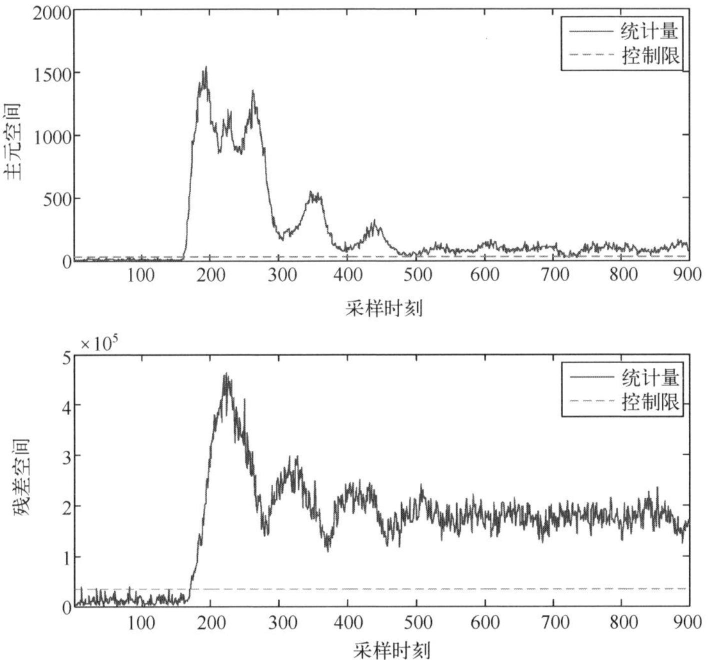

图 6.6　APLS 算法对 IDV(1)的检测结果

关故障检测率均高于 MPLS 和 OSC-MPLS 算法。值得一提的是，APLS 的质量相关故障 IDV(1-2)、IDV(6)、IDV(8)、IDV(12)、IDV(13)的 EAR 都在 95%以上，达到了质量相关故障准确检测报警的目的。此外，IDV(8)和 IDV(13)的 EAR 有了显著提高，分别高于 MPLS、OSC-MPLS 算法 29.96%、9.37%。

表 6.2　TEP 3 种算法的质量相关故障检测率

故障编号	已知的故障	MPLS	OSC-MPLS	APLS
	故障描述	故障检测率/%		
IDV(1)	*A/C* 进料比, *B* 组成常数（流 4）	88.63	93.01	**99.25**
IDV(2)	*B* 组成，*A/C* 比率常量（流 4）	91.76	91.63	**99.38**
IDV(5)	*D* 进料温度（流 2）	99.75	**99.87**	52.36
IDV(6)	反应堆冷却水入口温度	99.00	98.75	**99.37**
IDV(7)	冷凝器冷却水入口温度	18.85	52.68	**67.79**
IDV(8)	进料损失（流 1）	63.42	67.42	**97.38**
IDV(10)	*C* 压力损失-可用性降低（流 4）	20.97	53.93	**54.18**
IDV(12)	*A*、*B*、*C* 进料成分（流 4）	80.39	90.26	**98.25**
IDV(13)	*D* 进料温度（流 2）	87.39	86.39	**95.76**

表 6.3 列出了 MPLS、OSC-MPLS 和 APLS 这 3 种算法的质量相关故障的 FAR。粗体部分是 3 种算法中质量相关故障误报率最高的组。其中，MPLS 的 FAR 较低，只有 IDV(12)的 FAR 为 6%。OSC-MPLS 质量相关故障的 FAR 较高，FAR 最高的 IDV(10)组为 7%。除 ALPS 算法的 IDV(6)、IDV(7)和 IDV(12)这 3 组具有较低的 FAR 以外，其他组的质量相关故障 FAR 均为 0%。通过对 3 种算法的多次实验获得的 FAR 和 EAR 结果比较分析可以看出，所提出算法对质量相关故障具有更好的检测性能。

表 6.3 TEP 3 种算法的质量相关故障误报率

故障编号	已知的故障	MPLS	OSC-MPLS	APLS
	故障描述	故障检测率/%		
IDV(1)	A/C 进料比，B 组成常数（流 4）	0	**3.00**	0
IDV(2)	B 组成，A/C 比率常量（流 4）	0	**3.00**	0
IDV(5)	D 进料温度（流 2）	0	**4.00**	0
IDV(6)	反应堆冷却水入口温度	0	**2.00**	2.00
IDV(7)	冷凝器冷却水入口温度	0	**6.00**	1.00
IDV(8)	进料损失（流 1）	0	**2.00**	0
IDV(10)	C 压力损失-可用性降低（流 4）	0	**7.00**	0
IDV(12)	A、B、C 进料成分（流 4）	**6.00**	3.00	1.00
IDV(13)	D 进料温度（流 2）	0	**1.00**	0

6.5 小结

本章提出了一种基于高级偏最小二乘的多空间质量相关故障检测算法。该算法根据输入与质量变量之间的关系直接对过程变量进行正交分解，避免了分解过程中可能的质量信息丢失问题。然后根据与过程变量的主元空间关系，将质量变量分解为可预测的质量信息和不可预测的质量信息两部分，并消除过程变量中系统变化对质量预测的干扰。最后，利用传统的统计量和控制限设计方法，在质量相关空间中计算统计量和控制限进行故障检测。实验结果表明，APLS 算法明显提高了质量相关故障的 EAR。由于 APLS 算法属于多空间类 PLS 扩展算法的一种，对于动态系统和非线性条件下的状态监测还需要对其作进一步扩展，以此满足不同条件下的装备监测需求，这将是本研究的下一个研究方向。

参考文献

[1] 彭开香，马亮，张凯．复杂工业过程质量相关的故障检测与诊断技术综述［J］．自动化学报，2017，03（43）：32-48.

[2] 周东华，李钢，李元．数据驱动的工业过程故障诊断技术：基于主元分析与偏最小二乘的方法［M］．北京：科学出版社，2011.

[3] Peng K, Zhang K, You B, et al. Quality-related prediction and monitoring of multi-mode processes using multiple PLS with application to an industrial hot strip mill [J]. Neurocomputing, 2015, 168 (30): 1094-1103.

[4] Zhang K, Dong J, Peng K. A novel dynamic non-Gaussian approach for quality-related fault diagnosis with application to the hot strip mill process [J]. Journal of the Franklin Institute, 2016, 354 (2): 702-721.

[5] Hu C, Xu Z, Kong X, et al. Recursive-CPLS-based quality-relevant and process-relevant fault monitoring with application to the tennessee eastman process [J]. IEEE Access, 2019: 128746-128757.

[6] Yin S, Zhu X, Kaynak O. Improved PLS focused on key-performance-indicator-related fault diagnosis [J]. IEEE Transactions on Industrial Electronics, 2015, 62 (3): 1651-1658.

[7] Sheng N, Liu Q, Qin S J, et al. Comprehensive monitoring of nonlinear processes based on concurrent kernel projection to latent structures [J]. IEEE Transactions on Automation Science & Engineering, 2016, 13 (2): 1129-1137.

[8] Li G, Qin S J, Zhou D H, Geometric properties of partial least squares for process monitoring [J]. Automatica, 2010, 46 (1): 204-210.

[9] Peng K, Zhang K, Li G. Quality-related process monitoring based on total kernel pls model and its industrial application [J]. Mathematical Problems in Engineering, 2013: 1-14.

[10] Zhou D, Li G, Qin S J. Total projection to latent structures for process monitoring [J]. Aiche Journal, 2010, 56 (1): 168-178.

[11] Yin S, Ding S X, Zhang P, et al. Study on modifications of PLS approach for process monitoring [J]. IFAC Proceedings Volumes, 2011, 44 (1): 12389-12394.

[12] Wang G, Yin S. Quality-related fault detection approach based on orthogonal signal correction and modified PLS [J]. IEEE Transactions on Industrial Informatics, 2017, 11 (2): 398-405.

[13] Yin S J, Zheng Y. Quality-relevant and process-relevant fault monitoring with concurrent projection to latent structures [J]. Aiche Journal, 2013, 59 (2): 496-504.

[14] Yin S, Ding S X, Zhang P, et al. Study on modifications of PLS approach for process monitoring [J]. Threshold, 2011, 2: 12389-12394.

[15] Peng K, Zhang K, You B, et al. Quality-relevant fault monitoring based on efficient projec-

tion to latent structures with application to hot strip mill process [J]. IET Control Theory & Applications, 2015, 9 (7): 1135-1145.

[16] 林东方, 朱建军, 宋迎春, 等. 正则化的奇异值分解参数构造法 [J]. 测绘学报, 2016 (8): 883-889.

[17] Howland P, Park H. Generalizing discriminant analysis using the generalized singular value decomposition [J]. IEEE Transactions on Pattern Analysis and Machine Intelligence, 2004, 26 (8): 995-1006.

[18] Shen Y, Wang G, Gao H. Data-driven process monitoring based on modified orthogonal projections to latent structures [J]. IEEE Transactions on Control Systems Technology, 2016, 24 (4): 1480-1487.

[19] Jiao J, Yu H, Wang G. A quality-related fault detection approach based on dynamic least squares for process monitoring [J]. IEEE Transactions on Industrial Electronics, 2016, 63 (4): 2625-2632.

第 7 章　基于 CMPLS 的质量相关和过程相关故障诊断

7.1　引言

并行潜结构投影（CPLS）模型[1]是在传统 PLS 的基础上发展而来的，是一个可以对输出相关和输入相关的变化进行全面监测的监控模型，克服了 PLS 无法对 $\boldsymbol{X}$ 不可预测的 $\boldsymbol{Y}$ 变化进行监测的缺陷[2-6]。但是 CPLS 依然存在大量的迭代过程，计算复杂，这同样使基于 CPLS 的其他拓展（如非线性、动态等）方法[7-9]也存在大量迭代过程，因此，急需解决 CPLS 的这一不足。Yin 等[10]提出的 MPLS 通过奇异值分解（SVD）[11-12]实现了过程变量空间的正交分解，不需要如 CPLS 那般进行复杂迭代。Zhang 等[13]考虑到 MPLS 中对 $\boldsymbol{X}^{\mathrm{T}}\boldsymbol{X}$ 的广义逆计算会带来信息丢失问题，提出了 EPLS。尽管 MPLS 与 EPLS 在检测质量相关故障中表现出了较之 PLS 更好的性能，但是难以有效地对过程相关故障以及无法预测的输出残差子空间区分与监控，同时 MPLS 无法对影响输入数据空间并可能会成为输出潜在故障进行区分。针对上述问题，本章提出一种并发改进 PLS（CMPLS）算法[14]和一组故障监测指标。所提出方法对质量相关故障和过程相关故障进行完整检测，同时避免过多的迭代过程。

当检测到故障后，更重要的是诊断出故障的原因。贡献图[15-16]及其改进的方法[17-18]在这个问题的解决上被广泛应用。虽然贡献图法可以有效地诊断出对质量输出影响比较大的故障变量，但是研究发现，在无故障时每个过程输入变量对故障检测指标的贡献值并不是均等的，使用贡献图诊断时有可能会受到本来贡献较大变量的影响，使诊断结果不可解释。本章通过正常训练样本的各变量向监测指标的贡献对测试样本各变量向监测指标的贡献进行归一化处理，提出一种新的相对贡献图方法（NRC）。当 CMPLS 检测到故障后，利用 NRC 进行故障识别，消除初始贡献较大的过程输入变量的影响，得到准确的诊断结果。最后通过数值仿真与 TEP 验证了所提算法的性能。

本章的创新点在以下几方面：①提出了 CMPLS 算法划分新的投影空间，弥补 MPLS 不足的同时避免大量迭代过程；②对贡献图方法进行了改进，提出了一种 NRC 方法进行故障诊断，消除了过程变量中对检测指标初始贡献较大的影响；③结合所提 CMPLS 算法和 NRC 方法提出了一套完整的故障诊断技术。

7.2 基于 MPLS 的故障检测方法

在复杂系统中，质量数据能够为过程监测提供更多有用的信息[6]。PLS 利用协方差最大原则，从过程数据中提取出只反映过程数据中与质量指标相关的特征信息。但是，PLS 对 $\boldsymbol{X}$ 空间进行了斜交分解，利用检测质量相关故障的 PLS 主元得分构造的 T^2 统计量中包含了与质量变量正交的信息。针对这一问题，Yin 等提出的 MPLS 实现了 $\boldsymbol{X}$ 空间的正交分解。本节将分别对传统 PLS 算法与 MPLS 模型及在故障检测中的统计量构造进行简要介绍，同时对用于算法验证的田纳西-伊斯曼过程（TEP）[19]作一介绍，以方便后续工作进行。

PLS 对 $\boldsymbol{X}$ 进行了斜交分解，主元空间中含有与 $\boldsymbol{Y}$ 无关的量。针对这一问题，Yin 等[10]提出了 MPLS 算法，对 $\boldsymbol{X}$ 进行正交分解，将 $\boldsymbol{X}$ 成功分解为与 $\boldsymbol{Y}$ 相关的 $\hat{\boldsymbol{X}}$ 和与 $\boldsymbol{Y}$ 无关的 $\widetilde{\boldsymbol{X}}$。MPLS 的模型为

$$\begin{cases}\boldsymbol{X}=\hat{\boldsymbol{X}}+\widetilde{\boldsymbol{X}}\\ \boldsymbol{Y}=\hat{\boldsymbol{Y}}+\widetilde{\boldsymbol{Y}}=\boldsymbol{X}\boldsymbol{M}+\widetilde{\boldsymbol{Y}}\end{cases}\tag{7.1}$$

式中：$\boldsymbol{M}=(\boldsymbol{X}^{\mathrm{T}}\boldsymbol{X})^{\dagger}\boldsymbol{X}^{\mathrm{T}}\boldsymbol{Y}\in\mathbf{R}^{m\times l}$ 为 $\boldsymbol{X}$ 与 $\boldsymbol{Y}$ 的回归系数矩阵，包含 $\boldsymbol{X}$ 与 $\boldsymbol{Y}$ 之间的相关关系。$\boldsymbol{Y}$ 通过 $\boldsymbol{M}$ 矩阵分解为 $\hat{\boldsymbol{Y}}$ 与 $\widetilde{\boldsymbol{Y}}$，其中 $\hat{\boldsymbol{Y}}$ 与 $\boldsymbol{X}$ 相关，$\widetilde{\boldsymbol{Y}}$ 与 $\boldsymbol{X}$ 不相关。然后将 $\boldsymbol{X}$ 向 $\mathrm{span}\{\boldsymbol{M}\}$ 和 $\mathrm{span}\{\boldsymbol{M}\}^{\perp}$ 投影，得到正交的 $\hat{\boldsymbol{X}}$ 与 $\widetilde{\boldsymbol{X}}$，具体算法步骤见表 7.1。

表 7.1 MPLS 算法步骤

标准化数据矩阵 $\boldsymbol{X}$ 和 $\boldsymbol{Y}$ 步骤 1：计算 $\boldsymbol{M}$，$\boldsymbol{M}=(\boldsymbol{X}^{\mathrm{T}}\boldsymbol{X})^{\dagger}\boldsymbol{X}^{\mathrm{T}}\boldsymbol{Y}$。
步骤 2：对 $\boldsymbol{M}\boldsymbol{M}^{\mathrm{T}}$ 进行 SVD 分解得到 $\hat{\boldsymbol{\Gamma}}_{\varphi}$ 和 $\widetilde{\boldsymbol{\Gamma}}_{\varphi}$，即 $\boldsymbol{M}\boldsymbol{M}^{\mathrm{T}}=[\hat{\boldsymbol{\Gamma}}_{\varphi}\quad\widetilde{\boldsymbol{\Gamma}}_{\varphi}]\begin{bmatrix}\boldsymbol{\Lambda}_{\varphi} & 0\\ 0 & 0\end{bmatrix}\begin{bmatrix}\hat{\boldsymbol{\Gamma}}_{\varphi}^{\mathrm{T}}\\ \widetilde{\boldsymbol{\Gamma}}_{\varphi}^{\mathrm{T}}\end{bmatrix}$
步骤 3：计算 $\boldsymbol{\Pi}_{\varphi}=\hat{\boldsymbol{\Gamma}}_{\varphi}\hat{\boldsymbol{\Gamma}}_{\varphi}^{\mathrm{T}}$，$\boldsymbol{\Pi}_{\varphi}^{\perp}=\widetilde{\boldsymbol{\Gamma}}_{\varphi}\widetilde{\boldsymbol{\Gamma}}_{\varphi}^{\mathrm{T}}$。
步骤 4：计算 $\hat{\boldsymbol{X}}=\boldsymbol{X}\boldsymbol{\Pi}_{\varphi}$，$\widetilde{\boldsymbol{X}}=\boldsymbol{X}\boldsymbol{\Pi}_{\varphi}^{\perp}$，$\hat{\boldsymbol{Y}}=\boldsymbol{X}\boldsymbol{M}$。
步骤 5：给出一个新样本 $\boldsymbol{x}_{\mathrm{new}}$，$\boldsymbol{t}_{\hat{x}}=\hat{\boldsymbol{\Gamma}}_{\varphi}^{\mathrm{T}}\boldsymbol{x}_{\mathrm{new}}$，$\boldsymbol{t}_{\tilde{x}}=\widetilde{\boldsymbol{\Gamma}}_{\varphi}^{\mathrm{T}}\boldsymbol{x}_{\mathrm{new}}$。
步骤 6：计算统计量和控制限检测故障。

表 7.1 中，$\hat{\boldsymbol{X}}=\boldsymbol{X\Pi}_{\varphi}$ 与 $\widetilde{\boldsymbol{X}}=\boldsymbol{X\Pi}_{\varphi}^{\perp}$ 可作以下处理，即

$\hat{\boldsymbol{X}}=\boldsymbol{X\Pi}_{\varphi}=\boldsymbol{T}_{\hat{x}}\hat{\boldsymbol{\Gamma}}_{\varphi}^{\mathrm{T}}$，$\widetilde{\boldsymbol{X}}=\boldsymbol{X\Pi}_{\varphi}^{\perp}=\boldsymbol{T}_{\tilde{x}}\widetilde{\boldsymbol{\Gamma}}_{\varphi}^{\mathrm{T}}$，其中 $\boldsymbol{T}_{\hat{x}}=\boldsymbol{X}\hat{\boldsymbol{\Gamma}}_{\varphi}$，$\boldsymbol{T}_{\tilde{x}}=\boldsymbol{X}\widetilde{\boldsymbol{\Gamma}}_{\varphi}$。

给定一个新样本 $\boldsymbol{x}$，将其分解为 $\hat{\boldsymbol{x}}$ 与 $\tilde{\boldsymbol{x}}$ 两部分，则有

$$\hat{\boldsymbol{x}}^{\mathrm{T}}\hat{\boldsymbol{x}}=\boldsymbol{x}^{\mathrm{T}}\hat{\boldsymbol{\Gamma}}_{\varphi}\hat{\boldsymbol{\Gamma}}_{\varphi}^{\mathrm{T}}\hat{\boldsymbol{\Gamma}}_{\varphi}\hat{\boldsymbol{\Gamma}}_{\varphi}^{\mathrm{T}}\boldsymbol{x}=\boldsymbol{t}_{\hat{x}}^{\mathrm{T}}\boldsymbol{t}_{\hat{x}} \tag{7.2}$$

$$\tilde{\boldsymbol{x}}^{\mathrm{T}}\tilde{\boldsymbol{x}}=\boldsymbol{x}^{\mathrm{T}}\widetilde{\boldsymbol{\Gamma}}_{\varphi}\widetilde{\boldsymbol{\Gamma}}_{\varphi}^{\mathrm{T}}\widetilde{\boldsymbol{\Gamma}}_{\varphi}\widetilde{\boldsymbol{\Gamma}}_{\varphi}^{\mathrm{T}}\boldsymbol{x}=\boldsymbol{t}_{\tilde{x}}^{\mathrm{T}}\boldsymbol{t}_{\tilde{x}} \tag{7.3}$$

式中：$\boldsymbol{t}_{\hat{x}}=\hat{\boldsymbol{\Gamma}}_{\varphi}^{\mathrm{T}}\boldsymbol{x}$；$\boldsymbol{t}_{\tilde{x}}=\widetilde{\boldsymbol{\Gamma}}_{\varphi}^{\mathrm{T}}\boldsymbol{x}$。则质量相关统计量为

$$T_{\hat{x}}^2=\boldsymbol{t}_{\hat{x}}^{\mathrm{T}}\left(\frac{\boldsymbol{T}_{\hat{x}}^{\mathrm{T}}\boldsymbol{T}_{\hat{x}}}{n-1}\right)^{-1}\boldsymbol{t}_{\hat{x}}=\boldsymbol{x}^{\mathrm{T}}\hat{\boldsymbol{\Gamma}}_{\varphi}\left(\frac{\hat{\boldsymbol{\Gamma}}_{\varphi}^{\mathrm{T}}\boldsymbol{X}^{\mathrm{T}}\boldsymbol{X}\hat{\boldsymbol{\Gamma}}_{\varphi}}{n-1}\right)\hat{\boldsymbol{\Gamma}}_{\varphi}^{\mathrm{T}}\boldsymbol{x} \tag{7.4}$$

质量无关统计量为

$$T_{\tilde{x}}^2=\boldsymbol{t}_{\tilde{x}}^{\mathrm{T}}\left(\frac{\boldsymbol{T}_{\tilde{x}}^{\mathrm{T}}\boldsymbol{T}_{\tilde{x}}}{n-1}\right)^{-1}\boldsymbol{t}_{\tilde{x}}=\boldsymbol{x}^{\mathrm{T}}\widetilde{\boldsymbol{\Gamma}}_{\varphi}\left(\frac{\widetilde{\boldsymbol{\Gamma}}_{\varphi}^{\mathrm{T}}\boldsymbol{X}^{\mathrm{T}}\boldsymbol{X}\widetilde{\boldsymbol{\Gamma}}_{\varphi}}{n-1}\right)\widetilde{\boldsymbol{\Gamma}}_{\varphi}^{\mathrm{T}}\boldsymbol{x} \tag{7.5}$$

利用χ^2 分布来计算 $T_{\hat{x}}^2$ 与 $T_{\tilde{x}}^2$ 的控制限，相应的计算公式为

$$J_{\mathrm{th},T_{\hat{x}}^2}=\hat{g}\chi_{\hat{h},\alpha}^2,\ \hat{g}=\frac{\hat{S}}{2\hat{\mu}},\ \hat{h}=\frac{2\hat{\mu}^2}{\hat{S}} \tag{7.6}$$

$$J_{\mathrm{th},T_{\tilde{x}}^2}=\tilde{g}\chi_{\tilde{h}_r,\alpha}^2,\ \tilde{g}=\frac{\widetilde{S}}{2\tilde{\mu}},\ \tilde{h}=\frac{2\tilde{\mu}^2}{\widetilde{S}} \tag{7.7}$$

式中：$\hat{\mu}$ 和 $\hat{S}$ 为正常训练样本中 $\boldsymbol{T}_{\hat{x}}^2$ 的均值与方差；$\tilde{\mu}$ 和 $\widetilde{S}$ 为正常训练样本中 $\boldsymbol{T}_{\tilde{x}}^2$ 的均值与方差。

7.3 CMPLS 模型推导及其故障诊断技术

MPLS 避免了复杂的迭代过程，展现出较之 PLS 更好的性能，但是在 MPLS 中对 $\boldsymbol{X}^{\mathrm{T}}\boldsymbol{X}$ 进行广义逆，可能会使 $\hat{\boldsymbol{X}}$ 中掺入与质量输出 $\boldsymbol{Y}$ 无关的信息，$\widetilde{\boldsymbol{X}}$ 可能含有与质量输出相关的信息[12]。其次，不论监控 $\hat{\boldsymbol{X}}$ 空间还是 $\widetilde{\boldsymbol{X}}$ 空间，都仅仅监控的是质量输出 $\boldsymbol{Y}$ 可预测的部分，而忽略了对质量输出 $\boldsymbol{Y}$ 不可预测部分的监控。基于此，提出了一个能够全面监控质量输出空间和过程输入空间的 CMPLS 监控方案。

7.3.1 CMPLS 模型推导

CMPLS 主要实现以下目标。

(1) 利用 MPLS 将过程输入变量空间 $\boldsymbol{X}$ 分为 $\hat{\boldsymbol{X}}$ 与 $\widetilde{\boldsymbol{X}}$，对 $\hat{\boldsymbol{X}}$ 进一步投影到

输入主子空间（input-principal subspace，IPS）与输入主残差子空间（residual subspace of the input principal，IPRS），其中 IPS 负责监控与质量输出相关的故障。

（2）对 $\widetilde{\boldsymbol{X}}$ 进一步投影到输入残差主子空间（principal subspace of the input residual，IRPS）和输入残差的残差子空间（residual subspace of the input residual，IRRS），并将 IPRS 与 IRRS 合并为输入残差子空间（input residual subspace，IRS），在 IRPS 中监控影响输入数据空间并且可能与质量输出相关的潜在故障，在 IRS 中监控与质量输出无关的故障，对 $\boldsymbol{X}$ 空间的分解如图 7.1 所示。

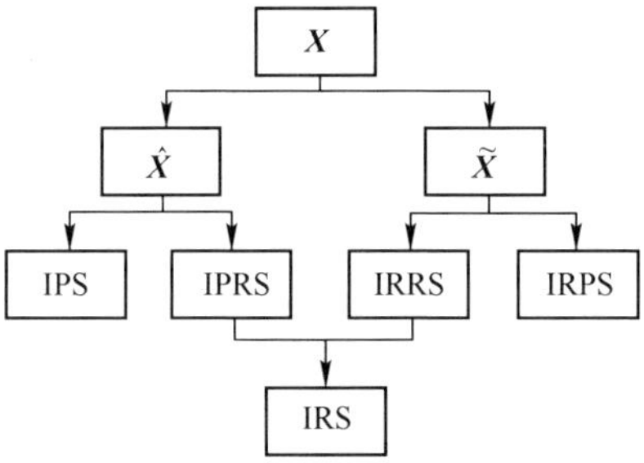

图 7.1　CMPLS 对过程输入变量空间的分解图

（3）将不可预测的输出变化进一步投影到输出主子空间（output principal subspace，OPS）和输出残差子空间（output residual subspace，ORS），以监控不可预测的与质量输出相关的故障。

CMPLS 算法的具体过程如下。

（1）标准化原始数据，得到 $\boldsymbol{X}$ 和 $\boldsymbol{Y}$，利用式（7.2）对 $\boldsymbol{X}$ 和 $\boldsymbol{Y}$ 进行 MPLS 处理，得到 $\boldsymbol{T}_{\hat{x}}$、$\hat{\boldsymbol{\Gamma}}_{\varphi}$，则 $\hat{\boldsymbol{X}}=\boldsymbol{T}_{\hat{x}}\hat{\boldsymbol{\Gamma}}_{\varphi}^{\mathrm{T}}$，$\widetilde{\boldsymbol{X}}=\boldsymbol{X}-\hat{\boldsymbol{X}}$。

（2）计算不可预测的输出 $\boldsymbol{Y}_c=\boldsymbol{Y}-\boldsymbol{X}\boldsymbol{M}$，并对 $\boldsymbol{Y}_c$ 进行 l_y 个主元的 PCA 处理，有

$$\boldsymbol{Y}_c=\boldsymbol{T}_y\boldsymbol{P}_y^{\mathrm{T}}+\widetilde{\boldsymbol{Y}}_c \tag{7.8}$$

式中：$\boldsymbol{T}_y$ 为输出主元得分；$\widetilde{\boldsymbol{Y}}_c$ 为输出残差。

（3）对 $\hat{\boldsymbol{X}}=\boldsymbol{T}_{\hat{x}}\hat{\boldsymbol{\Gamma}}_{\varphi}^{\mathrm{T}}$ 进行 l_p 个主元的 PCA 处理，有

$$\hat{\boldsymbol{X}}=\boldsymbol{X}_p+\widetilde{\boldsymbol{X}}_p=\boldsymbol{T}_p\boldsymbol{P}_p^{\mathrm{T}}+\widetilde{\boldsymbol{X}}_p \tag{7.9}$$

式中：$\boldsymbol{T}_p$ 为输入主元得分；$\widetilde{\boldsymbol{X}}_p$ 为输入主残差。

（4）对 $\widetilde{\boldsymbol{X}}$ 进行 l_r 个主元的 PCA 处理，有

$$\widetilde{\boldsymbol{X}}=\boldsymbol{X}_r+\widetilde{\boldsymbol{X}}_r=\boldsymbol{T}_r\boldsymbol{P}_r^{\mathrm{T}}+\widetilde{\boldsymbol{X}}_r \tag{7.10}$$

由此得到输入残差主元得分 $\boldsymbol{T}_r$ 和输入残差之残差 $\widetilde{\boldsymbol{X}}_r$。

（5）将输入主残差 $\widetilde{\boldsymbol{X}}_p$ 和输入残差的残差 $\widetilde{\boldsymbol{X}}_r$ 合并为输入残差 $\widetilde{\boldsymbol{X}}_z$，有

$$\widetilde{\boldsymbol{X}}_z=\widetilde{\boldsymbol{X}}_p+\widetilde{\boldsymbol{X}}_r \tag{7.11}$$

通过投影变换得到 CMPLS 模型为

$$\begin{cases}\boldsymbol{X}=\boldsymbol{T}_p\boldsymbol{P}_p^{\mathrm{T}}+\boldsymbol{T}_r\boldsymbol{P}_r^{\mathrm{T}}+\widetilde{\boldsymbol{X}}_z\\ \boldsymbol{Y}=\boldsymbol{X}\boldsymbol{M}+\boldsymbol{T}_y\boldsymbol{P}_y^{\mathrm{T}}+\widetilde{\boldsymbol{Y}}_c\end{cases} \tag{7.12}$$

式中，l_y、l_p 和 l_p 分别由累积方差贡献率（cumulative percent variance，CPV）[6] 确定，$\boldsymbol{P}_p\in\mathbf{R}^{m\times l_p}$，$\boldsymbol{P}_r\in\mathbf{R}^{m\times l_r}$，$\boldsymbol{P}_y\in\mathbf{R}^{l\times l_y}$，$\boldsymbol{T}_p$ 表示过程输入 $\boldsymbol{X}$ 中与质量输出 $\boldsymbol{Y}$ 的可预测部分 $\hat{\boldsymbol{Y}}$ 相关的信息，$\boldsymbol{T}_r$ 表示过程输入 $\boldsymbol{X}$ 中与质量输出 $\boldsymbol{Y}$ 相关的潜在故障存在的空间，$\boldsymbol{T}_y$ 表示质量输出 $\boldsymbol{Y}$ 中无法被过程输入 $\boldsymbol{X}$ 预测的信息，$\widetilde{\boldsymbol{X}}_z$ 表示与过程输入 $\boldsymbol{X}$ 相关，与质量输出 $\boldsymbol{Y}$ 无关的故障存在空间。令 $\boldsymbol{x}^{\mathrm{T}}$、$\hat{\boldsymbol{x}}^{\mathrm{T}}$、$\widetilde{\boldsymbol{x}}_p^{\mathrm{T}}$、$\widetilde{\boldsymbol{x}}^{\mathrm{T}}$、$\widetilde{\boldsymbol{x}}_r^{\mathrm{T}}$、$\widetilde{\boldsymbol{x}}_z^{\mathrm{T}}$、$\boldsymbol{y}^{\mathrm{T}}$、$\boldsymbol{y}_c^{\mathrm{T}}$、$\widetilde{\boldsymbol{y}}^{\mathrm{T}}$、$\boldsymbol{t}_{\hat{x}}^{\mathrm{T}}$、$\boldsymbol{t}_p^{\mathrm{T}}$、$\boldsymbol{t}_r^{\mathrm{T}}$、$\boldsymbol{t}_y^{\mathrm{T}}$ 分别为 $\boldsymbol{X}$、$\hat{\boldsymbol{X}}$、$\widetilde{\boldsymbol{X}}_p$、$\widetilde{\boldsymbol{X}}$、$\widetilde{\boldsymbol{X}}_r$、$\widetilde{\boldsymbol{X}}_z$、$\boldsymbol{Y}$、$\boldsymbol{Y}_c$、$\widetilde{\boldsymbol{Y}}_c$，$\boldsymbol{T}_{\hat{x}}$、$\boldsymbol{T}_p$、$\boldsymbol{T}_r$、$\boldsymbol{T}_y$ 对应的行向量，则存在以下关系，即

$$\hat{\boldsymbol{x}}^{\mathrm{T}}=\boldsymbol{t}_{\hat{x}}^{\mathrm{T}}\hat{\boldsymbol{\Gamma}}_{\varphi}^{\mathrm{T}} \tag{7.13}$$

$$\boldsymbol{y}_c^{\mathrm{T}}=\boldsymbol{y}^{\mathrm{T}}-\boldsymbol{x}^{\mathrm{T}}\boldsymbol{M} \tag{7.14}$$

$$\widetilde{\boldsymbol{x}}_p^{\mathrm{T}}=\hat{\boldsymbol{x}}^{\mathrm{T}}-\boldsymbol{t}_p^{\mathrm{T}}\boldsymbol{P}_p^{\mathrm{T}}=\boldsymbol{x}^{\mathrm{T}}\hat{\boldsymbol{\Gamma}}_{\varphi}\hat{\boldsymbol{\Gamma}}_{\varphi}^{\mathrm{T}}(\boldsymbol{I}-\boldsymbol{P}_p\boldsymbol{P}_p^{\mathrm{T}}) \tag{7.15}$$

$$\widetilde{\boldsymbol{x}}^{\mathrm{T}}=\boldsymbol{x}^{\mathrm{T}}-\boldsymbol{t}_{\hat{x}}^{\mathrm{T}}\hat{\boldsymbol{\Gamma}}_{\varphi}^{\mathrm{T}}=\boldsymbol{x}^{\mathrm{T}}(\boldsymbol{I}-\hat{\boldsymbol{\Gamma}}_{\varphi}\hat{\boldsymbol{\Gamma}}_{\varphi}^{\mathrm{T}}) \tag{7.16}$$

$$\widetilde{\boldsymbol{x}}_r^{\mathrm{T}}=\widetilde{\boldsymbol{x}}^{\mathrm{T}}-\boldsymbol{t}_r^{\mathrm{T}}\boldsymbol{P}_r^{\mathrm{T}}=\boldsymbol{x}^{\mathrm{T}}(\boldsymbol{I}-\hat{\boldsymbol{\Gamma}}_{\varphi}\hat{\boldsymbol{\Gamma}}_{\varphi}^{\mathrm{T}})(\boldsymbol{I}-\boldsymbol{P}_r\boldsymbol{P}_r^{\mathrm{T}}) \tag{7.17}$$

$$\widetilde{\boldsymbol{y}}^{\mathrm{T}}=\boldsymbol{y}_c^{\mathrm{T}}-\boldsymbol{t}_y^{\mathrm{T}}\boldsymbol{P}_y^{\mathrm{T}}=\boldsymbol{y}_c^{\mathrm{T}}(\boldsymbol{I}-\boldsymbol{P}_y\boldsymbol{P}_y^{\mathrm{T}}) \tag{7.18}$$

$$\widetilde{\boldsymbol{x}}_z^{\mathrm{T}}=\widetilde{\boldsymbol{x}}_p^{\mathrm{T}}+\widetilde{\boldsymbol{x}}_r^{\mathrm{T}}=\boldsymbol{x}^{\mathrm{T}}[\hat{\boldsymbol{\Gamma}}_{\varphi}\hat{\boldsymbol{\Gamma}}_{\varphi}^{\mathrm{T}}(\boldsymbol{I}-\boldsymbol{P}_p\boldsymbol{P}_p^{\mathrm{T}})+(\boldsymbol{I}-\hat{\boldsymbol{\Gamma}}_{\varphi}\hat{\boldsymbol{\Gamma}}_{\varphi}^{\mathrm{T}})(\boldsymbol{I}-\boldsymbol{P}_r\boldsymbol{P}_r^{\mathrm{T}})] \tag{7.19}$$

其中

$$\boldsymbol{t}_{\hat{x}}=\hat{\boldsymbol{\Gamma}}_{\varphi}^{\mathrm{T}}\boldsymbol{x} \tag{7.20}$$

$$\boldsymbol{t}_p=\boldsymbol{P}_p^{\mathrm{T}}\hat{\boldsymbol{x}} \tag{7.21}$$

$$\boldsymbol{t}_r=\boldsymbol{P}_r^{\mathrm{T}}\widetilde{\boldsymbol{x}} \tag{7.22}$$

$$\boldsymbol{t}_y=\boldsymbol{P}_y^{\mathrm{T}}\boldsymbol{y}_c \tag{7.23}$$

式（7.15）至式（7.23）给出了所有与质量输出相关或过程输入相关的主元空间变化信息和残差空间变化信息。

7.3.2　基于 CMPLS 的过程监测技术

根据 7.3.1 小节给出的 CMPLS 模型，可以直接给出故障检测统计指标。式（7.21）反映了与质量输出相关的输入数据得分，式（7.19）和式（7.22）

分别为与过程输入数据相关的变化，式（7.22）可能含有一些潜在的影响质量输出的变化信息，即便某些变化可能不会影响质量输出，但它们可能会导致系统操作中的后续性能损失，并不希望让这些变化不受控制。另外，式（7.23）和式（7.18）是必须监控的不可预测的质量输出变化和残差，这是多变量质量监控的一项基本任务[20]。

给出一个新样本 $\boldsymbol{x}_{\text{new}}$，由 7.3.1 小节中式（7.13）至式（7.23）计算出所有变化信息，IPS 与 IRPS 中采用 T^2 统计量进行监控，即

$$T^2_{\boldsymbol{x}_p}=\boldsymbol{t}^{\mathrm{T}}_{p\_\text{new}}\left(\frac{\boldsymbol{T}_p^{\mathrm{T}}\boldsymbol{T}_p}{n-1}\right)^{-1}\boldsymbol{t}_{p\_\text{new}} \tag{7.24}$$

式中：$\boldsymbol{t}_{p\_\text{new}}=\boldsymbol{P}_p^{\mathrm{T}}\hat{\boldsymbol{x}}_{\text{new}}$；$\hat{\boldsymbol{x}}^{\mathrm{T}}_{\text{new}}=\boldsymbol{t}^{\mathrm{T}}_{\hat{x}\_\text{new}}\hat{\boldsymbol{\Gamma}}^{\mathrm{T}}_{\varphi}$；$\boldsymbol{t}_{\hat{x}\_\text{new}}=\hat{\boldsymbol{\Gamma}}^{\mathrm{T}}_{\varphi}\boldsymbol{x}_{\text{new}}$。

$$T^2_{\boldsymbol{x}_r}=\boldsymbol{t}^{\mathrm{T}}_{r\_\text{new}}\left(\frac{\boldsymbol{T}_r^{\mathrm{T}}\boldsymbol{T}_r}{n-1}\right)^{-1}\boldsymbol{t}_{r\_\text{new}} \tag{7.25}$$

式中：$\boldsymbol{t}_{r\_\text{new}}=\boldsymbol{P}_r^{\mathrm{T}}\tilde{\boldsymbol{x}}_{\text{new}}$；$\tilde{\boldsymbol{x}}^{\mathrm{T}}_{\text{new}}=\boldsymbol{x}^{\mathrm{T}}_{\text{new}}-\boldsymbol{t}^{\mathrm{T}}_{\hat{x}\_\text{new}}\hat{\boldsymbol{\Gamma}}^{\mathrm{T}}_{\varphi}=\boldsymbol{x}^{\mathrm{T}}_{\text{new}}(\boldsymbol{I}-\hat{\boldsymbol{\Gamma}}_{\varphi}\hat{\boldsymbol{\Gamma}}^{\mathrm{T}}_{\varphi})$；$\boldsymbol{t}_{\hat{x}\_\text{new}}=\hat{\boldsymbol{\Gamma}}^{\mathrm{T}}_{\varphi}\boldsymbol{x}_{\text{new}}$。

IRS 中采用 Q 统计量进行监控，即

$$Q_{\tilde{\boldsymbol{x}}_z}=\|\tilde{\boldsymbol{x}}_{z\_\text{new}}\|^2 \tag{7.26}$$

式中：$\tilde{\boldsymbol{x}}_{z\_\text{new}}=\tilde{\boldsymbol{x}}^{\mathrm{T}}_{p\_\text{new}}+\tilde{\boldsymbol{x}}^{\mathrm{T}}_{r\_\text{new}}=\boldsymbol{x}^{\mathrm{T}}_{\text{new}}[\hat{\boldsymbol{\Gamma}}_{\varphi}\hat{\boldsymbol{\Gamma}}^{\mathrm{T}}_{\varphi}(\boldsymbol{I}-\boldsymbol{P}_p\boldsymbol{P}_p^{\mathrm{T}})+(\boldsymbol{I}-\hat{\boldsymbol{\Gamma}}_{\varphi}\hat{\boldsymbol{\Gamma}}^{\mathrm{T}}_{\varphi})(\boldsymbol{I}-\boldsymbol{P}_r\boldsymbol{P}_r^{\mathrm{T}})]$；$\tilde{\boldsymbol{x}}^{\mathrm{T}}_{p\_\text{new}}=\hat{\boldsymbol{x}}^{\mathrm{T}}_{\text{new}}-\boldsymbol{t}^{\mathrm{T}}_{p\_\text{new}}\boldsymbol{P}_p^{\mathrm{T}}$；$\tilde{\boldsymbol{x}}^{\mathrm{T}}_{r\_\text{new}}=\tilde{\boldsymbol{x}}^{\mathrm{T}}_{\text{new}}-\boldsymbol{t}^{\mathrm{T}}_{r\_\text{new}}\boldsymbol{P}_r^{\mathrm{T}}$。

OPS 与 ORS 中分别采用统计量 T^2 与统计量 Q 进行监测。即

$$T^2_y=\boldsymbol{t}^{\mathrm{T}}_{y\_\text{new}}\left(\frac{\boldsymbol{T}_y^{\mathrm{T}}T_y}{n-1}\right)^{-1}\boldsymbol{t}_{y\_\text{new}} \tag{7.27}$$

式中：$\boldsymbol{t}_{y\_\text{new}}=\boldsymbol{P}_y^{\mathrm{T}}\boldsymbol{y}_{c\_\text{new}}$；$\boldsymbol{y}^{\mathrm{T}}_{c\_\text{new}}=\boldsymbol{y}^{\mathrm{T}}_{\text{new}}-\boldsymbol{x}^{\mathrm{T}}_{\text{new}}\boldsymbol{M}$。

$$Q_y=\|\tilde{\boldsymbol{y}}_{\text{new}}\|^2 \tag{7.28}$$

式中：$\tilde{\boldsymbol{y}}^{\mathrm{T}}_{\text{new}}=\boldsymbol{y}^{\mathrm{T}}_{c\_\text{new}}-\boldsymbol{t}^{\mathrm{T}}_{y\_\text{new}}\boldsymbol{P}_y^{\mathrm{T}}=\boldsymbol{y}^{\mathrm{T}}_{c\_\text{new}}(\boldsymbol{I}-\boldsymbol{P}_y\boldsymbol{P}_y^{\mathrm{T}})$。

式（7.24）至式（7.28）中各统计量的阈值 $J_{\text{th},T^2_{\boldsymbol{x}_p}}$、$J_{\text{th},T^2_{\tilde{x}_r}}$、$J_{\text{th},Q_{\tilde{\boldsymbol{x}}_z}}$、$J_{\text{th},T^2_y}$、$J_{\text{th},Q_y}$分别由式（7.15）或式（7.16）的形式在训练数据中计算的各统计量中确定。

故障检测策略总结如下。

（1）如果 $T^2_{\boldsymbol{x}_p}>J_{\text{th},T^2_{\boldsymbol{x}_p}}$，则基于过程输入数据 $\boldsymbol{x}_{\text{new}}$ 检测到与质量输出相关的故障。

（2）如果 $T^2_{\boldsymbol{x}_p}<J_{\text{th},T^2_{\boldsymbol{x}_p}}$ 且 $Q_{\tilde{\boldsymbol{x}}_z}>J_{\text{th},Q_{\tilde{\boldsymbol{x}}_r}}$，则基于过程输入数据 $\boldsymbol{x}_{\text{new}}$ 检测到与质量输出无关，但与过程输入相关的故障。

（3）如果 $T^2_{\boldsymbol{x}_p}<J_{\text{th},T^2_{\boldsymbol{x}_p}}$ 且 $T^2_{\boldsymbol{x}_r}>J_{\text{th},T^2_{\tilde{\boldsymbol{x}}_r}}$，则基于过程输入数据 $\boldsymbol{x}_{\text{new}}$ 检测到一个可

能与质量输出相关的潜在故障，一般不直接影响质量输出，而体现在无法预测的质量输出变化中，通常被认为与质量输出无关的故障。

（4）当质量输出变量可获得时，如果 $T_y^2>J_{\mathrm{th},T_y^2}$ 或 $Q_y>J_{\mathrm{th},Q_y}$，其他部分统计量大于控制限，则检测到与过程输入及不可预测的质量输出相关的故障；若 $T_y^2>J_{\mathrm{th},T_y^2}$ 或 $Q_y>J_{\mathrm{th},Q_y}$，其他统计量均小于控制限，则检测到与过程输入无关，但与不可预测的质量输出相关的故障。

对于上述（4）中的检测策略，由于 T_y^2 和 Q_y 均反映的是与质量输出相关的不可预测的信息变化，因此可以更加简单地使用下式所示的综合统计指标进行监测，即

$$F_y=\frac{T_y^2}{J_{\mathrm{th},T_y^2}}+\frac{Q_y}{J_{\mathrm{th},Q_y}} \tag{7.29}$$

综合统计指标 F_y 的控制限 J_{th,F_y}，由训练数据中计算的综合统计指标进行确定。为了更加直观，以相对统计量代替绝对统计量进行过程监测，相对统计量如下式所示，即

$$\text{相对统计量}=\frac{\text{统计量}}{\text{控制限}} \tag{7.30}$$

则相对统计量的控制限均为 1。

7.3.3　一种新的相对贡献图法

当统计量检测到故障时，需要进一步分析，以诊断出哪些变量可能会受该故障影响。贡献图[21-22]是数据驱动方法中流行的一种故障诊断方法。传统的贡献图方法中部分过程变量在系统正常运行时对统计量的贡献就比较大，这会对故障诊断产生干扰，无法准确定位故障的变量。因此，本节提出了一种新的相对贡献图方法进行故障诊断。

基于 $Q_{\tilde{\boldsymbol{x}}_z}$ 统计量的贡献定义为

$$C(Q_{\tilde{\boldsymbol{x}}_z},k)=\tilde{x}_{z\_\mathrm{new},k}^2 \tag{7.31}$$

式中：$C(Q_{\tilde{\boldsymbol{x}}_z},k)$ 为第 k 个变量对 $Q_{\tilde{\boldsymbol{x}}_z}$ 统计量的贡献；$\tilde{x}_{z\_\mathrm{new},k}$ 为 $\tilde{\boldsymbol{x}}_{z\_\mathrm{new}}$ 的第 k 个元素。

基于 $T_{\boldsymbol{x}_p}^2$ 统计量的贡献定义为[23]

$$C(T_{\boldsymbol{x}_p}^2,k)=\left\|\left(\frac{\boldsymbol{T}_p^{\mathrm{T}}\boldsymbol{T}_p}{n-1}\right)^{-\frac{1}{2}}\boldsymbol{p}_{p,k}^{\mathrm{T}}\hat{x}_{\mathrm{new},k}\right\|^2 \tag{7.32}$$

式中：$\boldsymbol{p}_{p,k}$ 为 $\boldsymbol{P}_p$ 的第 k 行；$\hat{x}_{\mathrm{new},k}$ 为 $\hat{\boldsymbol{x}}_{\mathrm{new}}$ 的第 k 个元素。

基于 $T_{\boldsymbol{x}_r}^2$ 统计量的贡献定义为[23]

$$C(T^2_{\boldsymbol{x}_r},k)=\left\|\left(\frac{\boldsymbol{T}_r^{\mathrm{T}}\boldsymbol{T}_r}{n-1}\right)^{-\frac{1}{2}}\boldsymbol{p}_{r,k}^{\mathrm{T}}\tilde{x}_{\mathrm{new},k}\right\|^2 \tag{7.33}$$

式中：$\boldsymbol{p}_{r,k}$为$\boldsymbol{P}_r$的第k行；$\tilde{x}_{\mathrm{new},k}$为$\tilde{\boldsymbol{x}}_{\mathrm{new}}$的第$k$个元素。

考虑到复杂系统中历史数据对当前样本的影响，将贡献重新定义为

$$C_{Q_{\tilde{\boldsymbol{x}}_z},k}=\sum_{j=1}^{N}C(Q_{\tilde{\boldsymbol{x}}_z},k)_j \tag{7.34}$$

$$C_{T^2_{\boldsymbol{x}_p},k}=\sum_{j=1}^{N}C(T^2_{\boldsymbol{x}_p},k)_j \tag{7.35}$$

$$C_{T^2_{\boldsymbol{x}_r},k}=\sum_{j=1}^{N}C(T^2_{\boldsymbol{x}_r},k)_j \tag{7.36}$$

式中：N为已获得的样本数，第N个样本即为当前样本。

但是，研究发现，在无故障时每个过程输入变量对统计量的贡献值并不是均等的。以TEP[18]为例，图7.2所示为利用MPLS对TEP正常数据进行故障诊断的传统贡献图。由图可以看出，正常工况下不同变量对统计量的贡献不同，最大差异可达8个数量级，这可能在使用贡献图诊断故障时会产生较大影响，使诊断结果不可解释。

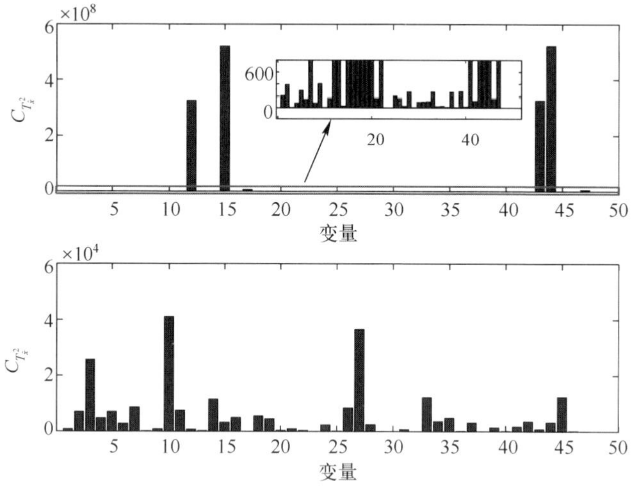

图7.2　TE过程正常数据的MPLS传统贡献图

为了解决上述问题，本节提出了一种NRC法，首先由式（7.31）至式（7.33）在n个正常训练样本中求出每个样本中各变量对相应统计量的贡献值，然后在所有贡献值中选取每个变量的最大贡献，第k个变量对不同统计量的最大贡献分别记为$C^k_{Q_{\tilde{\boldsymbol{x}}_z},\max}$、$C^k_{T^2_{\tilde{\boldsymbol{x}}_p},\max}$、$C^k_{T^2_{\tilde{\boldsymbol{x}}_r},\max}$。在得到新样本$\boldsymbol{x}_{\mathrm{new}}$后，首先利

用式（7.31）至式（7.33）计算各变量贡献值 $C(Q_{\tilde{x}_z},k)$、$C(T^2_{x_p},k)$、$C(T^2_{x_r},k)$。然后由 $C(Q_{\tilde{x}_z},k)/C^k_{Q_{\tilde{x}_z},\max}$、$C(T^2_{x_p},k)/C^k_{T^2_{x_p},\max}$、$C(T^2_{x_r},k)/C^k_{T^2_{x_r},\max}$ 进行归一化，归一化后的贡献仍记为 $C(Q_{\tilde{x}_z},k)$、$C(T^2_{x_p},k)$、$C(T^2_{x_r},k)$。最后由式（7.43）至式（7.45）计算新的贡献值。图 7.3 所示为利用 MPLS 对 TEP 正常数据进行故障诊断的新的相对贡献图。由图可以看出，经过对贡献归一后，每个变量对统计量的贡献相对持平，使诊断结果误差减小。

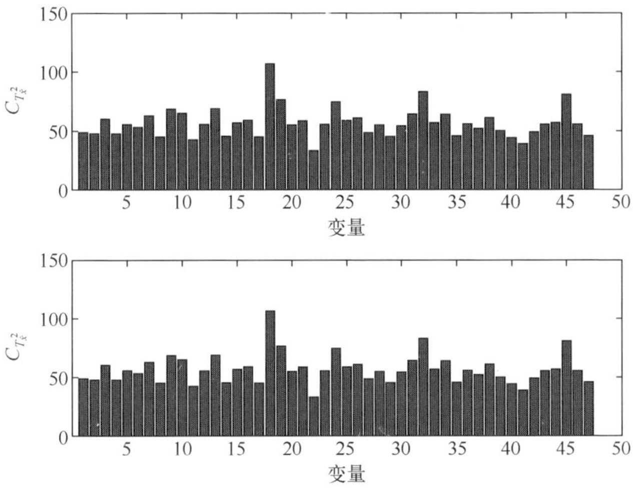

图 7.3　TE 过程正常数据的 MPLS 新的相对贡献图

7.4　数值仿真

本节分别模拟发生在 4 个空间的故障验证所提出 CMPLS 的故障检测性能。采用以下模型生成无故障训练样本，即

$$\begin{cases} \boldsymbol{x}_k = \boldsymbol{A}\boldsymbol{z}_k + \boldsymbol{e}_k \\ \boldsymbol{y}_k = \boldsymbol{C}\boldsymbol{x}_k + \boldsymbol{v}_k \end{cases} \tag{7.37}$$

式中：$\boldsymbol{z}_k \sim \boldsymbol{U}([0,1])$；$\boldsymbol{e}_k \sim \boldsymbol{N}(0,0.2^2)$；$\boldsymbol{v}_k \sim \boldsymbol{N}(0,0.01^2)$；$\boldsymbol{A} = \begin{bmatrix} 1 & 3 & 4 & 4 & 0 \\ 3 & 0 & 1 & 4 & 1 \\ 1 & 1 & 3 & 0 & 0 \end{bmatrix}^{\mathrm{T}}$；$\boldsymbol{C} = \begin{bmatrix} 2 & 2 & 1 & 1 & 0 \\ 3 & 1 & 0 & 4 & 0 \end{bmatrix}$；$\boldsymbol{U}([0,1])$表示区间$[0,1]$内的均匀分布。

首先用式（7.37）生成 100 个正常的训练样本进行 CMPLS 建模，由 CPV 计算可得 $l_p=2$、$l_r=3$、$l_y=1$，然后以式（7.38）和式（7.39）的形式在过程输入空间和质量输出空间加入故障。在不同的故障情况下，使用式（7.38）或式（7.39）产生 100 个故障样本进行故障检测。本小节后续实验中，前 100 个样本为正常样本，后 100 个样本为故障样本，使用 $T^2_{x_p}$、$T^2_{x_r}$、$Q_{\tilde{x}_z}$ 和 F_y 这 4 个统计指标进行监测，有

$$\boldsymbol{x}_k = \boldsymbol{x}_k^* + \boldsymbol{\Xi}_x f_x \tag{7.38}$$

$$\boldsymbol{y}_k = \boldsymbol{y}_k^* + \boldsymbol{\Xi}_y f_y \tag{7.39}$$

式中：$\boldsymbol{x}_k^*$ 和 $\boldsymbol{y}_k^*$ 分别为无故障输入输出样本；$\boldsymbol{\Xi}_x$ 和 $\boldsymbol{\Xi}_y$ 为故障方向向量；f_x 和 f_y 为故障幅值。

1. 故障 1：发生在 IPS 中的故障

为了在 IPS 中生成故障，取 $\boldsymbol{P}_p$ 的第一列为 $\boldsymbol{\Xi}_x = [0.5269 \quad 0.5102 \quad 0.4915 \quad 0.4611 \quad 0.0888]^{\mathrm{T}}$，$f_x$ 为 4。图 7.4 所示为 CMPLS 对故障 1 的检测结果。可以看出，$T^2_{x_p}$ 统计量可以有效检测到该故障，表明在过程输入空间由 $T^2_{x_p}$ 检测到的故障为质量相关故障，由 F_y 统计量检测结果可以推测该故障还影响了不可预测的质量输出。由图 7.5 可知，此故障的确影响了质量输出和不可预测的质量输出。

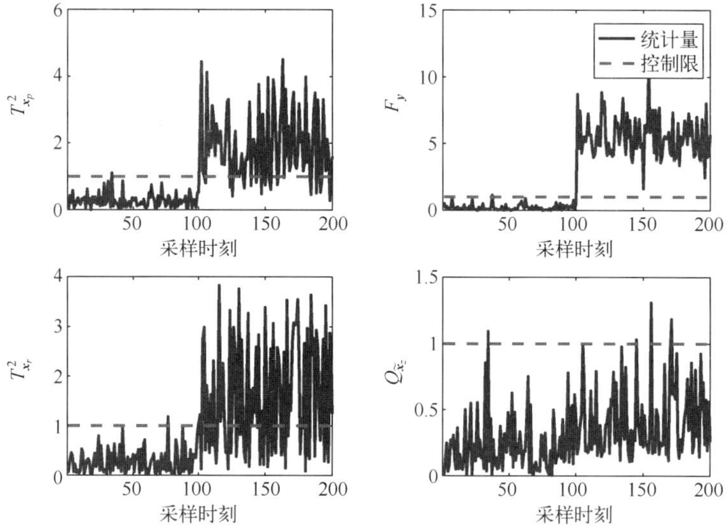

图 7.4　CMPLS 对故障 1 检测结果

2. 故障 2：发生在 IRPS 中的故障

取 $\boldsymbol{\Xi}_x = [0 \quad -0.1497 \quad 0.6257 \quad -0.5942 \quad -0.4827]^{\mathrm{T}}$ 为 $\boldsymbol{P}_r$ 的第一列，f_x 为 3，图 7.6 所示为 CMPLS 对故障 2 的检测结果。图中 $T^2_{x_p}$ 统计量未检测到该故障，而 $T^2_{x_r}$ 统计量检测到该故障，同时对 F_y 统计量有影响，表明由 $T^2_{x_r}$ 统计

量检测到的故障为与质量相关的潜在故障，不直接影响质量输出，但对无法预测的质量输出有一定影响。由图 7.7 可知，该故障确实不影响质量输出，但会影响不可预测的质量输出。

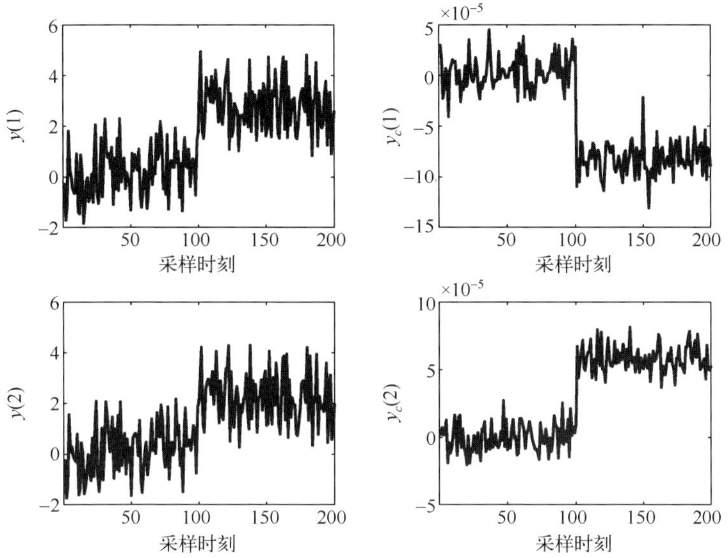

图 7.5　故障 1 下质量输出与不可预测质量输出

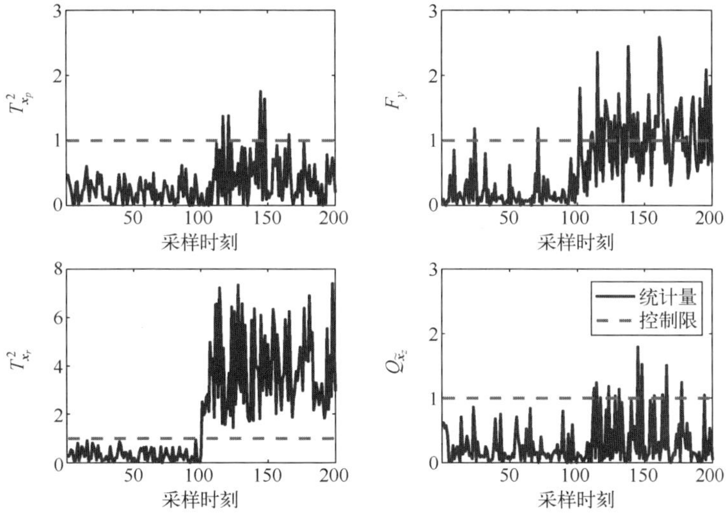

图 7.6　CMPLS 对故障 2 检测结果

3. 故障 3：发生在 IRS 中的故障

IRS 的基向量为 $\hat{\boldsymbol{\Gamma}}_{\varphi}\hat{\boldsymbol{\Gamma}}_{\varphi}^{\mathrm{T}}(\boldsymbol{I}-\boldsymbol{P}_p\boldsymbol{P}_p^{\mathrm{T}})+(\boldsymbol{I}-\hat{\boldsymbol{\Gamma}}_{\varphi}\hat{\boldsymbol{\Gamma}}_{\varphi}^{\mathrm{T}})(\boldsymbol{I}-\boldsymbol{P}_r\boldsymbol{P}_r^{\mathrm{T}})$ 的非零奇异值对应的

左奇异向量，因此可以取 IRS 的一个基向量为故障方向 $\boldsymbol{\Xi}_x=[0.5288\quad -0.4903\quad -0.2517\quad -0.5201\quad 0.3823]^{\mathrm{T}}$，$f_x$ 为 3，CMPLS 对故障 3 的检测结果如图 7.8 所示。只有 $Q_{\hat{\boldsymbol{x}}_z}$ 统计量检测到故障，则说明该故障与质量输出无关，但与过程输入相关。

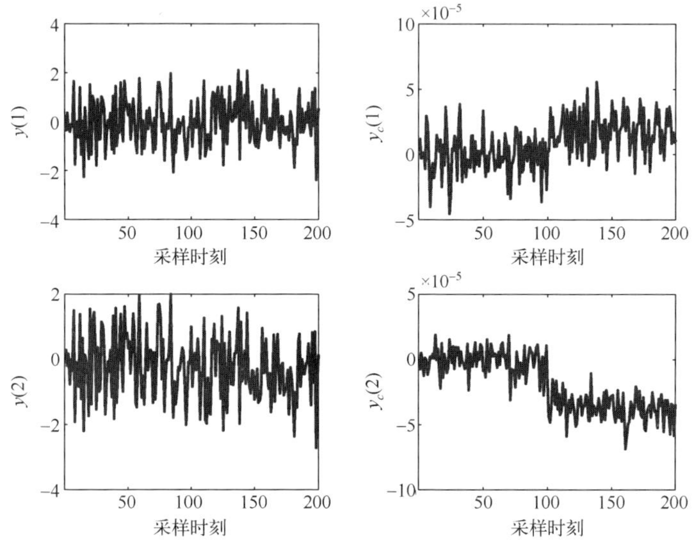

图 7.7　故障 2 下质量输出与不可预测质量输出

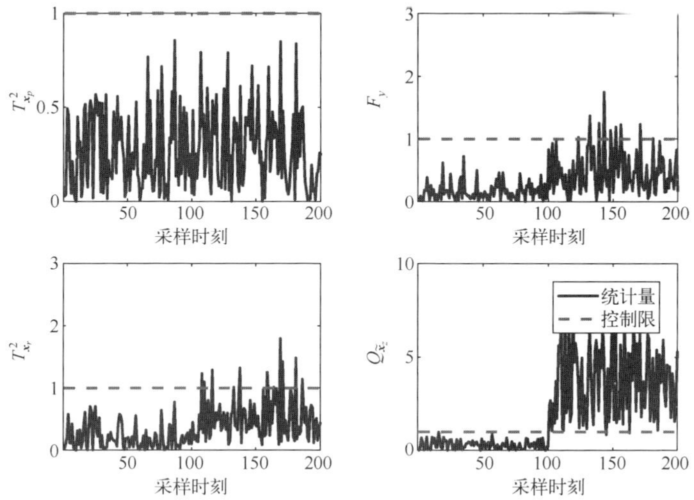

图 7.8　CMPLS 对故障 3 的检测结果

4. 故障 4：发生在 OPS 中的故障

取 $\boldsymbol{\Xi}_y=[-0.7071\quad 0.7071]^{\mathrm{T}}$ 为 $\boldsymbol{P}_y$ 的第一列，f_y 为 0.5，CMPLS 对故障 4

的检测结果如图 7.9 所示。该故障发生在不可预测的质量输出空间中，与过程输入无关。图 7.9 中只有 F_y 统计量检测到故障，这意味着当其他统计量均未监测到故障时，F_y 统计量监测到的故障为与过程输入无关，但与不可预测的质量输出相关的故障。图 7.10 与图 7.11 分别为 MPLS 与 EPLS 对故障 4 的检测结果，由图可以看出，基于 MPLS 与 EPLS 的故障检测方法均无法检测到此类故障。

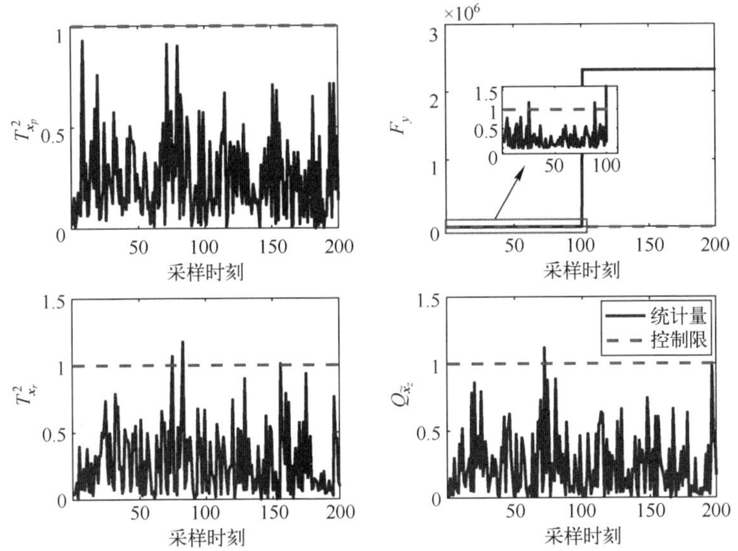

图 7.9　CMPLS 对故障 4 的检测结果

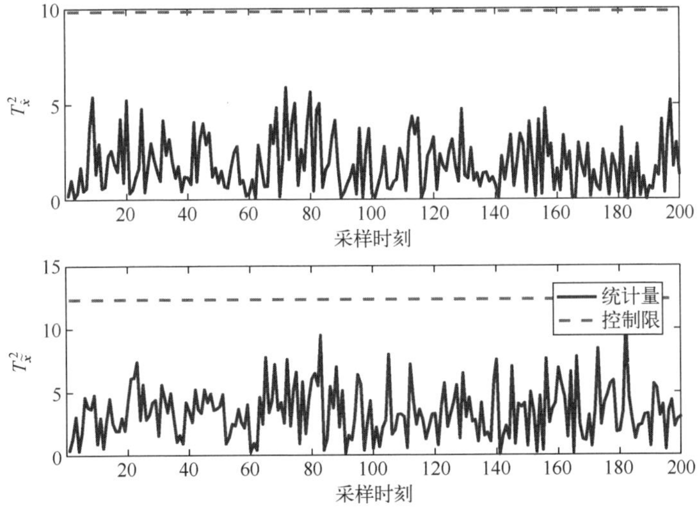

图 7.10　MPLS 对故障 4 的检测结果

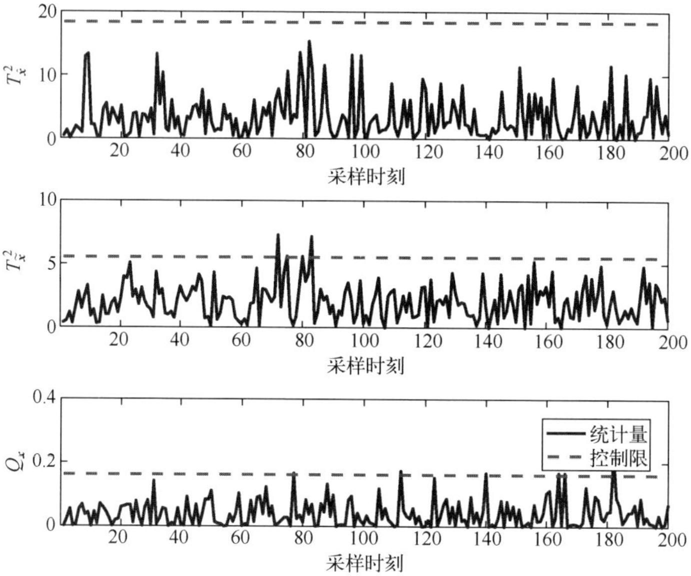

图 7.11　EPLS 对故障 4 的检测结果

7.5　田纳西-伊斯曼过程实验仿真

本节利用田纳西-伊斯曼过程（TEP）验证所提 CMPLS 方法的有效性。过程输入变量选择 36 个 MEAS（1~36）（对应实验中变量 1~36）和 11 个 MV（1~11）（对应实验中变量 37~47），质量输出变量选择 5 个 MEAS（37~41）。后续实验中，前 500 个样本为正常数据，后 480 个样本为含有故障的数据。通过 CPV 计算可得 CMPLS 中 $l_p=2$、$l_r=24$、$l_y=4$。

7.5.1　故障检测

在本小节以故障 IDV(7) 与 IDV(4) 为例利用 MPLS 与 CMPLS 分别进行故障检测，以验证算法的有效性。IDV(7) 为汽提塔入口处 B 组分含量发生阶跃变化，图 7.12 与图 7.13 分别是 MPLS 与 CMPLS 对 IDV(7) 的过程监测结果。

如图 7.12 所示，MPLS 的两个检测指标和 CMPLS 的 4 个检测指标均检测到故障。对于 CMPLS，当 IDV(7) 发生后，与质量输出相关的 $T^2_{x_p}$ 统计量在一段时间后向正常值下降，这表明故障对质量输出变量的影响趋于回归正常，这是由于过程中通过反馈控制器调节减少故障对质量输出的影响。值得注意的是，当 $T^2_{x_p}$ 统计量在故障阶段降低时，其他统计量却在上升或一直处于较高水

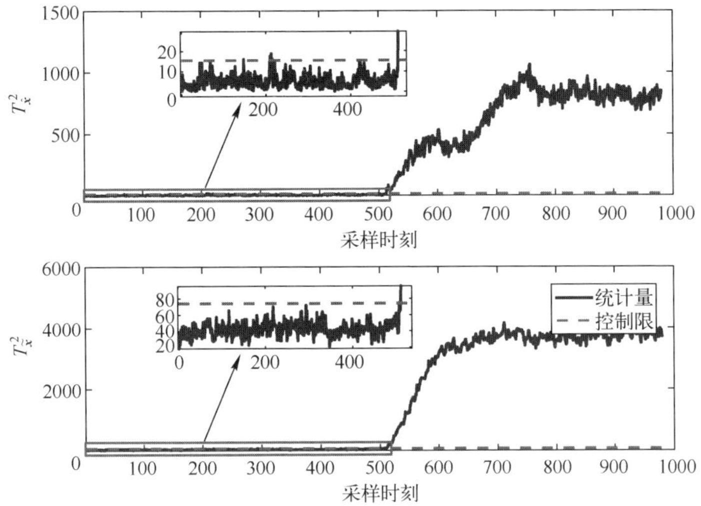

图 7.12　MPLS 对 IDV(7)过程监测结果

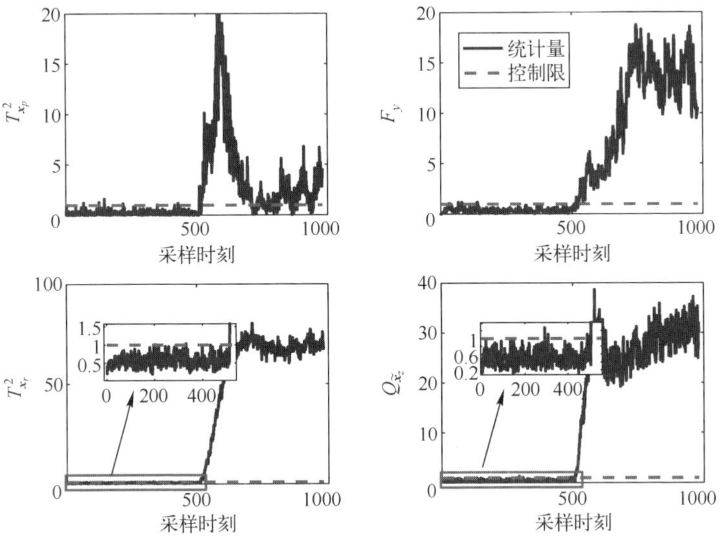

图 7.13　CMPLS 对 IDV(7)过程监测结果

平，这是因为反馈控制器调节虽然降低了故障对质量输出的影响，但故障并没有消除，会对其他统计量产生较大影响。在故障检测阶段，应该根据 7.3.2 小节检测策略进行综合判断，当 $T^2_{x_p}$ 统计量降到控制限以下时，可以看出此时故障 IDV(7)不直接与质量输出相关，但会影响过程输入以及不可预测的质量输出。在 MPLS 的监测结果中无法观察到反馈对质量变化的影响。

IDV(4)是反应器冷却水入口温度发生了阶跃变化，这种扰动不会影响质量输出，图 7.14 与图 7.15 分别是 MPLS 与 CMPLS 对 IDV(4)的检测结果。

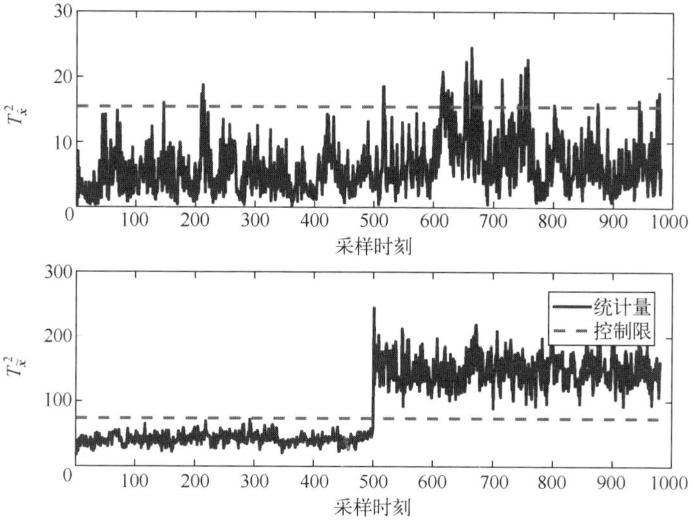

图 7.14 MPLS 对 IDV(4)过程监测结果

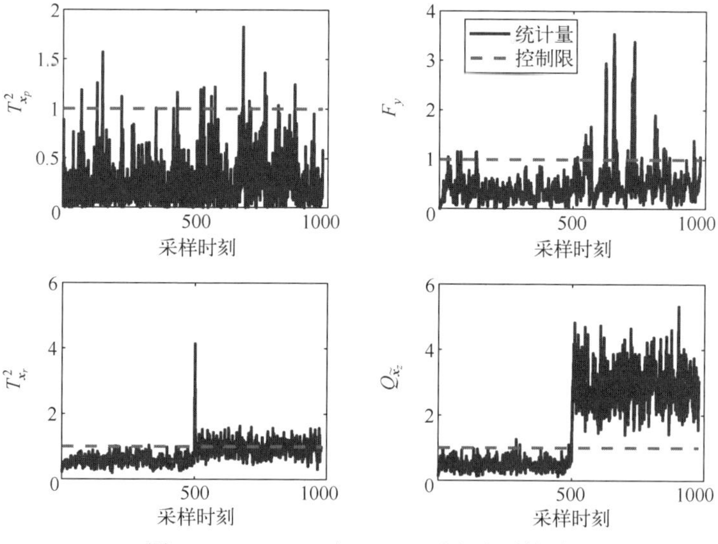

图 7.15 CMPLS 对 IDV(4)过程监测结果

由图 7.14 和图 7.15 可以看出，CMPLS 中 $T^2_{\boldsymbol{x}_p}<J_{\mathrm{th},T^2_{\boldsymbol{x}_p}}$ 且 $Q_{\tilde{\boldsymbol{x}}_z}>J_{\mathrm{th},Q_{\tilde{\boldsymbol{x}}_r}}$，根据检测策略，该故障为与质量输出无关，但与过程输入相关的故障。同时 $T^2_{\boldsymbol{x}_r}$ 有一定

的报警率，说明该故障不直接影响质量输出，这一点体现在 $T^2_{x_p}$ 统计量中，但对不可预测的质量输出有一定影响，因此 F_y 统计量在故障阶段有一定波动。在 MPLS 的检测结果中只能判断 IDV(4) 为与质量无关故障，得不到更多信息。

7.5.2　故障诊断

在进行故障诊断之前，需要检测到故障，再通过计算每个变量对检测指标的贡献进行故障诊断。本小节以故障 IDV(14) 为例，首先利用 MPLS 与 CMPLS 对 IDV(14) 进行过程监测，然后分别通过 MPLS 结合传统贡献图、MPLS 结合 NRC 以及 CMPLS 结合 NRC 对 IDV(14) 进行故障诊断，验证所提出方法的有效性。

在 TEP 中，IDV(14) 与反应器冷却水阀门有关，当 IDV(14) 发生时，反应器冷却水阀门将卡住保持不动，这将使过程测量变量中反应器温度(MEAS(9))、反应器冷却水出口温度(MEAS(71))以及过程操纵变量中反应器冷水流量(MV(10))受到很大影响[24]，分别对应实验中变量 9、21、46。图 7.16 和图 7.17 是 MPLS 与 CMPLS 对 IDV(14) 的过程监测结果。由文献 [1] 已知，IDV(14) 不会对质量产生影响，而图 7.16 中，MPLS 质量相关检测指标有较高的误报率，由图 7.17 可得，CMPLS 中 $T^2_{x_p} < J_{th,T^2_{x_p}}$ 且 $Q_{\tilde{x}_z} > J_{th,Q_{\tilde{x}_r}}$，根据检测策略，该故障为与过程输入相关的质量无关故障。同时 $T^2_{x_r} > J_{th,T^2_{x_r}}$，说明该故障对不可预测的质量输出有一定影响，因此 F_y 统计量在故障阶段有一定报警率。CMPLS 对 IDV(14) 给出了比 MPLS 更准确而又全面的检测结果。

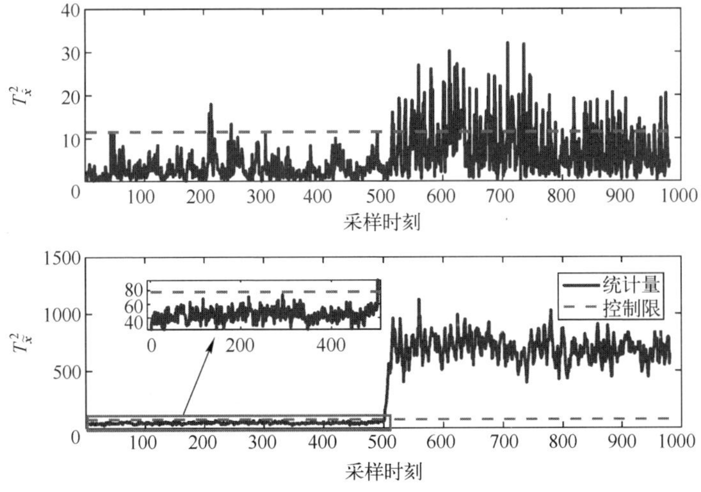

图 7.16　MPLS 对 IDV(14) 过程监测结果

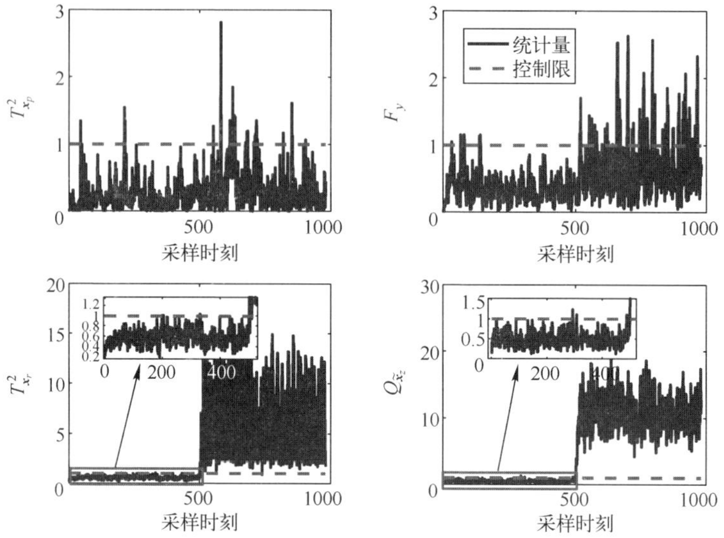

图 7.17　CMPLS 对 IDV(14)过程监测结果

图 7.18 是 MPLS 结合传统贡献图对 IDV(14)的诊断结果。由图可以看出，变量 12、15、43 与 44 对质量相关统计量的贡献极大，但 IDV(14)主要影响的并不是这几个变量，变量 9 与 21 对质量无关统计量的贡献最大，这在一定程度上可以解释故障引起的变化，但并不全面和准确。由图 7.18 可以看出，除了变量 9 和 21 外，其他变量也有较大贡献，同时，变量 46 的贡献却很低，这

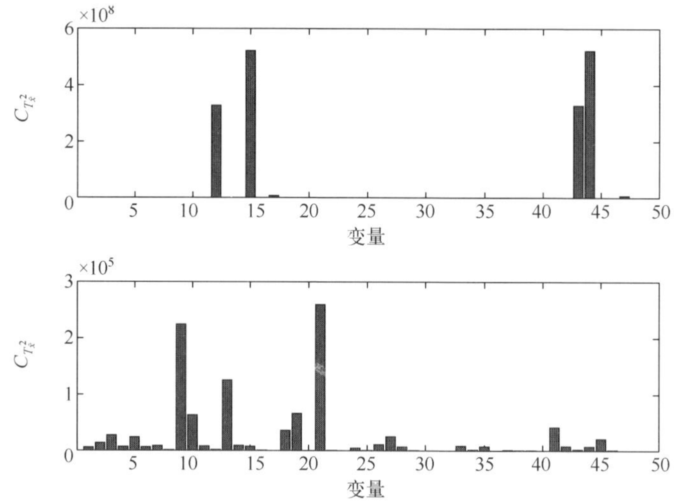

图 7.18　IDV(14)的 MPLS 传统贡献图

一结果很难解释。实际上，结合图 7.3 可以看出，对质量相关统计量的贡献就是由正常情况下的各变量对统计量的不均等造成的，对质量无关统计量也有同样的影响。

图 7.19 与图 7.20 分别为 MPLS 与 CMPLS 结合 NRC 对 IDV(14)故障的诊断结果。由图 7.19 知，MPLS 结合 NRC 在两个统计量中均准确地定位了变

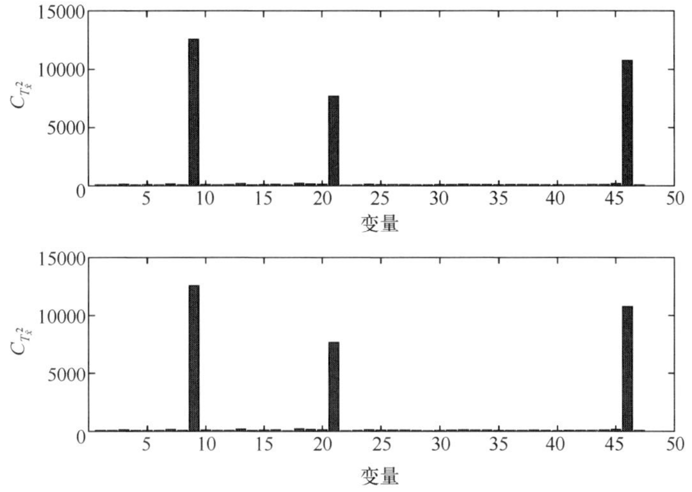

图 7.19　IDV(14)的 MPLS 新的相对贡献图

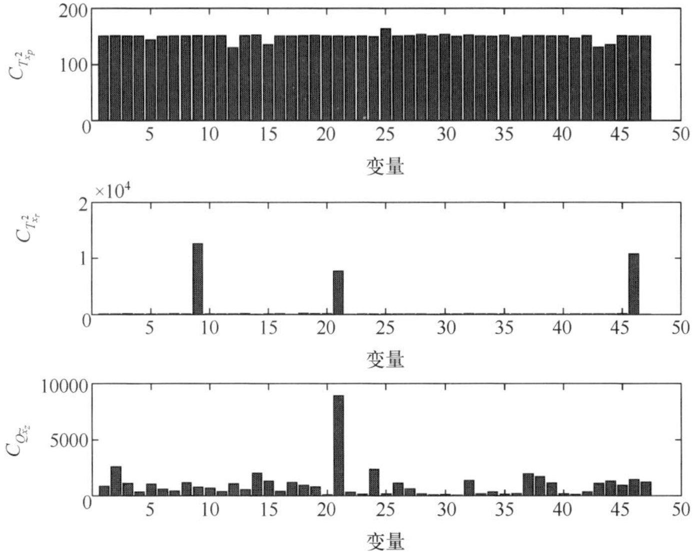

图 7.20　IDV(14)的 CMPLS 新的相对贡献图

量，相比较 MPLS 结合传统贡献图消除了传统贡献图中各变量正常贡献不均的影响。由图 7.20 知，CMPLS 结合 NRC 诊断结果中，各变量对 $T^2_{x_p}$ 统计量贡献均等，这是由于 IDV(14)为质量输出无关故障，在 IPS 中无故障信息。而 $T^2_{x_r}$ 和 $Q_{\tilde{x}_z}$ 统计量能够监测到该故障，同时在 IRPS 与 IRS 中准确定位到相应故障变量，在 IRPS 中主要受影响的变量为 9、21、46，在 IRS 中主要受影响的变量为 21。比较图 7.19 与图 7.20 可以得到，利用 CMPLS 进行故障诊断可以区分出故障是否与质量输出相关，而利用 MPLS 进行故障诊断无法确定故障是否与质量输出相关。综合来看，所提出的 CMPLS 与 NRC 均比 MPLS 与传统贡献图的性能更好。

7.6　小结

本章提出了一种新的 CMPLS 算法来监控质量输出相关的故障和过程输入相关的故障，并利用所提出的 NRC 方法成功诊断出故障对变量的影响。通过 CMPLS 同时将输入输出数据映射到 5 个子空间，针对每个子空间分别提出了对应的故障检测指标，用于各类故障的检测报警。该方法对可预测及不可预测的质量输出子空间中发生的故障以及影响过程输入空间并可能影响质量输出的潜在故障进行了全面监测，同时避免了大量的迭代过程。重新定义了一种新的相对贡献图，消除了正常工况下各变量对检测指标贡献不均而对诊断结果所造成的不良影响。通过数值仿真和 TE 过程验证了所提出方法的优异性能。

参考文献

[1] Qin S J, Zheng Y. Quality-relevant and process-relevant fault monitoring with concurrent projection to latent structures [J]. Aiche Journal, 2013, 59 (2): 496-504.

[2] 彭开香, 马亮, 张凯. 复杂工业过程质量相关的故障检测与诊断技术综述 [J]. 自动化学报, 2017, 03 (43): 32-48.

[3] Li G, Qin S J, Zhou D H. Geometric properties of partial least squares for process monitoring [J]. Automatica, 2010, 46 (1): 204-210.

[4] Peng K, Zhang K, Li G. Quality-related process monitoring based on total kernel pls model and its industrial application [J]. Mathematical Problems in Engineering, 2013, (2013-12-30), 2013, 2013 (pt. 17): 1-14.

[5] Hu C, Xu Z, Kong X, et al. Recursive-CPLS-based quality-relevant and process-relevant fault monitoring with application to the Tennessee Eastman Process [J]. IEEE Access, 2019.

[6] 周东华，李钢，李元．数据驱动的工业过程故障诊断技术：基于主元分析与偏最小二乘的方法 [M]．北京：科学出版社，2011.
[7] Sheng N, Liu Q, Qin S J, et al. Comprehensive monitoring of nonlinear processes based on concurrent kernel projection to latent structures [J]. IEEE Transactions on Automation Science & Engineering, 2016, 13 (2): 1129-1137.
[8] Kong X, Cao Z, An Q, et al. Quality-related and process-related fault monitoring with online monitoring dynamic concurrent PLS [J]. IEEE Access, 2018, 6, 59074-59086.
[9] Liu Q, Qin S J, Chai T. Quality-relevant monitoring and diagnosis with dynamic concurrent projection to latent structures [J]. IFAC Proceedings Volumes, 2014: 2740-2745.
[10] Yin S, Ding S X, Zhang P, et al. Study on modifications of PLS approach for process monitoring [J]. IFAC Proceedings Volumes, 2011, 44 (1): 12389-12394.
[11] 林东方，朱建军，宋迎春，等．正则化的奇异值分解参数构造法 [J]．测绘学报，2016 (8): 883-889.
[12] Howland P, Park H. Generalizing discriminant analysis using the generalized singular value decomposition [J]. IEEE Transactions on Pattern Analysis and Machine Intelligence, 2004, 26 (8): 995-1006.
[13] Peng K, Zhang K, You B, et al. Quality-relevant fault monitoring based on efficient projection to latent structures with application to hot strip mill process [J]. IET Control Theory & Applications, 2015, 9 (7): 1135-1145.
[14] 李强，孔祥玉，罗家宇，等．基于并发改进偏最小二乘的质量相关和过程相关的故障诊断 [J]．控制理论与应用，2021, 38 (03), 318-328.
[15] He B, Chen T, Yang X. Root cause analysis in multivariate statistical process monitoring: Integrating reconstruction-based multivariate contribution analysis with fuzzy-signed directed graphs [J]. Computers & Chemical Engineering, 2014, 64: 167-177.
[16] Zhou Z, Wen C, Yang C. Fault isolation based on k-nearest neighbor rule for industrial processes [J]. IEEE Transactions on Industrial Electronics, 2016, 63 (4): 2578-2586.
[17] 邓佳伟，邓晓刚，曹玉苹，等．基于加权统计局部核主元分析的非线性化工过程微小故障诊断方法 [J]．化工学报，2019, 70 (7): 2594-2605.
[18] 王晋瑞，谢丽蓉，王忠强，等．基于 MEEMD-DHENN 的滚动轴承故障诊断 [J]．机械传动，2018 (3): 139-143.
[19] Downs J J, Vogel E F. A plant-wide industrial process control problem [J]. Computers & Chemical Engineering, 1993, 17 (3): 245-255.
[20] Mudholkar J G S. Control procedures for residuals associated with principal component analysis [J]. Technometrics, 1979, 21 (3): 341-349.
[21] Vidal-Puig S, Vitale R, Ferrer A. Data-driven supervised fault diagnosis methods based on latent variable models: a comparative study [J]. Chemometrics and Intelligent Laboratory Systems, 2019, 187: 41-52.

[22] Tan R M, Cao Y. Multi-layer contribution propagation analysis for fault diagnosis [J]. International Journal of Automation and Computing, 2019, 16 (1): 40-51.

[23] Qin S J, Valle S, Piovoso M J. On unifying multiblock analysis with application to decentralized process monitoring [J]. Journal of Chemometrics: A Journal of the Chemometrics Society, 2001, 15 (9): 715-742.

[24] Li J, Zhang L, Jiao J, et al. Quality-related fault diagnosis based on improved PLS for industrial process [C]\\2019 34rd Youth Academic Annual Conference of Chinese Association of Automation (YAC). IEEE, 2019: 296-301.

第 8 章　基于局部信息增量的独立成分分析故障检测技术

8.1　引言

目前，基于 ICA[1-6]的过程监测方法主要采用 KDE 方法[7-12]或 SVDD 方法[13-15]获取静态控制限实施故障检测。KDE 方法和 SVDD 方法获取的静态控制限无法跟踪信号中的动态特性，难以实现故障的早期预警。工业生产过程和装备测试等复杂系统中出现故障，如果不能及时报警，可能会造成不可弥补的损失。针对 KDE 方法获取的静态控制限可能不合理以及静态控制限无法跟踪信号动态特性的问题，提出了基于新息矩阵的独立成分分析（IM-ICA）故障检测技术。

值得注意的是，PCA 依照 2 阶统计信息选取 PC，而 ICA 依照向量范数选取 IC 致使 ICA 各指标上分派的系统能量不合理。因此，将新息矩阵应用在 ICA 上比应用在 PCA 上更具实际意义。本章创新归纳如下。

(1) 在待监测样本具有独立性的基础上，设置固定长度的窗口去更新协方差矩阵，统计量由当前时刻附近的数据计算获取，控制限由当前时刻附近的正常样本数据计算获取，这样得到的统计量和控制限对数据实际的变化特征更具代表性，既能跟踪系统存在的细微变化，又能在故障发生的早期实现预警。

(2) 结合基于移动窗口协方差矩阵的新息矩阵，将 ICA 的故障检测静态控制限改进为一实时动态控制限，有效提高了故障检测率。

考虑到工业生产过程和装备测试等复杂系统通常是非高斯的物理环境，IM-ICA 算法可以在实际的过程监测中得到满意的故障检测效果。

8.2　基于移动窗口协方差矩阵的新息矩阵故障检测方法

Yang[16]提出基于全局协方差矩阵的新息矩阵故障检测方法，文成林等[17]

在该基础上优化改进得到基于移动窗口协方差矩阵的新息矩阵故障检测方法。该方法引入固定长度的移动窗口，首先将全局的协方差矩阵改为移动窗口长度的协方差矩阵；然后求出对应的新息矩阵和新息矩阵的新息均值及动态阈值；最后进行故障检测。因为该方法不仅降低更新协方差矩阵的计算复杂度，还能得到更具代表性的阈值，所以有效提高了故障检测率。

该方法的整体思想介绍如下。

给定一组多变量的在线观测矩阵 $\boldsymbol{T}_n \in \mathbf{R}^{m\times n}$，$m$ 代表变量数，n 代表同一变量的样本数。首先预处理在线观测矩阵，得到 $\boldsymbol{T}_n$ 的均值向量 $\boldsymbol{a}_n$，即

$$\boldsymbol{a}_n = \frac{1}{n}\boldsymbol{T}_n\boldsymbol{l}_n \tag{8.1}$$

式中：$\boldsymbol{l}_n = [1,1,\cdots,1]^{\mathrm{T}} \in \mathbf{R}^{n\times 1}$。

将在线观测矩阵 $\boldsymbol{T}_n$ 进行预处理，即可得到 $\boldsymbol{T}_n^l$，即

$$\boldsymbol{T}_n^l = \boldsymbol{T}_n - \boldsymbol{a}_n\boldsymbol{l}_n^{\mathrm{T}} \tag{8.2}$$

获得 $\boldsymbol{T}_n^l$ 后，设定窗口长度 L 并在在线观测矩阵中选取 L 个正常样本数据做局部数据矩阵，即

$$\boldsymbol{T}_n^L = [\boldsymbol{T}(i_{n'-L+1}),\boldsymbol{T}(i_{n'-L+2}),\cdots,\boldsymbol{T}(i_{n'})] \tag{8.3}$$

式中：$i_{n'}$ 为采集正常样本数据的某一时刻；$\boldsymbol{T}_n^L$ 为 n 时刻的局部数据矩阵；$\boldsymbol{T}(i_{n'-L+1})$ 为 $\boldsymbol{T}_n^L$ 的 L 个正常样本中的第一个。当第 $n+1$ 时刻的样本数据 $\boldsymbol{T}_{n+1}^l$ 获取后，$n+1$ 时刻的局部数据矩阵为

$$\boldsymbol{T}_{n+1}^L = [\boldsymbol{T}(i_{n'-L+2}),\cdots,\boldsymbol{T}(i_{n'}),\boldsymbol{T}(n+1)] \tag{8.4}$$

公共部分的局部数据矩阵通过观察对比式（8.3）和式（8.4）获得，即

$$\boldsymbol{Y}_{n,n+1}^L = [\boldsymbol{T}(i_{n'-L+2}),\cdots,\boldsymbol{T}(i_{n'})] \tag{8.5}$$

由式（8.5）可以获得局部数据矩阵 $\boldsymbol{Y}_{n,n+1}^L$ 中各样本数据的均值向量，即

$$\boldsymbol{y}_{n,n+1}^L = \frac{1}{L-1}\boldsymbol{Y}_{n,n+1}^L\boldsymbol{i}_n \tag{8.6}$$

式中：$\boldsymbol{i}_n = [1,1,\cdots,1]^{\mathrm{T}} \in \mathbf{R}^{(L-1)\times 1}$。

为方便计算，需定义

$$\boldsymbol{K}_n^L = \boldsymbol{T}_n^L(\boldsymbol{T}_n^L)^{\mathrm{T}} \tag{8.7}$$

这时，可以获得 n 时刻的局部协方差矩阵，即

$$\boldsymbol{R}_n^L = \frac{\boldsymbol{K}_n^L}{L-1} - \frac{L\boldsymbol{a}_n^L(\boldsymbol{a}_n^L)^{\mathrm{T}}}{L-1} \tag{8.8}$$

式中：$\boldsymbol{a}_n^L$ 为 n 时刻的均值向量：

$$\boldsymbol{a}_n^L=\frac{(L-1)\boldsymbol{y}_{n,n+1}^L+\boldsymbol{T}(\boldsymbol{i}_{n'-L+1})}{L} \tag{8.9}$$

类似地，定义 $n+1$ 时刻，有

$$\boldsymbol{K}_{n+1}^L=\boldsymbol{T}_{n+1}^L(\boldsymbol{T}_{n+1}^L)^{\mathrm{T}} \tag{8.10}$$

这时，可以获得 $n+1$ 时刻的局部协方差矩阵，即

$$\boldsymbol{R}_{n+1}^L=\frac{\boldsymbol{K}_{n+1}^L}{L-1}-\frac{L\boldsymbol{a}_{n+1}^L(\boldsymbol{a}_{n+1}^L)^{\mathrm{T}}}{L-1} \tag{8.11}$$

观察对比式（8.8）和式（8.11），获取新息矩阵 $\boldsymbol{D}_{n+1}^L$，即

$$\boldsymbol{D}_{n+1}^L=\boldsymbol{R}_{n+1}^L-\boldsymbol{R}_n^L \tag{8.12}$$

计算局部数据矩阵的新息均值 ζ_{n+1}^L 和局部正常样本数据的动态阈值 δ_{n+1}^L，即

$$\zeta_{n+1}^L=\frac{\sum_{i=1}^{m}\sum_{j=1}^{m}|\boldsymbol{D}_{n+1}^L[i,j]|}{m^2} \tag{8.13}$$

$$\delta_{n+1}^L=\frac{H}{L}\sum_{s=n'-L+1}^{n'}\zeta_s^L \tag{8.14}$$

式中：采样数需满足 $n>L+2$ 且前 $L+2$ 个样本数据必须为正常样本数据；H 为阈值系数；n' 为 n 时刻非异常数据的标号；ζ_s^L 为没有发生故障的新息均值。

最后，进行故障检测，判断依据如下：

（1）当 $\zeta_{n+1}^L\geqslant\delta_{n+1}^L$，则有故障发生；

（2）当 $\zeta_{n+1}^L<\delta_{n+1}^L$，则无故障发生。

8.3　IM-ICA 模型及其故障检测技术

在本小节中，首先结合基于移动窗口协方差矩阵的新息矩阵提出 IM-ICA 模型；然后改进基于移动窗口协方差矩阵的新息矩阵故障检测方法的故障判断机制，提出 IM-ICA 算法的故障检测指标；最后基于所提出模型设计了一套完整的故障检测策略。

8.3.1　IM-ICA 模型

IM-ICA 模型的总体思路如下：首先采用 ICA 算法离线建模，将离线建模获取的解混矩阵 $\boldsymbol{W}$ 的 IC 从大到小排序，选择前 d 个 IC 作为 $\boldsymbol{W}_d$ 并计算 $\boldsymbol{W}_d$ 对应的 $\boldsymbol{B}_d$，即 $\boldsymbol{B}_d=(\boldsymbol{W}_d\boldsymbol{Q}^{-1})^{\mathrm{T}}$；然后将去均值预处理过的正常训练样本数据矩阵

$\boldsymbol{X}$ 和在线待监测数据矩阵 $\boldsymbol{X}_n$ 分别在主导 IC 方向投影，得到重构的正常训练样本数据矩阵 $\boldsymbol{S}$ 和在线待监测数据矩阵 $\boldsymbol{S}_n$；最后将在线待监测数据矩阵 $\boldsymbol{S}_n$ 视为 8.2 节的多变量在线观测矩阵 $\boldsymbol{T}_n$，即可计算获取新息矩阵及其均值。

采用 ICA 算法离线建模前，对正常训练样本的数据矩阵 $\boldsymbol{X}$ 进行预处理，预处理划分为标准化和白化这两个步骤。为简化 ICA 算法，首先标准化处理数据矩阵 $\boldsymbol{X}$，即

$$\boldsymbol{X}=\boldsymbol{X}-\mathrm{E}(\boldsymbol{X}) \tag{8.15}$$

式中：$\mathrm{E}(\boldsymbol{X})$ 代表数据矩阵 $\boldsymbol{X}$ 的期望。

白化处理最先要对标准化 $\boldsymbol{X}$ 的协方差矩阵进行奇异值分解，然后获得白化矩阵 $\boldsymbol{Q}$ 并对去均值的 $\boldsymbol{X}$ 进行白化，即

$$\boldsymbol{R}_x=\mathrm{E}(\boldsymbol{x}\boldsymbol{x}^{\mathrm{T}})=\boldsymbol{V}\boldsymbol{\Lambda}\boldsymbol{V}^{\mathrm{T}} \tag{8.16}$$

$$\boldsymbol{Q}=\boldsymbol{\Lambda}^{-0.5}\boldsymbol{V}^{\mathrm{T}} \tag{8.17}$$

$$\boldsymbol{z}=\boldsymbol{Q}\boldsymbol{x} \tag{8.18}$$

白化后，采用表 8.1 所列的近似负熵最大化形式的 FastICA 算法求解 $\boldsymbol{B}$ 矩阵。

表 8.1　基于近似负熵最大化形式的 FastICA 算法

算法步骤
步骤 1：采用公式（8.15）标准化预处理数据 $\boldsymbol{X}$，使其成为零均值且具有单位方差的数据。
步骤 2：采用式（8.16）至式（8.18）求取白化矩阵 $\boldsymbol{Q}$ 并白化数据 $\boldsymbol{X}$。
步骤 3：随机初始化 m 个随机变量 $\boldsymbol{b}_k(k=1,2,\cdots,m)$，使其具有单位范数。
步骤 4：采用式 $\boldsymbol{b}_k\leftarrow\mathrm{E}\{zg(\boldsymbol{b}_k^{\mathrm{T}}\boldsymbol{z})\}-\mathrm{E}\{g'(\boldsymbol{b}_k^{\mathrm{T}}\boldsymbol{z})\}\boldsymbol{b}_k$ 更新 $\boldsymbol{b}_k$。其中，$G=G_2$，$g(\cdot)$ 是 $G(\cdot)$ 的 1 阶导数，$g'(\cdot)$ 是 $G(\cdot)$ 的 2 阶导数。
步骤 5：正交化处理 $\boldsymbol{b}_k$。
步骤 6：如果 $\boldsymbol{b}_k$ 不收敛，返回步骤 4；如果 $\boldsymbol{b}_k$ 收敛，则输出 $\boldsymbol{b}_k$。

得到 $\boldsymbol{B}$ 矩阵后，求解解混矩阵 $\boldsymbol{W}$ 并将其 IC 从大到小排序，选择前 d 个 IC 作为 $\boldsymbol{W}_d$ 并计算 $\boldsymbol{W}_d$ 对应的 $\boldsymbol{B}_d$，即

$$\boldsymbol{W}=\boldsymbol{B}^{\mathrm{T}}\boldsymbol{Q} \tag{8.19}$$

$$\boldsymbol{B}_d=(\boldsymbol{W}_d\boldsymbol{Q}^{-1})^{\mathrm{T}} \tag{8.20}$$

将预处理过的正常训练样本的数据矩阵 $\boldsymbol{X}$ 在主导 IC 方向投影，有

$$\boldsymbol{S}=\boldsymbol{Q}^{-1}\boldsymbol{B}_d\boldsymbol{W}_d\boldsymbol{X} \tag{8.21}$$

去均值一步预处理待监测数据矩阵 $\boldsymbol{X}_n$，即

$$\boldsymbol{X}_n=\boldsymbol{X}_n-\mathrm{E}(\boldsymbol{X}) \tag{8.22}$$

将去均值的待监测数据矩阵 $\boldsymbol{X}_n$ 在主导 IC 方向投影，有

$$\boldsymbol{S}_n=\boldsymbol{Q}^{-1}\boldsymbol{B}_d\boldsymbol{W}_d\boldsymbol{X}_n \tag{8.23}$$

将式（8.23）获得的 $\boldsymbol{S}_n$ 均视为 8.2 节的多变量在线观测矩阵 $\boldsymbol{T}_n$，运用式（8.1）至式（8.13）即可获取局部数据矩阵的新息均值，即

$$\zeta_{n+1}^L=\frac{\sum_{i=1}^{m}\sum_{j=1}^{m}|\boldsymbol{D}_{n+1}^L[i,j]|}{m^2} \tag{8.24}$$

8.3.2　IM-ICA 算法的故障检测指标

故障判断机制是基于移动窗口协方差矩阵的新息矩阵故障检测方法的核心问题，文献［13］运用传统的故障判断机制直接比较统计量与控制限，本节在考虑连续样本相互影响的基础上提出一种新的故障判断机制。

计算新的故障判断机制的动态阈值，即

$$\delta_{1n+1}^L=\frac{H_1}{L}\sum_{s=n'-L+1}^{n'}\lambda_s^L \tag{8.25}$$

$$\delta_{2n+1}^L=\frac{H_2}{L}\sum_{s=n'-L+1}^{n'}\lambda_s^L \tag{8.26}$$

式中：H_1、H_2 为不同的阈值系数，一般情况下，$1<H_1\leqslant 3$、$0<H_2<1$；δ_{1n+1}^L、δ_{2n+1}^L 为不同的动态阈值。

利用新的故障判断机制进行故障检测，判断依据如下。

（1）前一个样本为故障状态，设置当前控制限为 δ_{2n+1}^L，当 $\zeta_{n+1}^L\leqslant\delta_{2n+1}^L$ 时，此时无故障发生。

（2）前一个样本为正常状态，设置当前控制限为 δ_{1n+1}^L，当 $\zeta_{n+1}^L>\delta_{1n+1}^L$ 时，此时有故障发生。

该故障判断机制首先计算当前样本的统计量，如果前一样本为故障状态，则设置当前控制限为 δ_{2n+1}^L，这样当前样本更难被判定为正常状态；如果前一样本为正常状态，则设置当前控制限为 δ_{1n+1}^L，这样当前样本可以利用正常规则被判定为正常状态。通过新的故障判断机制，比较统计量与设置后的控制限，能更合理、更准确地获得当前样本的状态，因而可以有效提高故障检测率。

8.3.3　IM-ICA 故障检测技术

IM-ICA 故障检测技术的总体思路是首先构建 IM-ICA 模型，然后计算新的故障判断机制的动态阈值，最后进行故障检测。给出表 8.2 所列的 IM-ICA 故障检测方法和图 8.1 所示的 IM-ICA 故障检测方法实施流程框图。

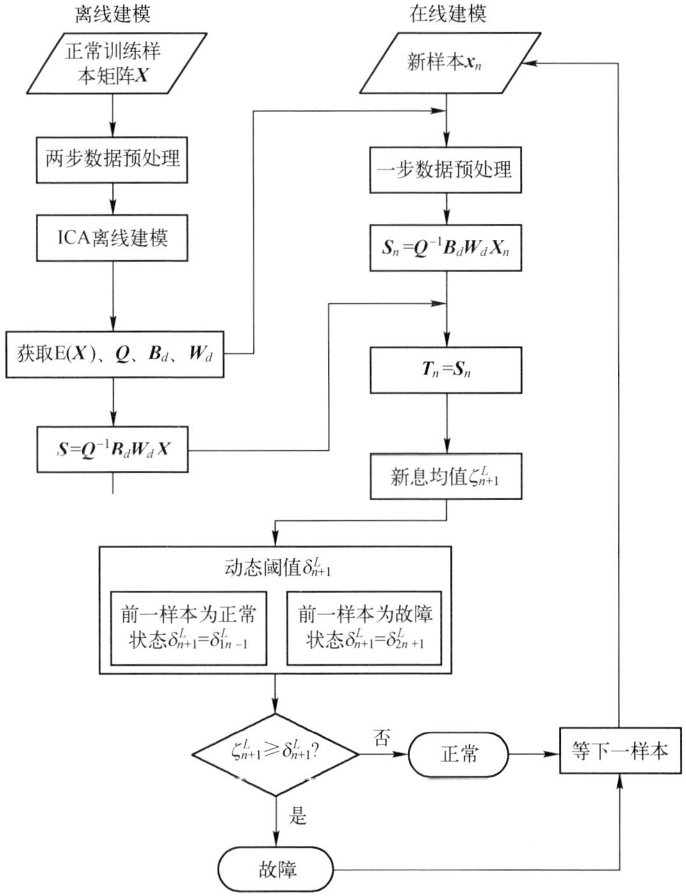

图 8.1　IM-ICA 故障检测方法的实施流程框图

表 8.2　IM-ICA 故障检测方法

步骤
步骤 1：采用式（8.15）标准化处理数据 $\boldsymbol{X}$，使其成为零均值数据。
步骤 2：采用式（8.16）至式（8.18）求取白化矩阵 $\boldsymbol{Q}$ 并对去均值的 $\boldsymbol{X}$ 进行白化。
步骤 3：采用表 8.1 所列的基于近似负熵最大化形式的 FastICA 算法求解 $\boldsymbol{B}$ 矩阵。
步骤 4：采用式（8.19）求解解混矩阵 $\boldsymbol{W}$ 并将其 IC 从大到小排序，选择前 d 个 IC 作为 $\boldsymbol{W}_d$ 并采用式（8.20）计算 $\boldsymbol{W}_d$ 对应的 $\boldsymbol{B}_d$。
步骤 5：采用式（8.21）将预处理过的正常训练样本的数据矩阵 $\boldsymbol{X}$ 在主导 IC 方向投影，得到 $\boldsymbol{S}$。
步骤 6：采用式（8.22）去均值一步预处理待监测数据矩阵 $\boldsymbol{X}_n$ 并采用式（8.23）将去均值的待监测数据矩阵 $\boldsymbol{X}_n$ 在主导 IC 方向投影。

续表

步骤 7：将式（8.23）获得的 $\boldsymbol{S}_n$ 均视为 3.2 节的多变量在线观测矩阵 $\boldsymbol{T}_n$，运用式（8.1）至式（8.13）获取局部数据矩阵的新息均值。	
步骤 8：采用式（8.25）和式（8.26）计算新的故障判断机制的动态阈值。	
步骤 9：利用新的故障判断机制进行故障检测。	

8.4　TE 过程的案例研究

本节采用 TE 过程[18-19]分别验证经典 ICA 算法、ICA 的联合指标和 IM-ICA 算法的过程监测效果。在误报率（fault alarm rate，FAR）[20]的基础上，提出了平均误报率。在评估 3 种算法的故障检测效果时，主要采用平均误报率（average fault alarm rate，AFAR）和故障检测率（fault detection rate，FDR）[20]两个指标。FAR、AFAR 和 FDR 的公式分别如下：

$$\mathrm{FAR}=\frac{N_{\mathrm{norwrong}}}{N_{\mathrm{normal}}}\tag{8.27}$$

式中：N_{norwrong}为正常样本报警的数量；N_{normal}为正常样本数量。

$$\mathrm{AFAR}=\frac{\sum_{i=1}^{p}\sum_{j=1}^{q}\mathrm{FAR}_{ij}}{pq}\tag{8.28}$$

式中：p 为故障种类；q 为算法的检测指标数量。

$$\mathrm{FDR}=\frac{N_{\mathrm{wroyes}}}{N_{\mathrm{wrong}}}\tag{8.29}$$

式中：N_{wroyes}为故障样本报警的数量；N_{wrong}为故障样本数量。

故障漏报率（fault missed alarm rate，FMAR）的计算公式为

$$\mathrm{FMAR}=\frac{N_{\mathrm{wrono}}}{N_{\mathrm{wrong}}}=1-\mathrm{FDR}\tag{8.30}$$

式中：N_{wrono}为故障样本未报警的数量。

8.4.1　参数初始化

实验选取故障 0 带有波动的测试集做正常训练样本，故障 1 至故障 21 的测试集作为在线待监测样本。在 TE 过程中，运用 IM-ICA 算法进行故障检测，并与经典 ICA 算法和 ICA 联合指标的实验结果做对比分析。主导 IC、窗口长度 L 和阈值系数 H_1、H_2 等的选择对故障检测效果至关重要。本节实验选取 27

个主导 IC，窗口长度 $L=10$，阈值系数 H_1、H_2 分别为 $H_1=1.6$、$H_2=0.8$。值得注意的是，基于 IM-ICA 的故障检测实验刚开始需要启动数据，本节实验的启动数据为 18 个，所以真正的故障检测是从第 19 个样本开始的。因而在 IM-ICA 故障检测实验中，只有 942 个样本（前 142 个样本为正常样本）的故障检测结果。

8.4.2　平均误报率和故障检测率的对比

为了直观地比较经典 ICA 算法、ICA 的联合指标和 IM-ICA 算法这 3 种算法的故障检测效果，做了表 8.2 所列的 3 种算法在 TE 过程中的平均误报率和表 8.3 所列的 3 种算法在 TE 过程中的故障检测率。表 8.3 和表 8.4 分别列出了 3 种算法在 TE 过程中的故障检测率和平均误报率，其中加粗部分表示监测性能较好的指标。

表 8.3　3 种算法在 TE 过程中的平均误报率（%）

经典 ICA 算法	ICA 的联合指标	IM-ICA 算法
0.00	**0.00**	2.35

TE 过程的各个故障测试集有 960 个样本，其中前 160 个为正常样本，后 800 个为故障样本。在 IM-ICA 故障检测实验中，选取前 18 个正常样本为启动数据，所以它有 142 个正常样本和 800 个故障样本。在 IM-ICA 故障检测方法中，误报率提升 2.35%，仅有 3 个正常样本被误报为故障，几乎不影响过程监测效果。同时，所提出方法明显提高了故障的有效检测率（故障检测率提升 1%，能多监测 8 个故障样本）。综合分析，IM-ICA 故障检测方法在受极小误报影响下，能够有效地提高故障检测率。

表 8.4　3 种算法在 TE 过程中的故障监测率　　单位：%

故障编号	经典 ICA 算法			ICA 的联合指标		IM-ICA
	I^2	I_e^2	SPE	D_a^2	D_b^2	
1	99.62	97.37	80.08	99.37	99.37	**99.88**
2	98.25	97.24	96.49	97.37	97.24	**98.50**
3	0.00	0.00	0.00	0.00	0.00	**4.00**
4	**64.79**	1.00	0.00	0.25	0.00	53.88
5	99.87	99.87	99.62	99.87	99.87	**100.00**
6	**100.00**	**100.00**	**100.00**	**100.00**	**100.00**	**100.00**
7	89.85	50.75	21.93	63.16	30.95	**100.00**
8	97.62	74.44	59.77	95.36	91.23	**97.75**
9	0.00	0.00	0.00	0.00	0.00	**2.63**

续表

故障编号	经典 ICA 算法			ICA 的联合指标		IM-ICA
	I^2	I_e^2	SPE	D_a^2	D_b^2	
10	77.32	25.56	23.18	61.28	59.90	**83.00**
11	**42.36**	9.15	0.63	17.04	10.90	41.38
12	**99.75**	87.97	82.33	98.75	97.12	99.50
13	94.61	87.59	82.46	93.98	93.98	**94.75**
14	99.87	89.97	69.42	99.87	99.75	**99.88**
15	0.12	0.00	0.00	0.00	0.00	**3.38**
16	76.82	8.27	26.69	56.64	56.02	**77.63**
17	83.46	65.04	58.14	74.19	71.68	**92.38**
18	89.72	87.47	88.72	89.22	89.22	**89.75**
19	57.14	1.13	0.00	12.41	7.02	**71.00**
20	84.34	36.22	38.85	58.52	56.64	**85.88**
21	**37.72**	29.32	0.75	29.20	19.67	32.88

8.4.3　3 种算法故障检测结果的展示

为了充分说明 IM-ICA 算法在过程监测中的优良特性，分别给出故障检测率提升 4%的微小故障 3 和故障检测率提升 13.86%的故障 19 的实验结果。TE 过程中的故障 3 是代表 D 的进料温度的阶跃类型故障，经典 ICA 算法、ICA 的联合指标和 IM-ICA 算法对故障 3 的过程监测结果分别如图 8.2 至图 8.4 所

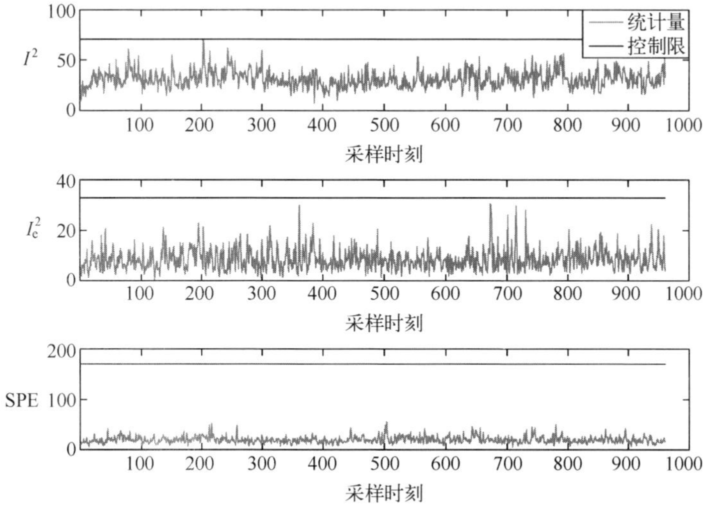

图 8.2　经典 ICA 对故障 3 的监测结果

示。图 8.2 和图 8.3 分别采用经典 ICA 算法和 ICA 的联合指标对故障 3 进行过程监测，完全监测不到故障，具有 100%的故障漏报率，图 8.4 采用 IM-ICA 算法对故障 3 进行过程监测，第 640 个样本到第 810 个样本（故障 3 测试集的第 658 个故障样本到第 828 个故障样本）的部分故障高于控制限，相较经典 ICA 算法和 ICA 的联合指标有效降低了故障检测的漏报率。

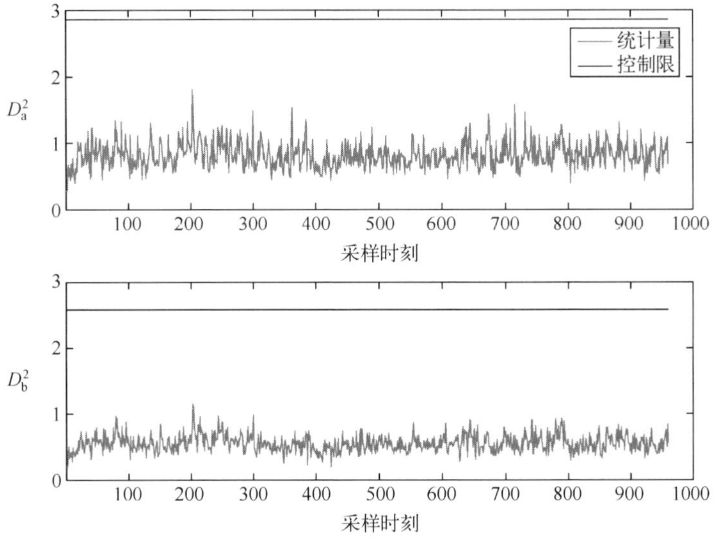

图 8.3 ICA 的联合指标对故障 3 的监测结果

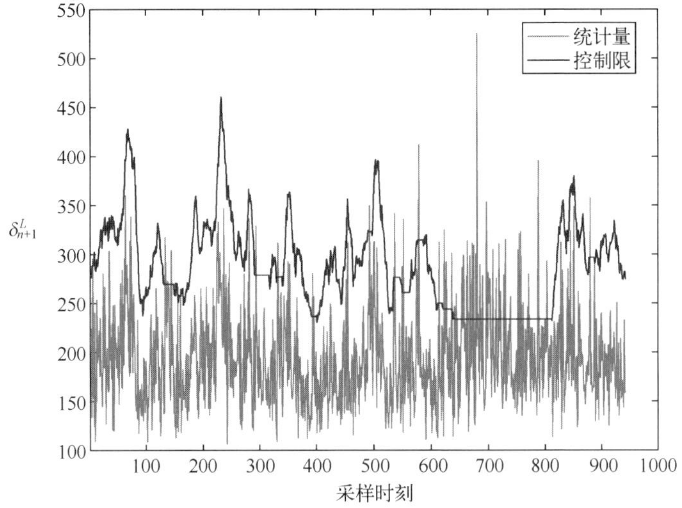

图 8.4 IM-ICA 算法对故障 3 的监测结果

经典 ICA 算法和 ICA 的联合指标均采用 KDE 法获取的静态控制限进行过程监测，而静态控制限无法克服系统存在的细微变化以及不能在故障发生的早期实现预警。IM-ICA 算法通过引入新息矩阵获取新息均值和动态阈值，从而获取动态控制限。通过对比图 8.2 至图 8.4 所示的故障检测结果可以发现，IM-ICA 算法对故障 3 的故障检测效果明显优于经典 ICA 算法和 ICA 的联合指标，验证了 IM-ICA 算法的可行性。

TE 过程中的故障 19 是未知的随机变量类型故障，对比分析经典 ICA 算法、ICA 的联合指标和 IM-ICA 算法对故障 19 的过程监测结果，具体结果分别如图 8.5 至图 8.7 所示。对比分析图 8.5 至图 8.7 的监测结果可以发现：①当采用经典 ICA 算法对故障 19 进行过程监测时，3 个检测指标的过程监测结果各不相同；②ICA 的联合指标 D_a^2 是将经典 ICA 算法的 3 个检测指标联合起来进行过程监测，ICA 的联合指标 D_b^2 是将经典 ICA 算法的 I^2 和 SPE 检测指标联合起来进行过程监测，而经典 ICA 算法的 3 个故障检测指标对故障 19 的监测结果差异较大，所以 ICA 联合指标的故障检测率也并不理想；③IM-ICA 算法从第 143 个样本（第 1 个故障样本）开始，极大部分故障能被监测到（高于控制限）。因此，IM-ICA 算法对故障 19 的故障检测效果优于经典 ICA 算法和 ICA 的联合指标，进一步验证了 IM-ICA 算法的可行性和优越性。

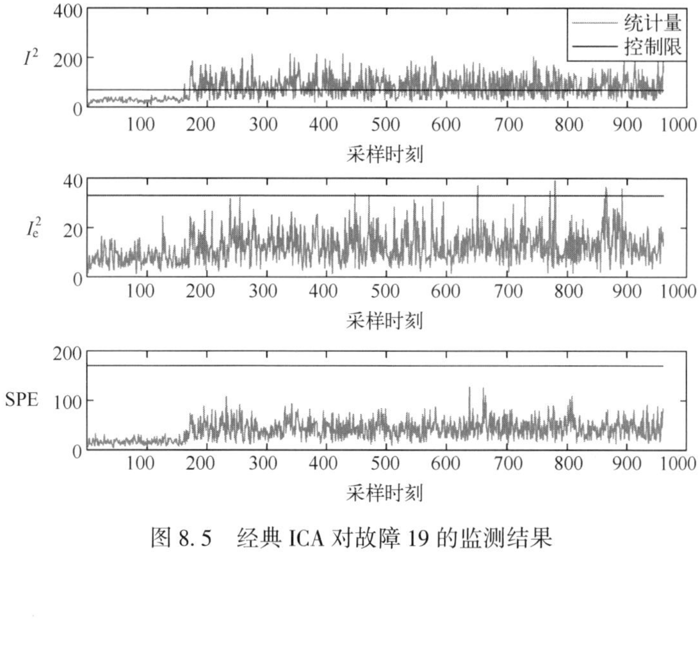

图 8.5　经典 ICA 对故障 19 的监测结果

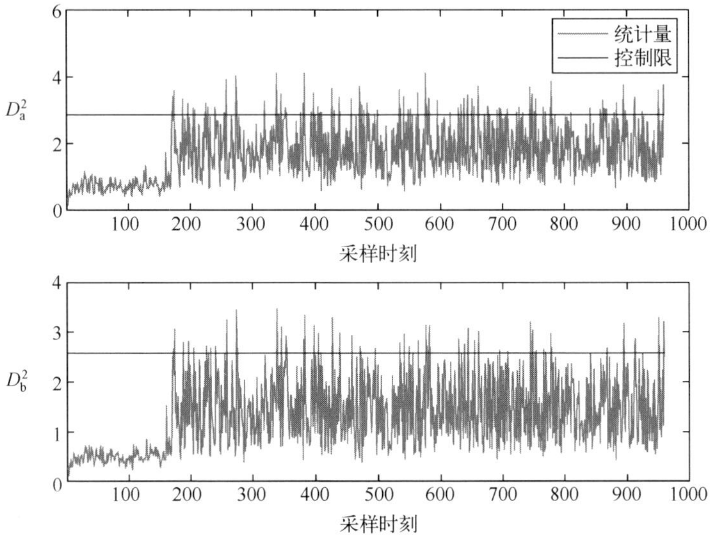

图 8.6 ICA 的联合指标对故障 19 的监测结果

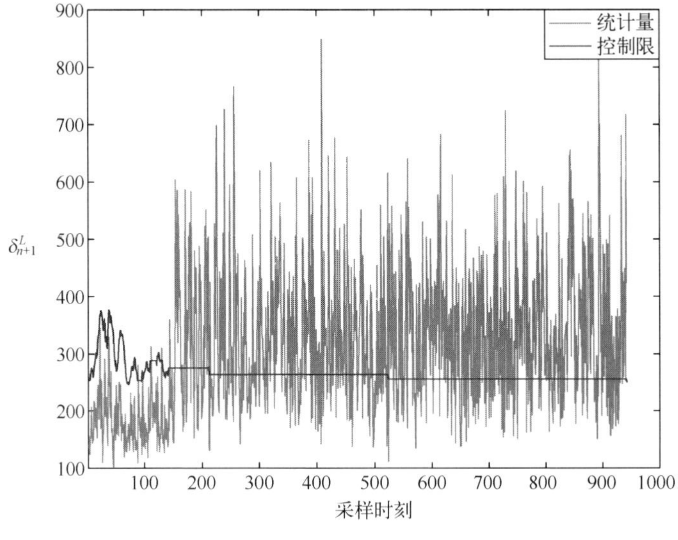

图 8.7 IM-ICA 算法对故障 19 的监测结果

8.4.4 结论性总结

对比分析以上所有的实验结果，发现当采用 IM-ICA 算法进行过程监测时，若无故障数据可以实时更新控制限，实时跟随系统存在的细微变化；若有故障数据出现，则动态阈值为上一时刻的阈值，并剔除该故障数据不影响实际控制限，从而有效提高故障检测率。因此，该算法可行且有效。

8.5 小结

本章针对 KDE 方法获取的静态控制限可能不合理以及静态控制限无法跟踪信号动态特性的问题，提出了基于新息矩阵的独立成分分析故障检测方法。所提方法考虑了连续样本的相互影响，结合基于移动窗口协方差矩阵的新息矩阵将 ICA 故障检测的静态控制限改进为一实时动态控制限，有效提高了故障检测率。基于 TE 过程，通过与经典 ICA 算法和 ICA 联合指标的实验结果对比分析，验证了所提算法的优越性。在基于新息矩阵的独立成分分析故障检测方法的基础上，如何进行故障诊断是所提算法今后研究的重要方向。

参考文献

[1] Comon P. Independent component analysis, a new concept [J]. Signal Processing, 1994, 36 (3): 287-314.

[2] Hyvärinen A. Fast and robust fixed-point algorithms for independent component analysis [J]. IEEE Transactions on Neural Networks, 1999, 10 (3): 626-634.

[3] Hyvärinen A, Oja E. Independent component analysis: algorithms and applications [J]. Neural Networks, 2000, 13 (4): 411-430.

[4] Kano M, Tanaka S, Hasebe S, et al. Monitoring independent components for fault detection [J]. AIChE Journal, 2003, 49 (4): 969-976.

[5] 周东华, 李钢, 李元. 数据驱动的工业过程故障诊断技术: 基于主元分析与偏最小二乘的方法 [M]. 北京: 科学出版社, 2011.

[6] 纪洪泉, 何潇, 周东华. 基于多元统计分析的故障检测方法 [J]. 上海交通大学学报, 2015 (06): 108-114+120.

[7] Martin E B, Morris A J. Non-parametric confidence bounds for process performance monitoring charts [J]. Journal of Process Control, 1996, 6 (6): 349-358.

[8] Lee J M, Yoo C K, Lee I B. Statistical monitoring of dynamic processes based on dynamic independent component analysis [J]. Chemical Engineering Science, 2004, 59 (14): 2995-3006.

[9] Lee J M, Qin S J, Lee I B. Fault detection and diagnosis based on modified independent component analysis [J]. AIChE Journal, 2006, 52 (10): 3501-3514.

[10] Yang Y H, Chen Y, Chen X, et al. Multivariate industrial process monitoring based on the integration method of canonical variate analysis and independent component analysis [J]. Chemometrics and Intelligent Laboratory Systems, 2012 (116): 94-101.

[11] Fan J C, Wang Y Q. Fault detection and diagnosis of non-linear non-Gaussian dynamic processes using kernel dynamic independent component analysis [J]. Information Sciences, 2014 (259): 369-379.

[12] 张杨. 基于粒子群优化的工业过程独立成分分析方法研究与应用 [D]. 沈阳: 东北大学信息科学与工程学院, 2010.

[13] 王培良, 葛志强, 宋执环. 基于迭代多模型 ICA-SVDD 的间歇过程故障在线监测 [J]. 仪器仪表学报, 2009, 30 (07): 1347-1352.

[14] Chen M C, Hsu C C, Malhotra B, et al. An efficient ICA-DW-SVDD fault detection and diagnosis method for non-Gaussian processes [J]. International Journal of Production Research, 2016, 54 (17): 5208-5218.

[15] 杨泽宇, 王培良. 基于核独立成分分析和支持向量数据描述的非线性系统故障检测方法 [J]. 信息与控制, 2017, 46 (02): 153-158.

[16] Yang H Y. Advanced prognosis and health management of aircraft and spacecraft subsystems [D]. Cambridge, Massachusetts: Massachusetts Institute of Technology. Dept. of Electrical Engineering and Computer Science, 2000: 6-35.

[17] 文成林, 胡玉成. 基于信息增量矩阵的故障诊断方法 [J]. 自动化学报, 2012, 038 (5): 832-840.

[18] Downs J J, Vogel E F. A plant-wide industrial process control problem [J]. Computers and Chemical Engineering, 1993, 17 (3): 245-255.

[19] Jockenhövel T, Biegler L T, Wächter A. Dynamic optimization of the Tennessee Eastman process using the OptControlCentre [J]. Computers and Chemical Engineering, 2003, 27 (11): 1513-1531.

[20] Yin S, Wang G, Gao H J. Data-driven process monitoring based on modified orthogonal projections to latent structures [J]. IEEE Transactions on Control Systems Technology, 2015, 24 (4): 1480-1487.

第 9 章　基于 KDICA 的约简故障子空间提取及其故障诊断应用

9.1　引言

ICA 及其扩展模型检测到故障后，需要进行故障诊断。贡献图因具有不需要先验知识、易应用于在线故障诊断的优点，在 ICA 最初的故障诊断中特别流行[1-3]。但贡献图也具有涂抹效应和不能应用于非线性过程的缺点。因此，重构方法被广泛应用于故障识别，以找到故障的根本原因[6-9]。随着系统复杂性的不断增加，具有动态特性和非线性特性的非高斯过程在复杂系统中广泛存在。然而，在非高斯过程的故障重构领域，往往需要提取整个故障子空间且只考虑动态特性或非线性特性[6-9]。

针对具有动态特性和非线性特性的非高斯过程的故障重构和故障诊断问题，提出一种基于 KDICA 的约简故障子空间提取方法，并将其应用于故障诊断。所提方法将约简故障子空间提取方法改进并推广到具有动态特性和非线性特性的非高斯过程。在基于 KDICA 的约简故障子空间提取方法基础上，提出基于剩余约简故障子空间的故障诊断技术。最后，通过 TE 过程验证基于 KDICA 的约简故障子空间提取方法及其在故障诊断中的可行性和有效性。

本章所提算法的优势主要体现在以下几点：①采用广义主成分分析（generalized principal component analysis，GPCA）[7-8]进行约简故障子空间的提取，既降低故障重构的计算复杂度，又能够有效地捕获故障信息；②针对具有动态特性和非线性特性的非高斯过程故障诊断问题，提出一种简单易行的基于剩余约简故障子空间的故障诊断技术。该技术是一种基于故障重构的故障识别方法，它的主要优点如下：①克服了传统贡献图具有涂抹效应，在具有动态特性和非线性特性的非高斯过程中不能准确计算可变贡献的缺陷；②考虑了 I^2 统计量和 SPE 统计量在故障检测中的不同物理意义，仅采用提取的剩余约简故障子空间即可准确识别发生了何种故障。

9.2 基于 KDICA 的故障重构技术

ICA 自提出以来不断发展，逐步改进至 KDICA[2] 过程监测模型，给出图 9.1 所示的 KDICA 过程监测模型来源图。在这一部分提出一种基于 KDICA 的故障重构技术，用于估计对应的故障幅值以消除故障影响。

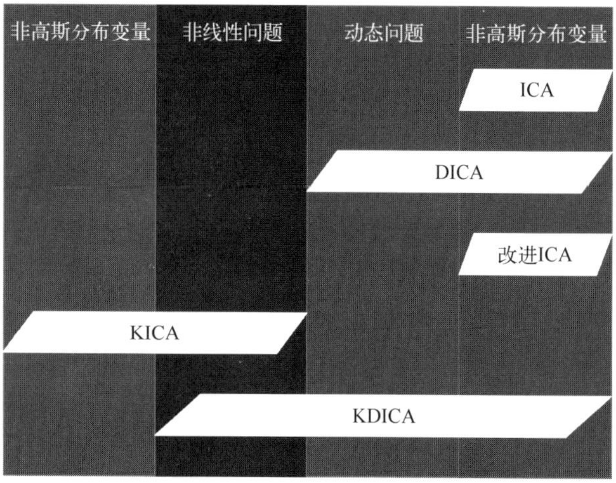

图 9.1 KDICA 过程监测模型来源图

9.2.1 KDICA 模型的建立

假设测量变量矩阵为 $\boldsymbol{X} \in \mathbf{R}^{m \times n}$，$m$ 代表变量数，n 代表样本数。采用以前的 l 个观测样本扩充任意一个观测向量，扩充矩阵为：

$$\boldsymbol{X}(l) = \begin{bmatrix} \boldsymbol{x}_k^{\mathrm{T}} & \boldsymbol{x}_{k-1}^{\mathrm{T}} & \cdots & \boldsymbol{x}_{k-l}^{\mathrm{T}} \\ \boldsymbol{x}_{k+1}^{\mathrm{T}} & \boldsymbol{x}_k^{\mathrm{T}} & \cdots & \boldsymbol{x}_{k-l+1}^{\mathrm{T}} \\ \vdots & \vdots & \ddots & \vdots \\ \boldsymbol{x}_{k+p}^{\mathrm{T}} & \boldsymbol{x}_{k+p-1}^{\mathrm{T}} & \cdots & \boldsymbol{x}_{k+p-l}^{\mathrm{T}} \end{bmatrix} \in \mathbf{R}^{(n-l) \times m(l+1)} \tag{9.1}$$

式中：扩充矩阵 $\boldsymbol{X}(l)$ 有 $m(l+1)$ 个变量、$p+1$ 个样本，则 $p+1=n-l$；$\boldsymbol{x}_k^{\mathrm{T}}$ 为 k 时刻采集的训练样本，它有 m 维观测向量；l 为滞后次数，除自确定 l 的方法外，还可以采用 Akaike 信息准则等方法计算 l。文献［1］表明，$l=1$ 或 $l=2$ 即可描述大部分过程的动态特性。

然后对扩充矩阵 $\boldsymbol{X}(l)$ 进行去均值和标准化两步预处理。Haykin 提出的 Cover 定理表明，输入空间的非线性数据结构 $\boldsymbol{X}(l)^{\mathrm{T}}$ 经过更高维空间映射后极大概率是线性数据结构[9]。常用特征空间（F）定义 Cover 定理中提到的高维线性空间。

预处理数据后，需要基于核映射白化数据，该步骤既处理非线性特性又满足获取正交得分的需求[10-16]。基于核映射白化数据的方法，首先沿用 Cover 定理的思想，使用非线性映射式“核技巧”（$\boldsymbol{\Phi}: \mathbf{R}^{m(l+1)\times(p+1)} \rightarrow F$）将低维非线性数据结构转化为高维线性数据结构；然后采用线性方法降维并提取特征。“核技巧”拥有不涉及非线性优化、本质上只需要线性代数运算以及建模前不必指定 IC 个数等优点。

特征空间中的协方差矩阵表示为

$$\boldsymbol{S}^{\mathrm{F}} = \frac{1}{p+1}\sum_{k=1}^{p+1}\boldsymbol{\Phi}(\boldsymbol{x}_k)\boldsymbol{\Phi}(\boldsymbol{x}_k)^{\mathrm{T}} \tag{9.2}$$

其中，令 $\boldsymbol{\Theta}=[\boldsymbol{\Phi}(\boldsymbol{x}_1),\boldsymbol{\Phi}(\boldsymbol{x}_2),\cdots,\boldsymbol{\Phi}(\boldsymbol{x}_{p+1})]$，则 $\boldsymbol{S}^{F}=\dfrac{1}{p+1}\boldsymbol{\Theta}\boldsymbol{\Theta}^{\mathrm{T}}$。

为得到特征空间的 PC，常采用提取特征向量这种简单易行的操作。然而，$\boldsymbol{\Phi}(\cdot)$ 是未知的，直接特征值分解 $\boldsymbol{S}^{F}$ 不现实。因此，令 Gram 矩阵 $\boldsymbol{K}=\boldsymbol{\Theta}^{\mathrm{T}}\boldsymbol{\Theta}$，即

$$[\boldsymbol{K}]_{ij}=\boldsymbol{K}_{ij}=\langle\boldsymbol{\Phi}(\boldsymbol{x}_i),\boldsymbol{\Phi}(\boldsymbol{x}_j)\rangle=k(\boldsymbol{x}_i,\boldsymbol{x}_j) \tag{9.3}$$

引入核函数 $k(\boldsymbol{x},\boldsymbol{y})$ 确定 Gram 矩阵 $\boldsymbol{K}$，该方法的优点是不用在特征空间进行非线性映射即可计算内积。本章采用最广泛使用的径向基核函数，即

$$k(\boldsymbol{x},\boldsymbol{y})=\exp\left(-\frac{\|\boldsymbol{x}-\boldsymbol{y}\|^2}{\sigma}\right) \tag{9.4}$$

式中：σ 为径向基核函数的参数，通常通过反复实验选取合适的 σ。

首先在高维空间 $\boldsymbol{\Phi}(\boldsymbol{x}_k)$ 进行平均中心化和缩放操作，即

$$\widetilde{\boldsymbol{K}}=\boldsymbol{K}-\boldsymbol{I}_{p+1}\boldsymbol{K}-\boldsymbol{K}\boldsymbol{I}_{p+1}+\boldsymbol{I}_{p+1}\boldsymbol{K}\boldsymbol{I}_{p+1} \tag{9.5}$$

式中：$\boldsymbol{I}_{p+1}=\dfrac{1}{p+1}\begin{bmatrix}1 & \cdots & 1\\ \vdots & \ddots & \vdots\\ 1 & \cdots & 1\end{bmatrix}_{(p+1)\times(p+1)}$；$\widetilde{\boldsymbol{K}}$为平均中心核矩阵。

将$\widetilde{\boldsymbol{K}}$进一步缩放为

$$\overline{\boldsymbol{K}}=\frac{\widetilde{\boldsymbol{K}}}{\dfrac{\mathrm{trace}(\widetilde{\boldsymbol{K}})}{(p+1)}} \tag{9.6}$$

然后特征值分解$\overline{\boldsymbol{K}}$，即

$$\lambda\boldsymbol{v}=\overline{\boldsymbol{K}}\boldsymbol{v} \tag{9.7}$$

式中：λ 为特征值；$\boldsymbol{v}$ 为正交特征向量。

最终决定从式（9.7）中保留多少个特征值至关重要，因为这会影响降维及特征提取效果。通常采用相对特征值准则选择$\bar{\boldsymbol{K}}$的 u 个最大特征值，即

$$\frac{\lambda_i}{\text{sum}(\lambda)}>0.0001 \tag{9.8}$$

式中：$\lambda_i(i=1,2,\cdots,p+1)$为$\bar{\boldsymbol{K}}$的特征值。

在式（9.7）中，$\bar{\boldsymbol{\Theta}}^{\mathrm{T}}\bar{\boldsymbol{\Theta}}=(p+1)\bar{\boldsymbol{K}}$，$\bar{\boldsymbol{K}}$的 u 个最大特征值 $\lambda_1\geqslant\lambda_2\geqslant\cdots\geqslant\lambda_u$ 对应的正交特征向量是 $\boldsymbol{v}_1,\boldsymbol{v}_2,\cdots,\boldsymbol{v}_u$。在此基础上，可以将 $\boldsymbol{S}^F$ 的 u 个最大特征值对应的正交特征向量 $\boldsymbol{h}_1,\boldsymbol{h}_2,\cdots,\boldsymbol{h}_u$ 表示为

$$\boldsymbol{h}_j=\frac{1}{\sqrt{(p+1)\lambda_j}}\bar{\boldsymbol{\Theta}}\boldsymbol{v}_j,\quad j=1,2,\cdots,u \tag{9.9}$$

白化矩阵为

$$\boldsymbol{H}=(\boldsymbol{h}_1,\boldsymbol{h}_2,\cdots,\boldsymbol{h}_u)=(p+1)^{-1/2}\bar{\boldsymbol{\Theta}}\boldsymbol{V}\boldsymbol{\Lambda}^{-1/2} \tag{9.10}$$

式中：$\boldsymbol{\Lambda}=\text{diag}[\lambda_1,\lambda_2,\cdots,\lambda_u]$；$\boldsymbol{V}=[\boldsymbol{v}_1,\boldsymbol{v}_2,\cdots,\boldsymbol{v}_u]$。

白化矩阵的标准形式为

$$\boldsymbol{Q}=\boldsymbol{H}\boldsymbol{\Lambda}^{-1/2}=(p+1)^{-1/2}\bar{\boldsymbol{\Theta}}\boldsymbol{V}\boldsymbol{\Lambda}^{-1} \tag{9.11}$$

因为特征空间中的映射数据能够采用 PCA 分解，所以第 $i(i=1,2,\cdots,p+1)$ 个白化得分向量计算为

$$\begin{aligned}\boldsymbol{z}(i)&=\boldsymbol{H}^{\mathrm{T}}\bar{\boldsymbol{\Phi}}(i)=(p+1)^{-1/2}\boldsymbol{\Lambda}^{-1/2}\boldsymbol{V}^{\mathrm{T}}\bar{\boldsymbol{\Theta}}^{\mathrm{T}}\bar{\boldsymbol{\Phi}}(i)\\&=(p+1)^{-1/2}\boldsymbol{\Lambda}^{-1/2}\boldsymbol{V}^{\mathrm{T}}(p+1)[\bar{\boldsymbol{k}}(\boldsymbol{x}_1,\boldsymbol{x}_i),\bar{\boldsymbol{k}}(\boldsymbol{x}_2,\boldsymbol{x}_i),\cdots,\bar{\boldsymbol{k}}(\boldsymbol{x}_{p+1},\boldsymbol{x}_i)]^{\mathrm{T}}\\&=(p+1)^{1/2}\boldsymbol{\Lambda}^{-1/2}\boldsymbol{V}^{\mathrm{T}}\bar{\boldsymbol{k}}(i)\end{aligned} \tag{9.12}$$

式中：$\bar{\boldsymbol{\Phi}}(i)$为$\bar{\boldsymbol{\Theta}}$的第 i 列；$\boldsymbol{z}(i)$为 $\boldsymbol{Z}$ 的第 i 列；$\bar{\boldsymbol{k}}(i)$为$\bar{\boldsymbol{K}}$的第 i 行。

白化得分向量的标准形式为

$$\bar{\boldsymbol{z}}(i)=\boldsymbol{Q}^{\mathrm{T}}\bar{\boldsymbol{\Phi}}(i)=(p+1)^{1/2}\boldsymbol{\Lambda}^{-1}\boldsymbol{V}^{\mathrm{T}}\bar{\boldsymbol{k}}^{\mathrm{T}}(i) \tag{9.13}$$

当采样到新的监测数据向量 $\boldsymbol{x}_{\text{new}}$时，构建具有时滞变量的增广样本 $\boldsymbol{x}_n(l)$，并对 $\boldsymbol{x}_n(l)$进行预处理。然后计算核向量 $\boldsymbol{k}_t$ 并将其平均中心化，即

$$\widetilde{\boldsymbol{k}}_t=\boldsymbol{k}_t-\boldsymbol{I}_t\boldsymbol{K}-\boldsymbol{k}_t\boldsymbol{I}_{p+1}+\boldsymbol{I}_t\boldsymbol{K}\boldsymbol{I}_{p+1} \tag{9.14}$$

式中：$\boldsymbol{I}_t=\frac{1}{p+1}[1,\cdots,1]_{p+1}$。

此外，将核向量$\widetilde{\boldsymbol{k}}_t$ 进一步缩放为

$$\bar{\boldsymbol{k}}_t=\frac{\widetilde{\boldsymbol{k}}_t}{\dfrac{\text{trace}(\widetilde{\boldsymbol{K}})}{(p+1)}} \tag{9.15}$$

新白化得分向量为

$$z_{\text{new}}=(p+1)^{1/2}\boldsymbol{\Lambda}^{-1/2}\boldsymbol{V}^{\mathrm{T}}\bar{\boldsymbol{k}}_t^{\mathrm{T}} \tag{9.16}$$

新白化得分向量的标准形式为

$$\bar{z}_{\text{new}}=(p+1)^{1/2}\boldsymbol{\Lambda}^{-1}\boldsymbol{V}^{\mathrm{T}}\bar{\boldsymbol{k}}_t^{\mathrm{T}} \tag{9.17}$$

得到线性的白化得分向量和新白化得分向量后，采用改进 ICA 提取非高斯特征。改进 ICA 可以从$\bar{z}\in\mathbf{R}^u$ 找到 $e(e\leqslant u)$个主导 IC($\boldsymbol{y}$)，通过最大化 $\boldsymbol{y}$ 的非高斯性，使满足 $\mathrm{E}\{\boldsymbol{y}\boldsymbol{y}^{\mathrm{T}}\}=\boldsymbol{D}=\mathrm{diag}\{\lambda_1,\lambda_2,\cdots,\lambda_e\}$，即

$$\boldsymbol{y}=\boldsymbol{C}^{\mathrm{T}}\bar{z} \tag{9.18}$$

式中：$\boldsymbol{C}\in\mathbf{R}^{u\times e}$且 $\boldsymbol{C}^{\mathrm{T}}\boldsymbol{C}=\boldsymbol{D}$。$\mathrm{E}\{\boldsymbol{y}\boldsymbol{y}^{\mathrm{T}}\}=\boldsymbol{D}$ 反映出 $\boldsymbol{y}$ 各元素方差与 KPCA 得分的方差相同。类似于 PCA，改进 ICA 也可根据 IC 的方差对 IC 进行排序。如果定义标准化的 IC($\boldsymbol{y}_n$) 为

$$\boldsymbol{y}_n=\boldsymbol{D}^{-1/2}\boldsymbol{y}=\boldsymbol{D}^{-1/2}\boldsymbol{C}^{\mathrm{T}}\bar{z}=\boldsymbol{C}_n^{\mathrm{T}}\bar{z} \tag{9.19}$$

那么 $\boldsymbol{D}^{-1/2}\boldsymbol{C}^{\mathrm{T}}=\boldsymbol{C}_n^{\mathrm{T}}$，$\boldsymbol{C}_n^{\mathrm{T}}\boldsymbol{C}_n=\boldsymbol{I}$ 且 $\mathrm{E}\{\boldsymbol{y}_n\boldsymbol{y}_n^{\mathrm{T}}\}=\boldsymbol{I}$。

虽然$\bar{z}$不是独立的，但它剔除了 1 阶和 2 阶数据（均值和方差）的统计相关性，可能是 $\boldsymbol{y}_n$ 较好的初始值。因此，将 $\boldsymbol{C}_n^{\mathrm{T}}$ 的初始矩阵设置为

$$\boldsymbol{C}_n^{\mathrm{T}}=[\boldsymbol{I}_e\ \vdots\ \mathbf{0}] \tag{9.20}$$

式中：$\boldsymbol{I}_e$ 为 e 维单位矩阵；$\mathbf{0}$ 为 $e\times(u-e)$维零矩阵。

找到 $\boldsymbol{C}_n$ 后，解混矩阵 $\boldsymbol{W}$ 和混合矩阵 $\boldsymbol{A}$ 计算公式为

$$\boldsymbol{W}=\boldsymbol{D}^{1/2}\boldsymbol{C}_n^{\mathrm{T}}\boldsymbol{Q}=\boldsymbol{D}^{1/2}\boldsymbol{C}_n^{\mathrm{T}}\boldsymbol{\Lambda}^{-1/2}\boldsymbol{V}^{\mathrm{T}} \tag{9.21}$$

$$\boldsymbol{A}=\boldsymbol{V}\Lambda^{1/2}\boldsymbol{C}_n\boldsymbol{D}^{-1/2} \tag{9.22}$$

式中：$\boldsymbol{W}\boldsymbol{A}=\boldsymbol{I}_{m(l+1)}$。

为了计算 $\boldsymbol{C}_n$，每个列向量 $\boldsymbol{c}_{n,i}$先被初始化，后被更新，这使第 i 个独立成分 $\boldsymbol{y}_{n,i}=(\boldsymbol{c}_{n,i})^{\mathrm{T}}\bar{z}$具有最大的非高斯性。目标函数 $\boldsymbol{y}_{n,i}(i=1,2,\cdots,e)$在统计上的独立，相当于最大化非高斯性。采用表 9.1 所列的改进 ICA 算法计算 $\boldsymbol{C}_n$。

表 9.1　改进 ICA 算法

算法步骤
步骤 1：选择 e 个要估计的 IC 数。设置计数器 $i=1$。
步骤 2：假设初始向量 $\boldsymbol{c}_{n,i}$是式（9.20）中 $\boldsymbol{C}_n^{\mathrm{T}}$ 的第 i 行。
步骤 3：采用 $\boldsymbol{c}_{n,i}\leftarrow\mathrm{E}\{\bar{z}(g(\boldsymbol{c}_{n,i}^{\mathrm{T}}\bar{z}))\}-\mathrm{E}\{g'(\boldsymbol{c}_{n,i}^{\mathrm{T}}\bar{z})\}\boldsymbol{c}_{n,i}$求解最大化近似负熵，其中 g 和 g'分别为 G 的 1 阶和 2 阶导数。
步骤 4：采用 $\boldsymbol{c}_{n,i}\leftarrow\boldsymbol{c}_{n,i}-\sum_{j=1}^{i-1}(\boldsymbol{c}_{n,i}^{\mathrm{T}}\boldsymbol{c}_{n,j})\boldsymbol{c}_{n,j}$ 进行正交化，以便排除已找到的解决方案中包含的信息。
步骤 5：标准化 $\boldsymbol{c}_{n,i}\leftarrow\dfrac{\boldsymbol{c}_{n,i}}{\Vert\boldsymbol{c}_{n,i}\Vert}$。
步骤 6：如果 $\boldsymbol{c}_{n,i}$尚未收敛，返回步骤 3。
步骤 7：如果 $\boldsymbol{c}_{n,i}$已经收敛，输出向量 $\boldsymbol{c}_{n,i}$；随后，如果 $i\leqslant e$ 令 $i\leftarrow i+1$，返回步骤 2。

找到 $\boldsymbol{C}_n$ 后，核动态 IC 计算公式为

$$\boldsymbol{y}=\boldsymbol{D}^{1/2}\boldsymbol{C}_n^{\mathrm{T}}\bar{\boldsymbol{z}}=\boldsymbol{D}^{1/2}\boldsymbol{C}_n^{\mathrm{T}}\boldsymbol{Q}^{\mathrm{T}}\overline{\boldsymbol{\Phi}}(i) \tag{9.23}$$

9.2.2 KDICA 的故障检测指标及其化简

KDICA 选用 I^2 和 SPE 这两个检测指标进行故障检测。其中，I^2 用于监测过程中的核动态独立元子空间；SPE 用于监测剩余子空间。核动态独立元子空间主要存在系统性变化，剩余子空间主要存在非系统性变化。

为检测系统性变化，I^2 统计量定义为

$$I^2=\boldsymbol{y}^{\mathrm{T}}\boldsymbol{D}^{-1}\boldsymbol{y} \tag{9.24}$$

因为 $\boldsymbol{y}$ 是非高斯分布的，所以 I^2 统计量的控制限 I_{limit}^2 不能采用 F 分布来确定，而是采用 KDE 方法获取。

为检测非系统性变化，SPE 统计量定义为

$$\mathrm{SPE}=\boldsymbol{e}^{\mathrm{T}}\boldsymbol{e}=(\bar{z}-\hat{\bar{z}})^{\mathrm{T}}(\bar{z}-\hat{\bar{z}})=\bar{z}^{\mathrm{T}}(\boldsymbol{I}-\boldsymbol{C}_n\boldsymbol{C}_n^{\mathrm{T}})\bar{z} \tag{9.25}$$

式中：$\boldsymbol{e}=\bar{z}-\hat{\bar{z}}$ 且 $\hat{\bar{z}}$ 可以从以下位置找到

$$\hat{\bar{z}}=\boldsymbol{C}_n\boldsymbol{D}^{-1/2}\boldsymbol{y}=\boldsymbol{C}_n\boldsymbol{C}_n^{\mathrm{T}}\bar{z} \tag{9.26}$$

提取的核动态 IC 包含大部分非高斯噪声；剩余子空间主要包含高斯噪声，可以认为其满足高斯分布。因此，SPE 统计量的控制限 $\mathrm{SPE}_{\mathrm{limit}}$ 通过加权 χ^2 分布计算，即

$$\begin{gathered}\mathrm{SPE}\sim\varsigma\chi_h^2\\ \varsigma=\frac{b}{2a,h}=\frac{2a^2}{b}\end{gathered} \tag{9.27}$$

式中：a 和 b 分别为 SPE 相对于正常运行数据的估计平均值和方差。

为了便于故障重构，将 I^2 和 SPE 这两个检测指标分别进行化简，最终采用 $\bar{\boldsymbol{k}}$ 表示。结合式（9.13）、式（9.18）、式（9.19）和式（9.24），将 I^2 统计量进行以下化简，即

$$\begin{aligned}I^2&=\boldsymbol{y}^{\mathrm{T}}\boldsymbol{D}^{-1}\boldsymbol{y}=(\boldsymbol{C}^{\mathrm{T}}\bar{z})^{\mathrm{T}}\boldsymbol{D}^{-1}\boldsymbol{C}^{\mathrm{T}}\bar{z}\\&=\bar{z}^{\mathrm{T}}\boldsymbol{C}\boldsymbol{D}^{-1}\boldsymbol{C}^{\mathrm{T}}\bar{z}=\bar{z}^{\mathrm{T}}\boldsymbol{C}\boldsymbol{D}^{-1/2}\boldsymbol{D}^{-1/2}\boldsymbol{C}^{\mathrm{T}}\bar{z}\\&=\bar{z}^{\mathrm{T}}\boldsymbol{C}(\boldsymbol{D}^{-1/2})^{\mathrm{T}}\boldsymbol{D}^{-1/2}\boldsymbol{C}^{\mathrm{T}}\bar{z}=\bar{z}^{\mathrm{T}}(\boldsymbol{D}^{-1/2}\boldsymbol{C}^{\mathrm{T}})^{\mathrm{T}}\boldsymbol{D}^{-1/2}\boldsymbol{C}^{\mathrm{T}}\bar{z}\\&=\bar{z}^{\mathrm{T}}\boldsymbol{C}_n\boldsymbol{C}_n^{\mathrm{T}}\bar{z}=\bar{z}^{\mathrm{T}}\boldsymbol{I}\bar{z}=((p+1)^{1/2}\boldsymbol{\Lambda}^{-1}\boldsymbol{V}^{\mathrm{T}}\bar{\boldsymbol{k}}^{\mathrm{T}})^{\mathrm{T}}(p+1)^{1/2}\boldsymbol{\Lambda}^{-1}\boldsymbol{V}^{\mathrm{T}}\bar{\boldsymbol{k}}^{\mathrm{T}}\\&=(p+1)\bar{\boldsymbol{k}}\boldsymbol{V}(\boldsymbol{\Lambda}^{-1})^{\mathrm{T}}\boldsymbol{\Lambda}^{-1}\boldsymbol{V}^{\mathrm{T}}\bar{\boldsymbol{k}}^{\mathrm{T}}=\bar{\boldsymbol{k}}\boldsymbol{E}_I\bar{\boldsymbol{k}}^{\mathrm{T}}=\|\boldsymbol{E}_I^{1/2}\bar{\boldsymbol{k}}^{T}\|^2\end{aligned} \tag{9.28}$$

式中：$\boldsymbol{D}$ 为对角矩阵；$(\boldsymbol{D}^{-1/2})^{\mathrm{T}}=\boldsymbol{D}^{-1/2}$；$\boldsymbol{E}_I=(p+1)\boldsymbol{V}(\boldsymbol{\Lambda}^{-1})^{\mathrm{T}}\boldsymbol{\Lambda}^{-1}\boldsymbol{V}^{\mathrm{T}}$。

结合式（9.13）和式（9.25），将 SPE 统计量进行以下化简，即

$$\begin{aligned}\text{SPE} &= \boldsymbol{e}^{\mathrm{T}}\boldsymbol{e} = (\bar{z}-\hat{\bar{z}})^{\mathrm{T}}(\bar{z}-\hat{\bar{z}}) = \bar{z}^{\mathrm{T}}(\boldsymbol{I}-\boldsymbol{C}_n\boldsymbol{C}_n^{\mathrm{T}})\bar{z} \\ &= ((p+1)^{1/2}\boldsymbol{\Lambda}^{-1}\boldsymbol{V}^{\mathrm{T}}\bar{\boldsymbol{k}}^{\mathrm{T}})^{\mathrm{T}}(\boldsymbol{I}-\boldsymbol{C}_n\boldsymbol{C}_n^{\mathrm{T}})(p+1)^{1/2}\boldsymbol{\Lambda}^{-1}\boldsymbol{V}^{\mathrm{T}}\bar{\boldsymbol{k}}^{\mathrm{T}} \\ &= (p+1)\bar{\boldsymbol{k}}\boldsymbol{V}(\boldsymbol{\Lambda}^{-1})^{\mathrm{T}}(\boldsymbol{I}-\boldsymbol{C}_n\boldsymbol{C}_n^{\mathrm{T}})\boldsymbol{\Lambda}^{-1}\boldsymbol{V}^{\mathrm{T}}\bar{\boldsymbol{k}}^{\mathrm{T}} \\ &= \bar{\boldsymbol{k}}\boldsymbol{E}_{\mathrm{SPE}}\bar{\boldsymbol{k}}^{\mathrm{T}} = \|\boldsymbol{E}_{\mathrm{SPE}}^{1/2}\bar{\boldsymbol{k}}^{\mathrm{T}}\|^2\end{aligned} \tag{9.29}$$

式中：$\boldsymbol{E}_{\mathrm{SPE}}=(p+1)\boldsymbol{V}(\boldsymbol{\Lambda}^{-1})^{\mathrm{T}}(\boldsymbol{I}-\boldsymbol{C}_n\boldsymbol{C}_n^{\mathrm{T}})\boldsymbol{\Lambda}^{-1}\boldsymbol{V}^{\mathrm{T}}$。

使用 I^2 和 SPE 这两种统计量进行故障检测，可能会有 4 种不同的结果：

（1）故障使 I^2 和 SPE 同时超过控制限；

（2）故障使 I^2 超过控制限，SPE 正常（SPE 统计量低于控制限）；

（3）故障使 SPE 超过控制限，I^2 正常（I^2 统计量低于控制限）；

（4）I^2 和 SPE 均未超过控制限。

I^2 统计量和 SPE 统计量总是同时用于故障检测，且两者具有不同的物理意义。其中，I^2 统计量提取过程数据中的非高斯特征，检测核动态独立元子空间中的系统性变化；剩余子空间主要包含高斯噪声，SPE 统计量检测剩余子空间中的非系统性变化。

最后，给出图 9.2 所示的 KDICA 故障检测方法的实施流程框图。

9.2.3　KDICA 的故障可检测性

1. 核动态独立元子空间故障的可检测性

在 KDICA 的核动态独立元子空间中，有以下公式，即

$$\boldsymbol{\Phi}(\boldsymbol{x}_I^*)=\boldsymbol{\Phi}(\boldsymbol{x})-\boldsymbol{\Sigma}_I\boldsymbol{f}_I \tag{9.30}$$

式中：$\boldsymbol{\Phi}(\boldsymbol{x}_I^*)$ 为核动态独立元子空间中的无故障数据；$\boldsymbol{\Sigma}_I\boldsymbol{f}_I$ 为核动态独立元子空间中的故障部分；$\boldsymbol{\Sigma}_I$ 为核动态独立元子空间中已知的故障方向；$\boldsymbol{f}_I$ 为故障系统核动态独立元子空间的故障得分。

令 $\boldsymbol{\Phi}(\boldsymbol{x})=\bar{\boldsymbol{k}}^{\mathrm{T}}$，将式（9.30）代入式（9.28）中，可以得到

$$I^2(\boldsymbol{\Phi}(\boldsymbol{x}))=\|\boldsymbol{E}_I^{1/2}\boldsymbol{\Phi}(\boldsymbol{x}_I^*)+\boldsymbol{E}_I^{1/2}\boldsymbol{\Sigma}_I\boldsymbol{f}_I\|^2=\|\boldsymbol{\Phi}(\bar{\boldsymbol{x}}_I^*)+\bar{\boldsymbol{\Sigma}}_I\boldsymbol{f}_I\|^2 \tag{9.31}$$

式中：$\boldsymbol{\Phi}(\bar{\boldsymbol{x}}_I^*)$ 为核动态独立元子空间中的正常部分，$\boldsymbol{\Phi}(\bar{\boldsymbol{x}}_I^*)=\boldsymbol{E}_I^{1/2}\boldsymbol{\Phi}(\boldsymbol{x}_I^*)$；$\bar{\boldsymbol{\Sigma}}_I\boldsymbol{f}_I$ 为核动态独立元子空间中故障部分的贡献，$\bar{\boldsymbol{\Sigma}}_I\boldsymbol{f}_I=\boldsymbol{E}_I^{1/2}\boldsymbol{\Sigma}_I\boldsymbol{f}_I$。

当检测到与系统性变化相关的故障时，$I^2>I^2_{\mathrm{limit}}$，$\|\bar{\boldsymbol{\Sigma}}_I\boldsymbol{f}_I\|>0$，即满足所有非零 $\boldsymbol{f}_I$ 和 $\bar{\boldsymbol{\Sigma}}_I$ 必须具有完整的列秩。如果 $\bar{\boldsymbol{\Sigma}}_I$ 不具备完整的列秩，在 $\bar{\boldsymbol{\Sigma}}_I$ 零空间中的非零故障则不能被检测到，即它们与系统性变化无关。对于所有大幅度的 $\boldsymbol{f}_I$，故障均可以通过 I^2 统计量检测到，这种故障称为完全系统性变化相关故障。对于一些幅度较大的 $\boldsymbol{f}_I$，故障可以通过 I^2 统计量检测到，这种故障称为部分系统性变化相关故障。令 $S_I=\mathrm{span}\{\bar{\boldsymbol{\Sigma}}_I\}$ 为故障的核动态独立元子空间，证

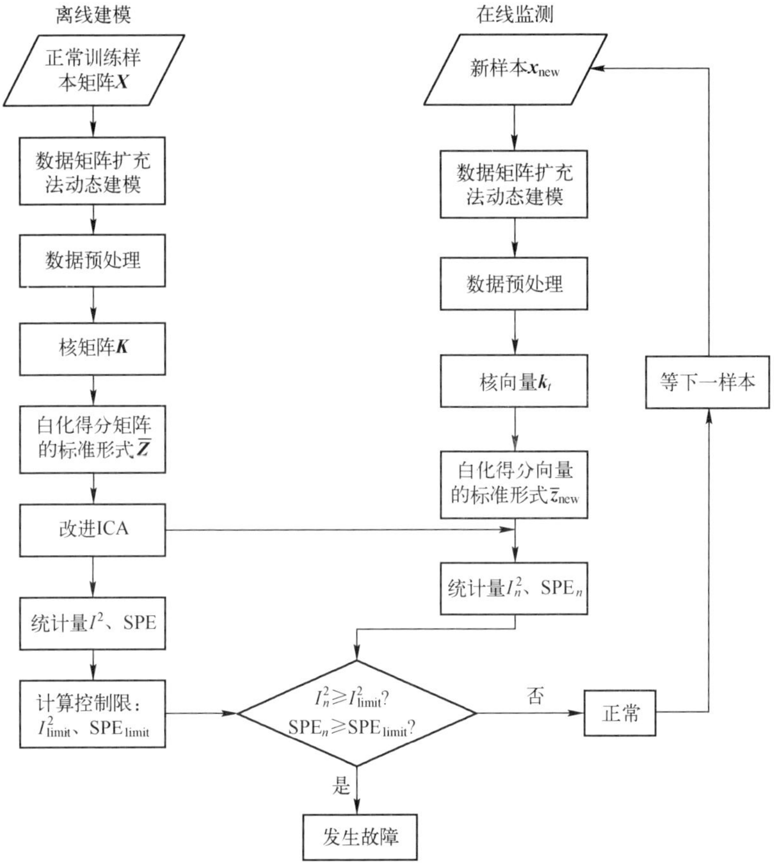

图 9.2 KDICA 故障检测方法的实施流程框图

明故障与系统性变化相关的条件，证明如下。

正如$\bar{\boldsymbol{\Sigma}}_I \in \boldsymbol{R}^{m(l+1)\times R_{\text{f}}}$，$\dim(S_I)=A_{\text{f}}$ 相当于 $\delta_{\min}(\bar{\boldsymbol{\Sigma}}_I)>0$。因此，$\|\bar{\boldsymbol{\Sigma}}_I \boldsymbol{f}_I\| \geqslant \|\boldsymbol{f}_I\|\delta_{\min}(\bar{\boldsymbol{\Sigma}}_I)>0$。当 $\|\boldsymbol{f}_I\| > 2\sqrt{I_{\text{limit}}^2}/\delta_{\min}(\bar{\boldsymbol{\Sigma}}_I)$ 时，$\|\bar{\boldsymbol{\Sigma}}_I \boldsymbol{f}_I\| \geqslant 2\sqrt{I_{\text{limit}}^2}$。当 $\|\boldsymbol{\Phi}(\bar{\boldsymbol{x}}_I^*)\| < \sqrt{I_{\text{limit}}^2}$，$I^2(\boldsymbol{\Phi}(\boldsymbol{x}))>I_{\text{limit}}^2$，这保证故障可以被检测到，只要 $\|\boldsymbol{f}_I\| > 2\sqrt{I_{\text{limit}}^2}/\delta_{\min}(\bar{\boldsymbol{\Sigma}}_I)$。

类似地，$S_I=\boldsymbol{0}$ 相当于$\bar{\boldsymbol{\Sigma}}_I=\boldsymbol{0}$。因此，对于所有的$\boldsymbol{f}_I$，故障 F_I 均不能通过 I^2 统计量检测到，这意味着 F_I 与系统性变化完全无关。

最后，$0<\dim(S_I)<A_{\text{f}}$ 相当于 $\delta_{\max}(\bar{\boldsymbol{\Sigma}}_I)>\delta_{\min}(\bar{\boldsymbol{\Sigma}}_I)=0$。必须有$\boldsymbol{f}_I$，使$\|\bar{\boldsymbol{\Sigma}}_I \boldsymbol{f}_I\| \geqslant \|\boldsymbol{f}_I\|\delta_{\min}^*(\bar{\boldsymbol{\Sigma}}_I)>0$，$\delta_{min}^*(\bar{\boldsymbol{\Sigma}}_I)$是$\bar{\boldsymbol{\Sigma}}_I$ 非零奇异值中的最小值。同样，当$\|\boldsymbol{f}_I\|>2\sqrt{I_{\text{limit}}^2}/\delta_{\min}^*(\bar{\boldsymbol{\Sigma}}_I)$时，即可检测到故障。

因此，系统性变化相关故障的可检测性可通过以下方式确定。

（1）如果 $\dim(S_I)=A_f$，则故障 F_I 完全系统性变化相关，它的数学形式可以表示为

$$\delta_{\min}(\overline{\boldsymbol{\Sigma}}_I)>0 \tag{9.32}$$

（2）如果 $0<\dim(S_I)<A_f$，则故障 F_I 部分系统性变化相关，它的数学形式可以表示为

$$\delta_{\max}(\overline{\boldsymbol{\Sigma}}_I)>\delta_{\min}(\overline{\boldsymbol{\Sigma}}_I)=0 \tag{9.33}$$

式中：$\delta_{\max}(\overline{\boldsymbol{\Sigma}}_I)$ 和 $\delta_{\min}(\overline{\boldsymbol{\Sigma}}_I)$ 分别为 $\overline{\boldsymbol{\Sigma}}_I$ 最大和最小的奇异值。

（3）如果 $\dim(S_I)=0$，则故障 F_I 完全系统性变化无关。

2. 剩余子空间故障的可检测性

在剩余子空间中，有以下公式，即

$$\boldsymbol{\Phi}(\boldsymbol{x}_{\mathrm{SPE}}^{*})=\boldsymbol{\Phi}(\boldsymbol{x})-\boldsymbol{\Sigma}_{\mathrm{SPE}}\boldsymbol{f}_{\mathrm{SPE}} \tag{9.34}$$

式中：$\boldsymbol{\Phi}(\boldsymbol{x}_{\mathrm{SPE}}^{*})$ 和 $\boldsymbol{\Sigma}_{\mathrm{SPE}}\boldsymbol{f}_{\mathrm{SPE}}$ 分别为剩余子空间的无故障数据和故障部分；$\boldsymbol{\Sigma}_{\mathrm{SPE}}$ 和 $\boldsymbol{f}_{\mathrm{SPE}}$ 分别为剩余子空间中已知的故障方向和故障得分。

将式（9.34）代入式（9.29），可得

$$\mathrm{SPE}(\boldsymbol{\Phi}(\boldsymbol{x}))=\|\boldsymbol{E}_{\mathrm{SPE}}^{1/2}\boldsymbol{\Phi}(\boldsymbol{x}_{\mathrm{SPE}}^{*})+\boldsymbol{E}_{\mathrm{SPE}}^{1/2}\boldsymbol{\Sigma}_{\mathrm{SPE}}\boldsymbol{f}_{\mathrm{SPE}}\|^2=\|\boldsymbol{\Phi}(\overline{\boldsymbol{x}}_{\mathrm{SPE}}^{*})+\overline{\boldsymbol{\Sigma}}_{\mathrm{SPE}}\boldsymbol{f}_{\mathrm{SPE}}\|^2 \tag{9.35}$$

式中：$\boldsymbol{\Phi}(\overline{\boldsymbol{x}}_{\mathrm{SPE}}^{*})$ 为剩余子空间中的正常部分且 $\boldsymbol{\Phi}(\overline{\boldsymbol{x}}_{\mathrm{SPE}}^{*})=\boldsymbol{E}_{\mathrm{SPE}}^{1/2}\boldsymbol{\Phi}(\boldsymbol{x}_{\mathrm{SPE}}^{*})$；$\overline{\boldsymbol{\Sigma}}_{\mathrm{SPE}}\boldsymbol{f}_{\mathrm{SPE}}$ 为剩余子空间中故障部分的贡献且 $\overline{\boldsymbol{\Sigma}}_{\mathrm{SPE}}\boldsymbol{f}_{\mathrm{SPE}}=\boldsymbol{E}_{\mathrm{SPE}}^{1/2}\boldsymbol{\Sigma}_{\mathrm{SPE}}\boldsymbol{f}_{\mathrm{SPE}}$。

令 $S_{\mathrm{SPE}}=\mathrm{span}\{\overline{\boldsymbol{\Sigma}}_{\mathrm{SPE}}\}$ 为故障的剩余子空间，非系统性变化故障的可检测性类似于系统性变化故障的可检测性。因此，不再重复推导证明，直接给出非系统性变化相关故障的可检测性确定方法。

（1）如果 $\dim(S_{\mathrm{SPE}})=A_f$，则故障 F_{SPE} 完全非系统性变化相关，它的数学形式可以表示为

$$\delta_{\min}(\overline{\boldsymbol{\Sigma}}_{\mathrm{SPE}})>0 \tag{9.36}$$

（2）如果 $0<\dim(S_{\mathrm{SPE}})<A_f$，则故障 F_{SPE} 部分非系统性变化相关，它的数学形式可以表示为

$$\delta_{\max}(\overline{\boldsymbol{\Sigma}}_{\mathrm{SPE}})>\delta_{\min}(\overline{\boldsymbol{\Sigma}}_{\mathrm{SPE}})=0 \tag{9.37}$$

式中：$\delta_{\max}(\overline{\boldsymbol{\Sigma}}_{\mathrm{SPE}})$ 和 $\delta_{\min}(\overline{\boldsymbol{\Sigma}}_{\mathrm{SPE}})$ 分别为 $\overline{\boldsymbol{\Sigma}}_{\mathrm{SPE}}$ 最大和最小的奇异值。

（3）如果 $\dim(S_{\mathrm{SPE}})=0$，则故障 F_{SPE} 完全非系统性变化无关。

9.2.4　核动态独立元子空间的故障重构

首先假设实际故障已经用故障方向 $\boldsymbol{\Sigma}_I$ 识别，故障样本 $\boldsymbol{\Phi}(\boldsymbol{x})$ 可以沿着给

定的故障方向进行校正，有

$$\boldsymbol{\Phi}(\boldsymbol{x}_{I\mathrm{e}})=\boldsymbol{\Phi}(\boldsymbol{x})-\boldsymbol{\Sigma}_I\boldsymbol{f}_{I\mathrm{e}} \tag{9.38}$$

式中：$\boldsymbol{\Phi}(\boldsymbol{x}_{I\mathrm{e}})$为核动态独立元子空间的校正值；$\boldsymbol{f}_{I\mathrm{e}}$为在核动态独立元子空间中估计的故障幅值。

对 $\boldsymbol{\Phi}(\boldsymbol{x}_{I\mathrm{e}})$计算重构的 I^2 统计量，即

$$I^2(\boldsymbol{\Phi}(\boldsymbol{x}_{I\mathrm{e}}))=\boldsymbol{\Phi}(\boldsymbol{x}_{I\mathrm{e}})^{\mathrm{T}}\boldsymbol{E}_I\boldsymbol{\Phi}(\boldsymbol{x}_{I\mathrm{e}})=(\boldsymbol{\Phi}(\boldsymbol{x})-\boldsymbol{\Sigma}_I\boldsymbol{f}_{I\mathrm{e}})^{\mathrm{T}}E_I(\boldsymbol{\Phi}(\boldsymbol{x})-\boldsymbol{\Sigma}_I\boldsymbol{f}_{I\mathrm{e}}) \tag{9.39}$$

为了尽可能消除故障对核动态独立元子空间的影响，需要解决以下优化问题，即

$$\min_{f_{I\mathrm{e}}}\{I^2(\boldsymbol{\Phi}(\boldsymbol{x}_{I\mathrm{e}}))\} \tag{9.40}$$

问题式（9.40）是一个无约束最小二乘问题，其解析解为

$$\boldsymbol{f}_{I\mathrm{e}}=(\boldsymbol{\Sigma}_I^{\mathrm{T}}\boldsymbol{E}_I\boldsymbol{\Sigma}_I)^{\dagger}\boldsymbol{\Sigma}_I^{\mathrm{T}}\boldsymbol{E}_I\boldsymbol{\Phi}(\boldsymbol{x})\equiv\boldsymbol{B}_I\boldsymbol{\Phi}(\boldsymbol{x}) \tag{9.41}$$

式中：$(\cdot)^{\dagger}$ 代表矩阵的 Moore-Penrose 伪逆。

如果 $\boldsymbol{\Sigma}_I^{\mathrm{T}}\boldsymbol{E}_I\boldsymbol{\Sigma}_I$ 满秩，式（9.41）是式（9.40）唯一且最优的解；如果 $\boldsymbol{\Sigma}_I^{\mathrm{T}}\boldsymbol{E}_I\boldsymbol{\Sigma}_I$ 不满秩，式（9.41）是式（9.40）的最小范数解。

基于 I^2 检测指标故障重构的目的是将故障样本沿方向 $\boldsymbol{\Sigma}_I$ 拉回核动态独立元子空间的正常区域。尽管重构样本在核动态独立元子空间可能仍然异常，但它并不影响系统性变化。如果故障 $\boldsymbol{\Sigma}_I$ 是完全系统性变化相关的，式（9.41）是加权最小二乘法，其完全重构；如果故障 $\boldsymbol{\Sigma}_I$ 部分与系统性变化相关，这使 $\boldsymbol{\Sigma}_I$ 秩亏，式（9.41）是最小范数解，其部分重构。基于 I^2 比较故障可检测性和可重构性，发现故障可重构性的标准与故障可检测性的标准完全相同（一个故障是完全可检测的，则它也是完全可重构的）。检测到故障后，重构故障幅值的系统性变化相关部分。

9.2.5 剩余子空间的故障重构

同样地，假设实际故障已经用故障方向 $\boldsymbol{\Sigma}_{\mathrm{SPE}}$识别，故障样本 $\boldsymbol{\Phi}(\boldsymbol{x})$可以沿着给定的故障方向进行校正，即

$$\boldsymbol{\Phi}(\boldsymbol{x}_{\mathrm{SPEe}})=\boldsymbol{\Phi}(\boldsymbol{x})-\boldsymbol{\Sigma}_{\mathrm{SPE}}\boldsymbol{f}_{\mathrm{SPEe}} \tag{9.42}$$

式中：$\boldsymbol{\Phi}(\boldsymbol{x}_{\mathrm{SPEe}})$为剩余子空间的校正值；$\boldsymbol{f}_{\mathrm{SPEe}}$为剩余子空间中估计的故障幅值。

对 $\boldsymbol{\Phi}(\boldsymbol{x}_{\mathrm{SPEe}})$计算重构的 SPE 统计量，有

$$\begin{aligned}\mathrm{SPE}(\boldsymbol{\Phi}(\boldsymbol{x}_{\mathrm{SPEe}}))&=\boldsymbol{\Phi}(\boldsymbol{x}_{\mathrm{SPEe}})^{\mathrm{T}}\boldsymbol{E}_{\mathrm{SPE}}\boldsymbol{\Phi}(\boldsymbol{x}_{\mathrm{SPEe}})\\&=(\boldsymbol{\Phi}(\boldsymbol{x})-\boldsymbol{\Sigma}_{\mathrm{SPE}}\boldsymbol{f}_{\mathrm{SPEe}})^{\mathrm{T}}\boldsymbol{E}_{\mathrm{SPE}}(\boldsymbol{\Phi}(\boldsymbol{x})-\boldsymbol{\Sigma}_{\mathrm{SPE}}\boldsymbol{f}_{\mathrm{SPEe}})\end{aligned} \tag{9.43}$$

为了尽可能消除故障对剩余子空间的影响，需要解决以下优化问题，即

$$\min_{f_{\mathrm{SPEe}}}\{\mathrm{SPE}(\boldsymbol{\Phi}(\boldsymbol{x}_{\mathrm{SPEe}}))\} \tag{9.44}$$

式（9.44）是一个无约束最小二乘问题，其解析解为

$$\boldsymbol{f}_{\mathrm{SPEe}}=(\boldsymbol{\Sigma}_{\mathrm{SPE}}^{\mathrm{T}}\boldsymbol{E}_{\mathrm{SPE}}\boldsymbol{\Sigma}_{\mathrm{SPE}})^{\dagger}\boldsymbol{\Sigma}_{\mathrm{SPE}}^{\mathrm{T}}\boldsymbol{E}_{\mathrm{SPE}}\boldsymbol{\Phi}(\boldsymbol{x})\equiv\boldsymbol{B}_{\mathrm{SPE}}\boldsymbol{\Phi}(\boldsymbol{x}) \tag{9.45}$$

式中：$(\cdot)^{\dagger}$ 代表矩阵的 Moore-Penrose 伪逆。

如果 $\boldsymbol{\Sigma}_{\mathrm{SPE}}^{\mathrm{T}}\boldsymbol{E}_{\mathrm{SPE}}\boldsymbol{\Sigma}_{\mathrm{SPE}}$满秩，式（9.45）是式（9.44）唯一且最优的解；如果$\boldsymbol{\Sigma}_{\mathrm{SPE}}^{\mathrm{T}}\boldsymbol{E}_{\mathrm{SPE}}\boldsymbol{\Sigma}_{\mathrm{SPE}}$不满秩，式（9.45）是式（9.44）的最小范数解。

基于 SPE 检测指标故障重构的目的是将故障样本沿方向 $\boldsymbol{\Sigma}_{\mathrm{SPE}}$拉回剩余子空间的正常区域。尽管重构样本在剩余子空间可能仍然异常，但它并不影响剩余子空间。如果故障 $\boldsymbol{\Sigma}_{\mathrm{SPE}}$是完全非系统性变化相关的，式（9.45）是加权最小二乘法，其完全重构；如果故障 $\boldsymbol{\Sigma}_{\mathrm{SPE}}$部分与非系统性变化相关，这使$\bar{\boldsymbol{\Sigma}}_{\mathrm{SPE}}$秩亏，式（9.45）是最小范数解，其部分重构。类似于 I^2 统计量，基于 SPE 的故障可重构性标准与故障可检测性标准也完全相同。检测到故障后，重构故障幅度的非系统性变化相关部分。

9.3　故障子空间的提取

9.3.1　整体故障子空间的提取

Yue 等[17]提出了整体故障子空间的提取方法，该方法与 PCA 的故障子空间提取方法相同。如果 $\boldsymbol{x}_k$ 代表第 k 个故障样本，则

$$\boldsymbol{x}_k=\boldsymbol{x}_k^*+\Sigma\boldsymbol{f}_k \tag{9.46}$$

式中，$\boldsymbol{x}_k^*$ 满足零均值条件，因此通常忽略。式（9.46）改写为

$$\breve{\boldsymbol{x}}_k\approx\boldsymbol{\Sigma}\breve{\boldsymbol{f}}_k \tag{9.47}$$

式中：$\breve{\boldsymbol{x}}_k$ 为用该方案处理的样本。平均故障数据矩阵计算为

$$\breve{\boldsymbol{X}}_{\mathrm{f}}^{\mathrm{T}}\approx\boldsymbol{\Sigma}[\breve{\boldsymbol{f}}_1,\boldsymbol{f}_2,\cdots,\breve{\boldsymbol{f}}_{p+1}] \tag{9.48}$$

奇异值分解$\breve{\boldsymbol{X}}_{\mathrm{f}}^{\mathrm{T}}$，即

$$\breve{\boldsymbol{X}}_{\mathrm{f}}^{\mathrm{T}}\approx\boldsymbol{UDV}^{\mathrm{T}} \tag{9.49}$$

式中：对角矩阵 $\boldsymbol{D}$ 具有降序的非零奇异值，选择 $\boldsymbol{\Sigma}=\boldsymbol{U}$。故障子空间的维数是使重构的 I^2 统计量和 SPE 统计量处于控制限内的最小维数。

9.3.2　约简故障子空间的提取

故障方向 $\boldsymbol{\Sigma}_I$ 和 $\boldsymbol{\Sigma}_{\mathrm{SPE}}$不能直接用于确定故障的可检测性，而约简的故障方

向$\overline{\boldsymbol{\Sigma}}_I$和$\overline{\boldsymbol{\Sigma}}_{\mathrm{SPE}}$能完成任务，因此从故障$\boldsymbol{\Phi}(\boldsymbol{X})$中提取$\overline{\boldsymbol{\Sigma}}_I$和$\overline{\boldsymbol{\Sigma}}_{\mathrm{SPE}}$而不是$\boldsymbol{\Sigma}_I$和$\boldsymbol{\Sigma}_{\mathrm{SPE}}$。对于$I^2$统计量，考虑到$\|\boldsymbol{\Phi}(\bar{\boldsymbol{x}}_I^*)\|<\sqrt{I_{\mathrm{limit}}^2}$和$\overline{\boldsymbol{\Sigma}}_I\boldsymbol{f}_I$通常很大，有

$$\boldsymbol{\Phi}(\bar{\boldsymbol{x}}_{I_k})=\boldsymbol{\Phi}(\bar{\boldsymbol{x}}_{I_k}^*)+\overline{\boldsymbol{\Sigma}}_I\boldsymbol{f}_{I_k}\approx\overline{\boldsymbol{\Sigma}}_I\boldsymbol{f}_{I_k} \tag{9.50}$$

因此，形成

$$\boldsymbol{\Phi}(\overline{\boldsymbol{X}}_{\mathrm{f}})^{\mathrm{T}}=\overline{\boldsymbol{\Sigma}}_I[\boldsymbol{f}_{I_1},\boldsymbol{f}_2,\cdots,\boldsymbol{f}_{I_{(p+1)}}] \tag{9.51}$$

奇异值分解$\boldsymbol{\Phi}(\overline{\boldsymbol{X}}_{\mathrm{f}})^{\mathrm{T}}$，即

$$\boldsymbol{\Phi}(\overline{\boldsymbol{X}}_{\mathrm{f}})^{\mathrm{T}}=\overline{\boldsymbol{U}}_I\overline{\boldsymbol{D}}_I\overline{\boldsymbol{V}}_I^{\mathrm{T}} \tag{9.52}$$

式中：如果对角矩阵$\overline{\boldsymbol{D}}_I$有降序的非零奇异值，可以选取$\overline{\boldsymbol{\Sigma}}_I=\overline{\boldsymbol{U}}_I$。

类似地，对于SPE统计量，考虑到$\|\boldsymbol{\Phi}(\bar{\boldsymbol{x}}_{\mathrm{SPE}}^*)\|<\sqrt{\mathrm{SPE}_{\mathrm{limit}}}$和$\overline{\boldsymbol{\Sigma}}_{\mathrm{SPE}}\boldsymbol{f}_{\mathrm{SPE}}$通常很大，有

$$\boldsymbol{\Phi}(\bar{\boldsymbol{x}}_{\mathrm{SPE}_k})=\boldsymbol{\Phi}(\bar{\boldsymbol{x}}_{\mathrm{SPE}_k}^*)+\overline{\boldsymbol{\Sigma}}_{\mathrm{SPE}}\boldsymbol{f}_{\mathrm{SPE}_k}\approx\overline{\boldsymbol{\Sigma}}_{\mathrm{SPE}}\boldsymbol{f}_{\mathrm{SPE}_k} \tag{9.53}$$

因此，形成

$$\boldsymbol{\Phi}(\overline{\boldsymbol{X}}_{\mathrm{f}})^{\mathrm{T}}=\overline{\boldsymbol{\Sigma}}_{\mathrm{SPE}}[\boldsymbol{f}_{\mathrm{SPE}_1},\boldsymbol{f}_{\mathrm{SPE}_2},\cdots,\boldsymbol{f}_{\mathrm{SPE}_{(p+1)}}] \tag{9.54}$$

奇异值分解$\boldsymbol{\Phi}(\overline{\boldsymbol{X}}_{\mathrm{f}})^{\mathrm{T}}$，即

$$\boldsymbol{\Phi}(\overline{\boldsymbol{X}}_{\mathrm{f}})^{\mathrm{T}}=\overline{\boldsymbol{U}}_{\mathrm{SPE}}\overline{\boldsymbol{D}}_{\mathrm{SPE}}\overline{\boldsymbol{V}}_{\mathrm{SPE}}^{\mathrm{T}} \tag{9.55}$$

其中：如果对角矩阵$\overline{\boldsymbol{D}}_{\mathrm{SPE}}$有降序的非零奇异值，选取$\overline{\boldsymbol{\Sigma}}_{\mathrm{SPE}}=\overline{\boldsymbol{U}}_{\mathrm{SPE}}$。

完整的故障子空间能够反映故障的全部信息，在PCA中得到广泛应用。但是，在核动态独立元子空间提取与系统性变化相关的故障子空间更有效，在剩余子空间提取与非系统性变化相关的故障子空间更有效。式（9.52）的约简故障子空间是核动态独立元子空间和故障子空间之间的交集，式（9.55）的约简故障子空间是剩余子空间和故障子空间之间的交集。约简故障子空间的维数也是使重构的I^2统计量或SPE统计量处于控制限内的最小维数，其能够有效地捕获与系统性变化或非系统性变化相关的故障信息。基于KDICA的约简故障子空间提取方法如表9.2所列。

表9.2 基于KDICA的约简故障子空间提取方法

故障子空间提取步骤
步骤1：假设过程监测样本$\boldsymbol{x}$可能发生f_w种故障，$\boldsymbol{X}$代表正常训练样本矩阵，$\{\boldsymbol{X}_{f_1},\boldsymbol{X}_{f_2},\cdots,\boldsymbol{X}_{f_w}\}$代表纯故障训练数据集，其中$f_1,f_2,\cdots,f_w$代表故障类型
步骤2：提取核动态独立元约简故障子空间： （1）设置计数器$f_i=1$； （2）采用GPCA提取正常训练样本矩阵$\boldsymbol{X}$和纯故障训练数据$\boldsymbol{X}_{f_i}$的核动态独立元公共子空间； （3）去除核动态独立元公共子空间，得到核动态独立元约简故障子空间；

续表

（4）通过奇异值分解获取核动态独立元约简故障子空间的幅值$\overline{\boldsymbol{\Sigma}}_I$； （5）按照满足期望的故障重构率（如 85%）在核动态独立元约简故障子空间中选取最佳重构核动态 IC 个数； （6）如果$f_i<f_w$ 令 $f_i=f_i+1$，返回（2）；否则提取剩余约简故障子空间。
步骤 3：提取剩余约简故障子空间： （1）设置计数器 $f_i=1$； （2）采用 GPCA 提取正常训练样本矩阵 $\boldsymbol{X}$ 和纯故障训练数据 $\boldsymbol{X}_{f_i}$ 的剩余公共子空间； （3）去除剩余公共子空间，得到剩余约简故障子空间； （4）通过奇异值分解获取剩余约简故障子空间的幅值$\overline{\boldsymbol{\Sigma}}_{\mathrm{SPE}}$； （5）按照满足期望的故障重构率（如 85%）在剩余约简故障子空间中选取最佳重构主元个数； （6）如果$f_i<f_w$ 令 $f_i=f_i+1$，返回（2）；否则结束。

9.4　基于剩余约简故障子空间的故障诊断技术

在基于 KDICA 的过程监测中，I^2 统计量和 SPE 统计量总是同时用于故障检测，且两者具有不同的物理意义。其中，I^2 统计量提取过程数据中的非高斯特征，检测核动态独立元子空间中的系统性变化；剩余子空间主要包含高斯噪声，SPE 统计量检测剩余子空间中的非系统性变化。使用 I^2 和 SPE 进行故障检测时，可能会有 3 种不同的结果显示有故障发生：①I^2 统计量和 SPE 统计量同时超过控制限；②I^2 统计量超过控制限，SPE 统计量正常；③SPE 统计量超过控制限，I^2 统计量正常。

故障检测和故障诊断都是 KDICA 在过程监测中的重要内容，即检测到故障后识别引起故障的变量或者确定故障的种类。贡献图具有不需要先验知识、易应用于在线故障诊断的优点，是 ICA 过程监测领域最常用的故障识别方法。当检测到故障后，贡献图中最大的变量被认为是造成故障的主要原因。然而贡献图具有涂抹效应，这使最终的故障原因需要进一步分析和确定。此外，具有动态特性和非线性特性的非高斯过程在复杂系统中广泛存在，而贡献图在具有非线性特性的复杂系统中不普适。因此，故障重构被广泛应用于故障识别，以找到故障的根本原因，实现故障诊断。

本小节提出的故障诊断技术仅重构剩余子空间的 SPE 统计量即可准确地诊断故障类型，该技术是一种基于故障重构的故障识别方法。提取完剩余约简故障子空间后，假设过程监测样本 $\boldsymbol{x}$ 发生第 $f_i(1\leqslant f_i\leqslant f_w)$ 种故障，那么 SPE 值经过第 f_i 种故障的重构后则会低于控制限，且为最小。以此类推，如果对故障 $\boldsymbol{X}_{f_j}(f_j\neq f_i,1\leqslant f_j\leqslant f_w)$ 进行第 f_i 种故障的重构，则故障信息仍然存在，重构后的 SPE 值仍然表现为超限，与故障值没有太大变化。这为基于故障重构的故障识别方法提供了保障，即如果准确进行重构，则重构前后的 SPE 值将会存在很大差别[4]。给出故障重构率（fault reconstruction rate，FRR）的定义[5]，即

$$\mathrm{FRR}=\frac{N_{\mathrm{wronor}}}{N_{\mathrm{wrong}}} \tag{9.56}$$

式中：N_{wronor} 为故障样本恢复正常的数量；N_{wrong} 为原始故障样本总数。

在上述基础上，如果监测过程出现故障，那么后面监测的一系列数据都是该故障的异常表现，因此在采集了一批故障样本后对该故障的类型进行诊断识别。其中 $\boldsymbol{X}_{\mathrm{test}}$ 代表有故障的过程监测数据矩阵，在监测过程中可能发生 f_w 种故障。对有故障的过程监测数据矩阵 $\boldsymbol{X}_{\mathrm{test}}$ 进行 f_w 次故障重构，可以得到 $\mathrm{FRR}_{f_1},\cdots,\mathrm{FRR}_{f_w}$。其中，$\mathrm{FRR}_{f_i}$ 代表采用第 $f_i(1\leqslant f_i\leqslant f_w)$ 种纯故障训练数据重构后的故障重构率，FRR_{f_i} 最大则认为发生了第 $f_i(1\leqslant f_i\leqslant f_w)$ 种故障。

9.5 TE 过程的案例研究

KDICA 过程监测方法是为具有动态特性和非线性特性的非高斯过程开发的。文献［18-21］大多采用 TE 过程验证不同算法提取过程数据动态、非线性和非高斯等特征的能力，这说明它的过程数据具有动态、非线性和非高斯等特征。因此，选用 TE 过程验证基于 KDICA 的约简故障子空间提取方法及其故障诊断技术的可行性和有效性。本节首先初始化 TE 过程的实验数据，然后分别进行约简故障子空间提取和故障诊断实验。

9.5.1 实验数据初始化

本节在基于 KDICA 的故障检测基础上进行约简故障子空间提取及故障诊断。TE 过程中的故障 3、9、15 是 ICA 过程监测领域的微小故障，它们在 KDICA 的故障检测结果也并不理想。因此，在剩余 12 种已知故障中分别进行约简故障子空间提取实验。提取完约简故障子空间后，在剩余 12 种已知故障中分别选取阶跃、随机、慢偏移和黏滞这 4 种类型的故障进行故障诊断实验。在 TE 过程的数据集中选取 33 个变量进行实验，其中包括前 22 种测量变量和前 11 种操作变量。

9. 5. 2　约简故障子空间提取实验

为了验证基于 KDICA 故障重构技术的可行性和优越性，分别选取 25%、50%和 75%的故障方向数量进行 KDICA 和 KICA 的故障重构实验，具体的故障重构率如表 9. 3 所列。粗体部分是在对应故障的故障方向中选取相同故障方向数量占比时最好的故障重构结果。

表 9. 3　两种算法选取不同故障方向数量的故障重构率　　单位：%

故障	25%的故障方向数量				50%的故障方向数量				75%的故障方向数量			
	KDICA		KICA		KDICA		KICA		KDICA		KICA	
	T^2	SPE	T^2	SPE	T^2	SPE	T^2	SPE	T^2	SPE	T^2	SPE
1	**0.42**	**1.26**	0.21	0.21	**0.63**	**2.52**	0.21	0.83	0.84	**62.39**	**1.25**	2.29
2	**5.98**	**0.85**	0.85	0.42	**12.18**	4.49	1.27	**6.28**	**64.32**	12.18	17.97	**74.58**
4	**56.44**	0.00	6.88	**7.92**	**82.82**	**90.79**	25.62	57.29	**83.13**	90.79	42.29	**97.92**
5	**19.49**	10.68	1.46	**12.92**	35.17	30.07	**40.21**	**56.25**	**64.41**	49.03	58.75	**73.96**
6	0.00	**3.14**	0.00	0.00	0.00	**6.28**	0.00	0.00	0.00	**6.90**	0.00	0.00
7	0.00	**20.08**	0.00	0.00	0.00	**40.17**	0.00	0.00	**1.05**	**55.23**	0.00	16.25
8	1.08	0.43	**1.27**	**0.85**	**22.15**	**18.92**	1.48	1.49	**60.00**	**60.45**	2.53	5.32
10	**42.64**	**52.84**	11.30	22.41	**63.50**	**79.97**	24.13	53.23	**86.04**	84.28	51.09	**92.46**
11	**57.78**	**68.61**	9.91	18.04	**83.64**	**80.76**	28.45	48.70	**92.61**	88.35	60.13	**93.26**
12	**2.37**	**2.64**	1.26	2.11	**8.62**	**23.30**	2.32	4.44	**31.90**	**65.93**	4.42	10.99
13	**13.36**	**12.28**	0.21	1.27	**32.11**	**31.03**	1.69	2.12	**57.54**	**76.94**	3.80	6.78
14	0.21	**8.16**	0.21	0.42	**16.95**	**34.52**	0.42	1.04	**46.86**	**64.85**	6.46	43.75

从表 9. 3 中可以发现以下 3 点结论：①当选取相同的故障方向数量占比时，大多数故障的 KDICA 的故障重构率高于 KICA 的故障重构率；②随着故障方向数量占比的上升，KDICA 和 KICA 的故障重构率也在上升；③同一算法的两故障检测指标的故障重构率不同。

然后采用基于 KDICA 的约简故障子空间提取方法分别从故障 1~2、4~8、10~14 的纯故障训练数据集进行约简故障子空间提取实验，它们的故障重构结果如图 9. 3 至图 9. 5 所示。图中的蓝色代表统计量，红色代表控制限，绿色代表重构的统计量。在图 9. 3 至图 9. 5 中，先对纯故障训练数据进行约简故障子空间提取，然后重构统计量高于控制限的纯故障训练样本数据。

由图 9. 3 至图 9. 5 可以发现，统计量高于控制限的纯故障训练样本数据经重构后，大多数的重构统计量降到了控制限以下。因此，采用基于 KDICA 的约简故障子空间提取方法，能够得到令人满意的约简故障子空间和重构效果。

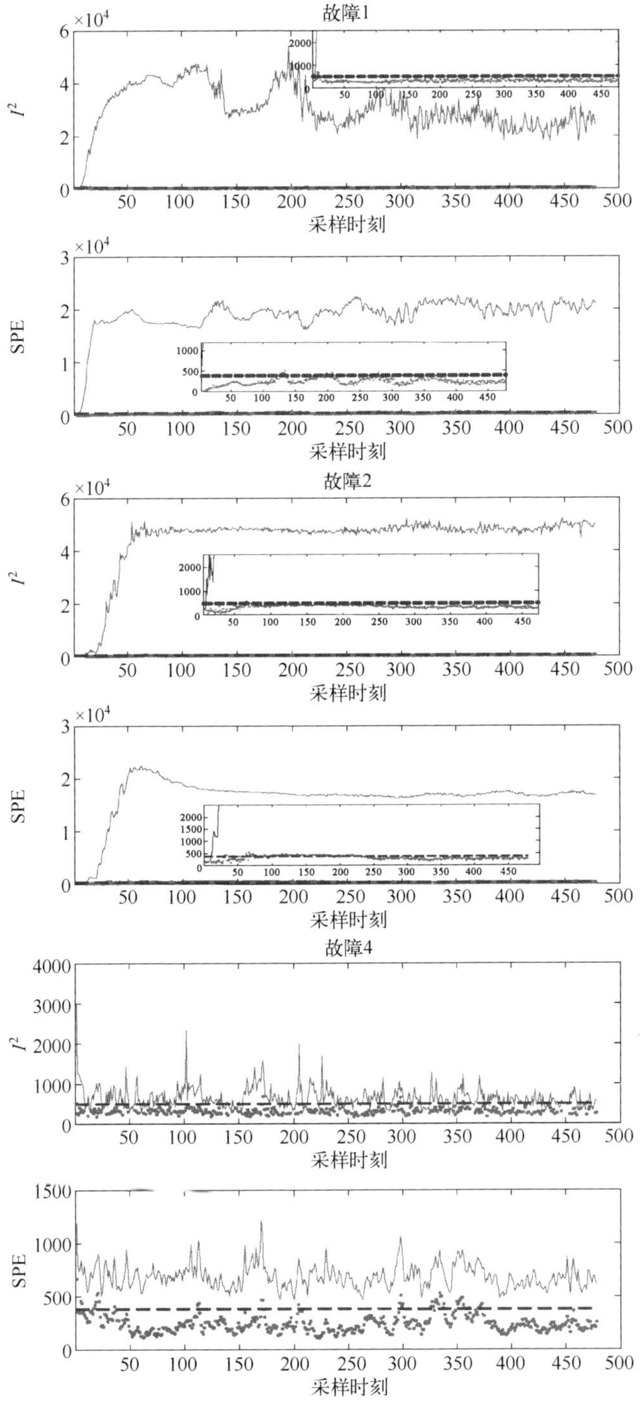
故障1
T^2
采样时刻
SPE
采样时刻
故障2
T^2
采样时刻
SPE
采样时刻
故障4
T^2
采样时刻
SPE
采样时刻

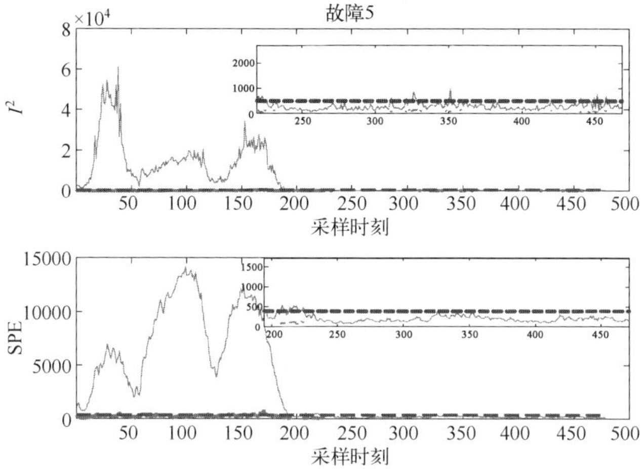

图 9.3　故障 1、2、4、5 的故障重构结果（见彩图）

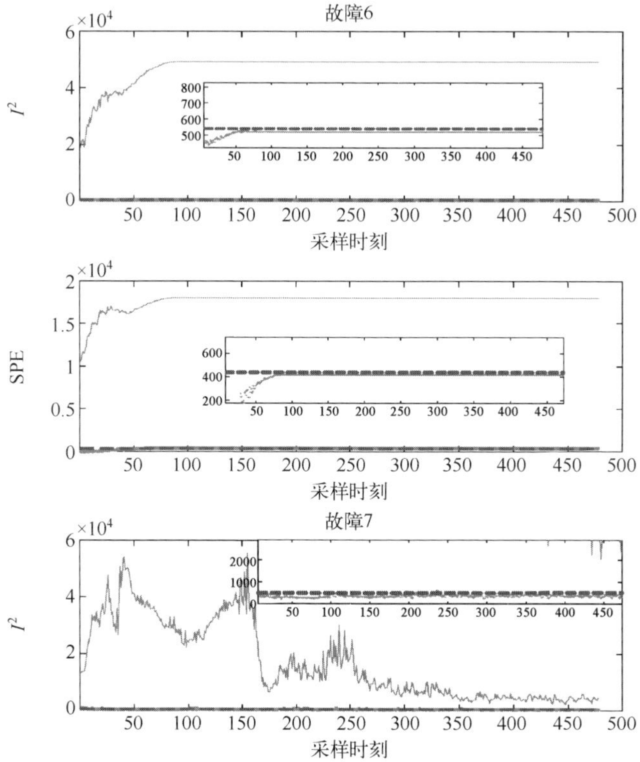

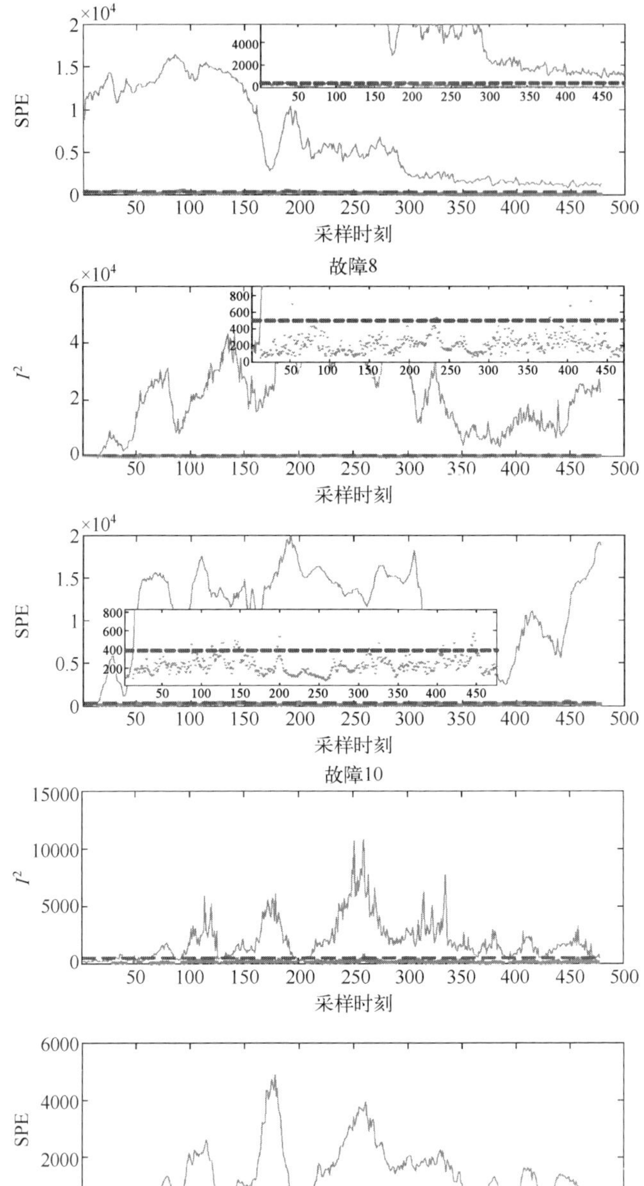

图 9.4　故障 6、7、8、10 的故障重构结果（见彩图）

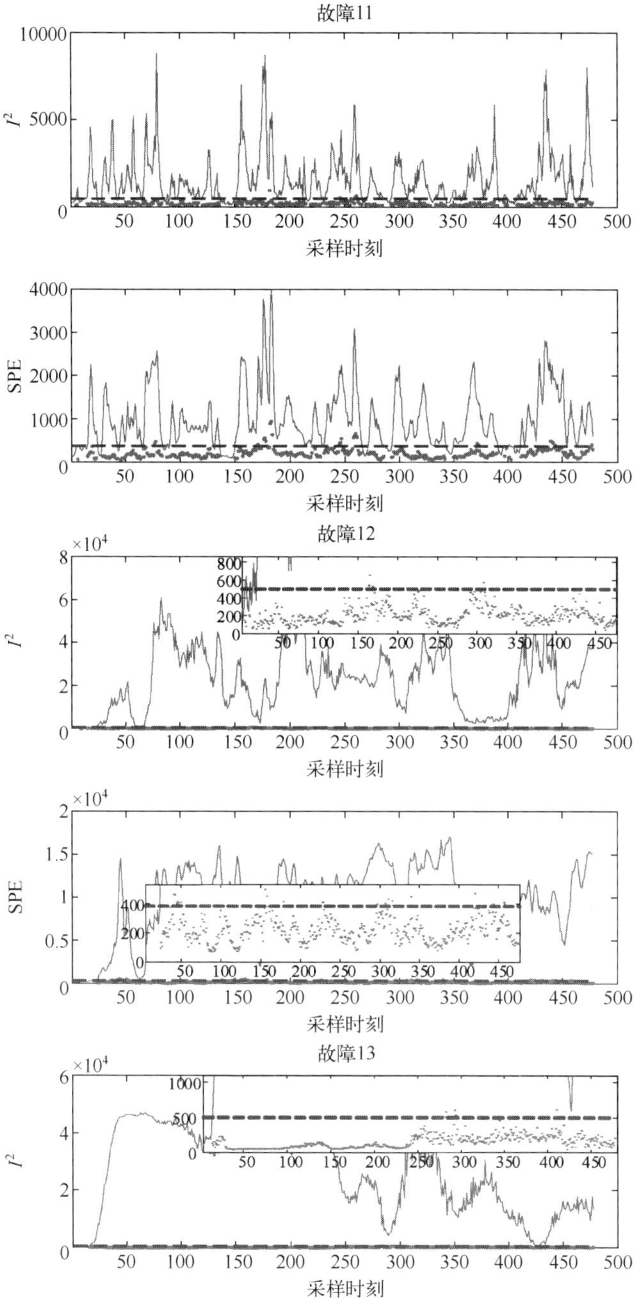
故障11
T^2
SPE
采样时刻
故障12
$\times10^4$
T^2
SPE
采样时刻
故障13
$\times10^4$
T^2
采样时刻

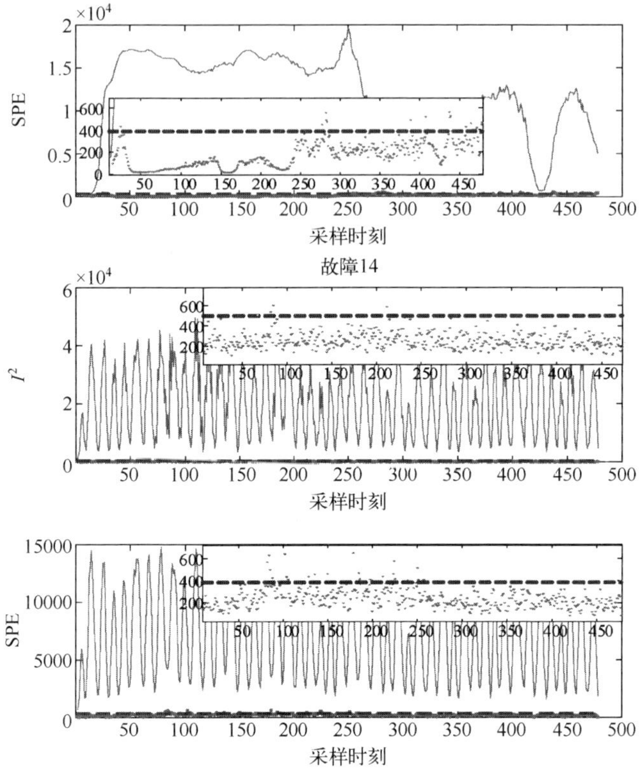

图 9.5 故障 11、12、13、14 的故障重构结果（见彩图）

9.5.3 故障诊断实验

提取完约简故障子空间后，在 12 种已知故障中分别选取阶跃、随机、慢偏移和黏滞这 4 种类型的故障验证基于剩余约简故障子空间的故障诊断效果，具体实验结果如表 9.4 所列。其中，故障 1、5、7 是阶跃类型故障，故障 8、10~12 是随机类型故障，故障 13 和故障 14 分别是 TE 过程中唯一的慢偏移和黏滞类型故障。粗体部分是对应故障的故障识别结果，即采用从纯故障训练样本数据中提取的剩余约简故障子空间进行故障重构时，具有最大故障重构率的故障即为发生故障的原因。从表 9.4 中可以发现，任何类型的故障采用基于剩余约简故障子空间的故障诊断技术均能准确地诊断出故障原因。

表 9.4　基于剩余约简故障子空间的故障诊断结果　　单位：%

剩余约简故障子空间	故障								
	1	5	7	8	10	11	12	13	14
1	**88.96**	52.34	15.58	19.34	57.40	45.32	12.08	11.48	0.30
2	0.60	5.74	0.00	3.02	1.81	3.02	1.21	0.60	0.00
4	0.00	11.78	0.30	0.30	0.00	17.22	0.00	0.00	0.00
5	1.21	**62.84**	0.30	10.88	51.66	46.53	5.44	2.72	0.00
6	0.60	15.71	0.00	7.55	12.69	11.48	2.11	1.21	0.00
7	5.14	35.35	**75.53**	11.48	38.37	29.91	4.53	6.34	0.00
8	30.82	29.00	6.95	**22.36**	44.71	24.17	5.74	10.88	0.00
10	0.91	26.68	0.00	8.76	**60.12**	17.62	3.63	1.81	0.00
11	0.60	33.53	0.30	9.06	13.29	**62.54**	2.42	1.21	0.00
12	10.57	50.76	12.99	14.20	59.52	32.33	**42.60**	18.13	0.00
13	14.20	33.23	12.39	12.69	48.04	19.34	3.93	**27.19**	0.00
14	0.91	17.52	0.00	8.16	16.92	17.82	2.72	1.51	**92.45**

最后，给出故障 1 和故障 14 分别采用不同故障的剩余约简故障子空间进行故障诊断的实验结果，具体内容如图 9.6 至图 9.7 所示。从图 9.6 中可以发现：①采用不同故障的剩余约简故障子空间进行故障重构时，重构统计量和故障重构率各不相同；②采用故障 1 的剩余约简故障子空间进行重构时，具有最大的故障重构率，因此准确诊断出发生了第一种类型故障。仔细观察图 9.7，可以得到类似于图 9.6 的实验结论，这进一步验证了基于剩余约简故障子空间的故障诊断方法的可行性和有效性。因此，基于 KDICA 的约简故障子空间提取方法及其故障诊断技术可行且有效。

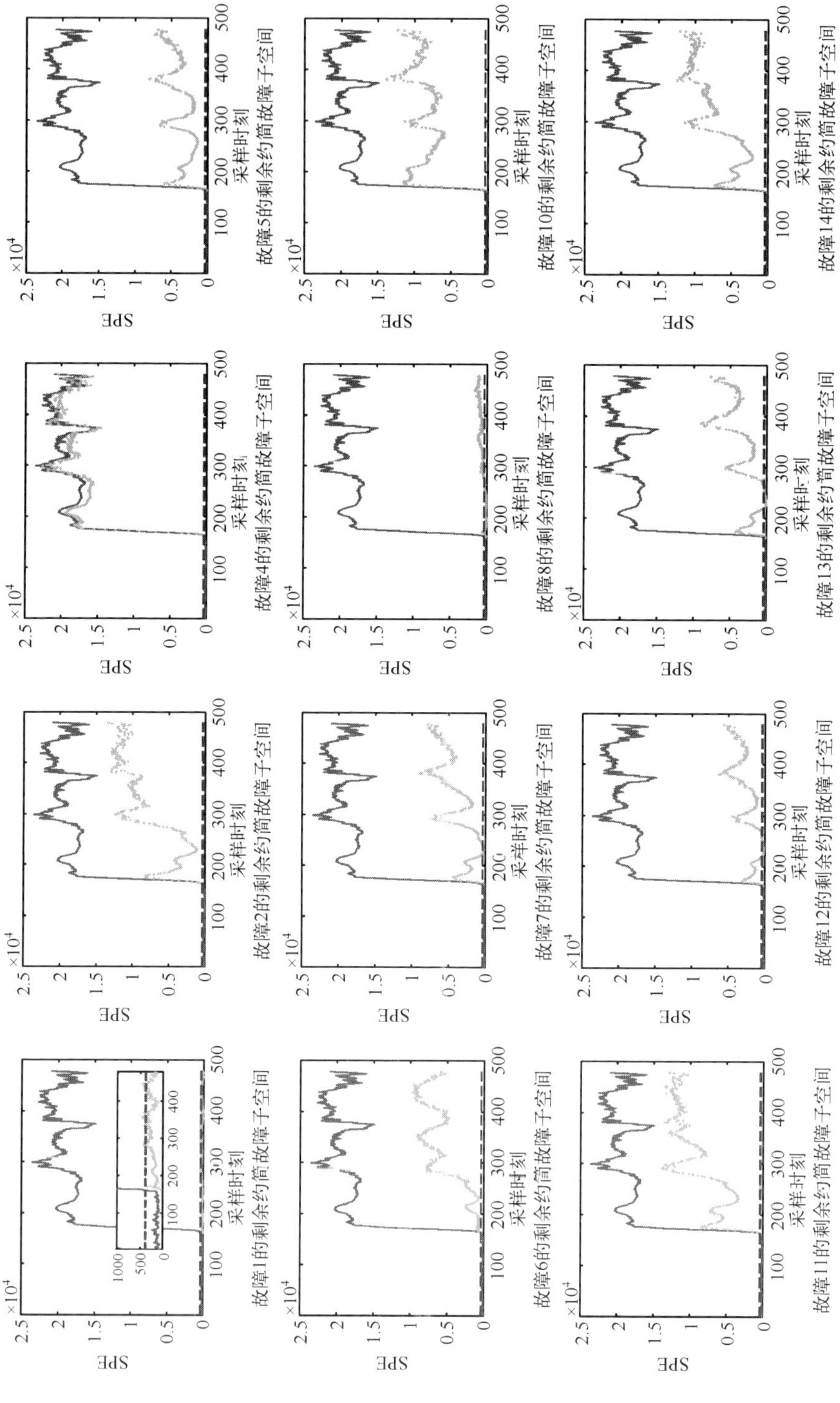

图9.6 故障1采用不同剩余约简故障子空间的故障诊断结果

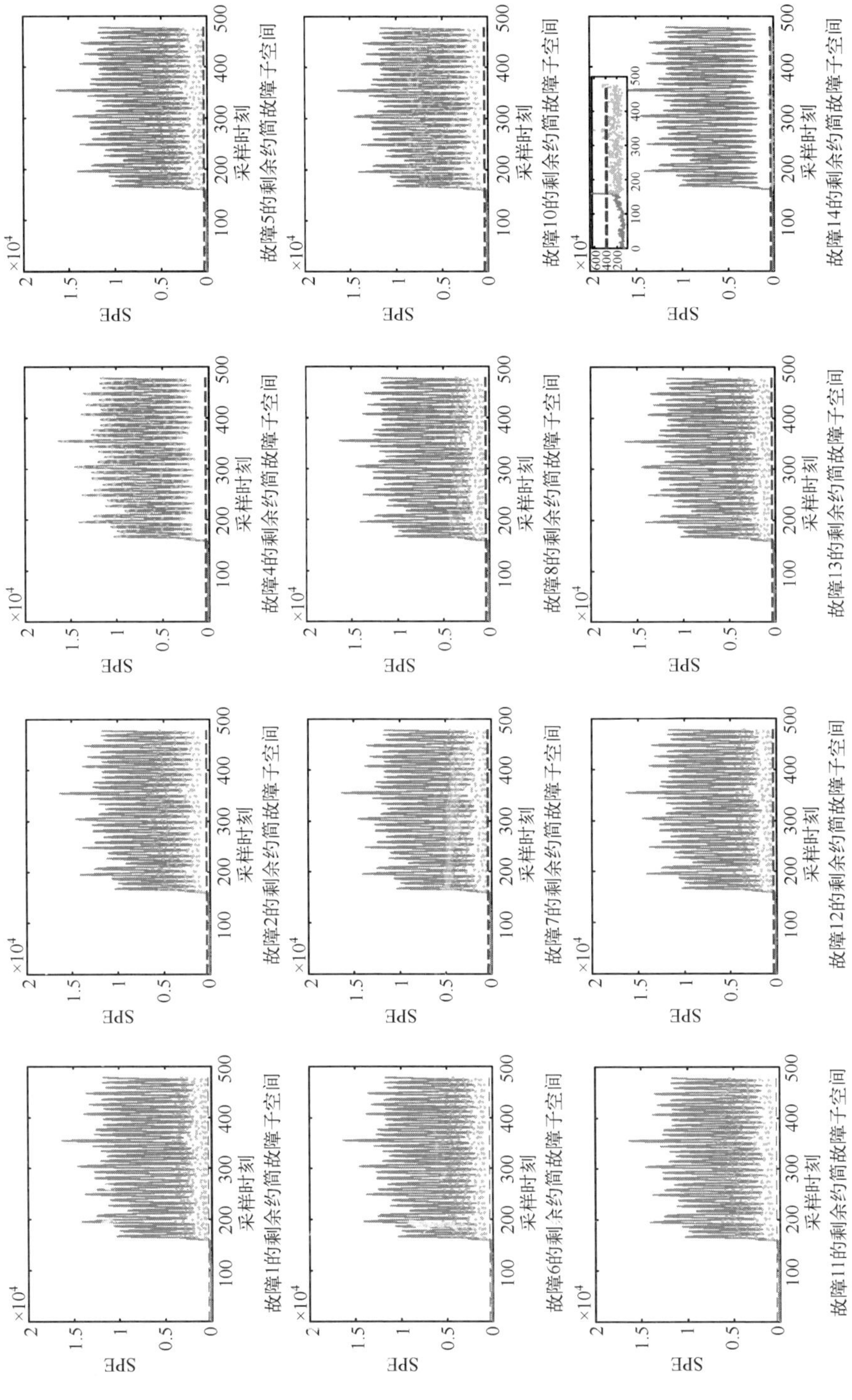

图9.7　故障14采用不同剩余约简故障子空间的故障诊断结果

9.6 小结

本章针对具有动态特性和非线性特性的非高斯过程的故障重构问题，提出一种基于 KDICA 的约简故障子空间提取方法。与此同时，在 KDICA 的约简故障子空间提取方法基础上提出基于剩余约简故障子空间的故障诊断技术。KDICA 模型划分为核动态独立元子空间和剩余子空间，分别采用 I^2 统计量和 SPE 统计量进行故障检测。所提方法首先提出基于 KDICA 的故障重构技术，化简了 KDICA 的故障检测指标并分析了故障可检测性；然后给出整体故障子空间和约简故障子空间的提取方法；最后结合 TE 过程验证了所提约简故障子空间提取方法及其故障诊断技术的可行性和优越性。

参考文献

[1] Lee J M, Yoo C K, Lee I B. Statistical monitoring of dynamic processes based on dynamic independent component analysis [J]. Chemical Engineering Science, 2004, 59 (14): 2995-3006.

[2] Fan J C, Wang Y Q. Fault detection and diagnosis of non-linear non-Gaussian dynamic processes using kernel dynamic independent component analysis [J]. Information Sciences, 2014 (259): 369-379.

[3] MacGregor J F, Jaeckle C, Kiparissides C, et al. Process monitoring and diagnosis by multiblock PLS methods [J]. AIChE Journal, 1994, 40 (5): 826-838.

[4] Alcala C F, Qin S J. Reconstruction-based contribution for process monitoring [J]. Automatica, 2009, 45 (7): 1593-1600.

[5] Zhang Y W, Fan Y P, Wen Y. Nonlinear process monitoring using regression and reconstruction method [J]. IEEE Transactions on Automation Science and Engineering, 2016, 13 (3): 1343-1354.

[6] Liu Y, Wang F L, Chang Y Q. Reconstruction in integrating fault spaces for fault identification with kernel independent component analysis [J]. Chemical Engineering Research and Design, 2013, 91 (6): 1071-1084.

[7] Feng X W, Kong X Y, Duan Z S, et al. Adaptive generalized eigen-pairs extraction algorithms and their convergence analysis [J]. IEEE Transactions on Signal Processing, 2016, 64 (11): 2976-2989.

[8] Feng X W, Kong X Y, Ma H G, et al. A novel unified and self-stabilizing algorithm for generalized eigenpairs extraction [J]. IEEE Transactions on Neural Networks & Learning Systems, 2017, 28 (99): 3032-3044.

[9] Haykin S. Neural networks expand SP's horizons [J]. IEEE Signal Processing Magazine, 1996, 13 (2): 29-49.

[10] Zhang Y W, Qin S J. Fault detection of nonlinear processes using multiway kernel independent component analysis [J]. Industrial and Engineering Chemistry Research, 2007, 46 (23): 7780-7787.

[11] Lee J M, Qin S J, Lee I, et al. Fault detection of non-linear processes using kernel independent component analysis [J]. Canadian Journal of Chemical Engineering, 2008, 85 (4): 526-536.

[12] Zhang Y W, An J Y, Zhang H L, et al. Monitoring of time-varying processes using kernel independent component analysis [J]. Chemical Engineering Science, 2013 (88): 23-32.

[13] Zhao J, Feng Y, Shen Z Y, et al. Research on robust kernel independent component analysis based on Kurtosis in fault detection [C]. Proceedings of the 33rd Chinese Control Conference. Nanjing: IEEE, 2014: 3047-3052.

[14] Cai L F, Tian X M, Chen S. Monitoring nonlinear and non-Gaussian processes using Gaussian mixture model-based weighted kernel independent component analysis [J]. IEEE Transactions on Neural Networks and Learning Systems, 2015, 28 (1): 122-135.

[15] Li N, Yang Y P. Ensemble kernel principal component analysis for improved nonlinear process monitoring [J]. Industrial and Engineering Chemistry Research, 2015, 54 (1): 318-329.

[16] Zhang H Y, Tian X M, Deng X G, et al. Batch process fault detection and identification based on discriminant global preserving kernel slow feature analysis [J]. ISA Transactions, 2018, 79: 108-126.

[17] Yue H H, Qin S J. Reconstruction-based fault identification using a combined index [J]. Industrial and Engineering Chemistry Research, 2001, 40 (20): 4403-4414.

[18] Chen Z W, Ding S X, Peng T, et al. Fault detection for non-Gaussian processes using generalized canonical correlation analysis and randomized algorithms [J]. IEEE Transactions on Industrial Electronics, 2017, 65 (2): 1559-1567.

[19] Zhu J L, Ge Z Q, Song Z H. Non-Gaussian industrial process monitoring with probabilistic independent component analysis [J]. IEEE Transactions on Automation Science and Engineering, 2017, 14 (2): 1309-1319.

[20] Xu Y, Shen S Q, He Y L, et al. A novel hybrid method integrating ICA-PCA with relevant vector machine for multivariate process monitoring [J]. IEEE Transactions on Control Systems and Technology, 2019, 27 (4): 1780-1787.

[21] 王培良，叶晓丰，杨泽宇．独立成分相关分析的自适应故障监测方法 [J]. 控制理论与应用，2018，35 (9): 1331-1338.

第 10 章 基于协整分析与改进潜结构投影的质量相关故障检测技术

10.1 引言

改进潜结构投影模型（MPLS）[1]是一种 PLS 空间改进算法，采用奇异值分解（singular value decomposition，SVD）进行空间分解，实现正交投影的同时，避免了大量的迭代过程。而 MPLS 进行监测时是基于过程平稳这一假设的，并不适合非平稳过程的质量相关故障检测[2-4]，故障信号极易被非平稳变量的变化趋势所掩盖。如果忽略该非平稳特征的影响，所建立的模型将携带非平稳的随机趋势，降低了模型的精度，无法满足对故障检测精度的要求。协整分析模型可以描述非平稳变量间的关系，将非平稳变量转化为平稳的残差序列，在共同趋势上体现出一种平稳的长期动态均衡关系。为了精确表征平稳变量和非平稳变量之间关系，需要准确建立过程变量和质量变量间的关系模型。

对于非平稳过程，Chen 等[5]首次将协整分析的思想引入到过程监测领域，他们阐述了非平稳过程变量间具有一种协整关系，即长期的均衡关系。Li 等[6]做进一步改进，通过提取时间序列的平稳性获得多个平稳的残差序列，并基于此残差序列建立检测模型，以更全面、有效地检测异常情况的发生。近年来，Zhao 等[7]提出一种基于协整和慢特征分析的全状态检测方法。Sun 等[8]提出一种基于协整分析的稀疏重构策略（cointegration analysis sparse reconstruction strategy，CA-SRS），在不需要任何历史故障数据的情况下对故障变量进行在线分离并实现实时诊断。上述方法采用协整分析的思想能够很好地挖掘非平稳变量信息，但没有建立过程变量与质量变量之间的关系，降维过程中可能丢失一些与质量变量相关的关键信息，而这些关键信息的缺失会影响过程监测的性能[9]。

基于上述分析，本章提出一种基于协整分析与改进潜结构投影（cointegration analysis and modified projection to latent structures，CA-MPLS）的质量相关故障检测方法。该方法首先建立非平稳变量间的协整模型，提取平稳的残差序列；然后将平稳的残差序列和平稳变量数据融合，采用 SVD 分解构造正交投影空间，将融合数据正交投影到质量相关子空间和质量无关子空间；最后在两个空间中设计相应的统计指标实现在线故障检测，在 TE 化工过程中验证了本章所提方法的有效性和优越性。本章主要创新如下：①提出一种基于 CA-MPLS 的质量相关故障在线监测方法，该方法可以有效区分复杂系统中的质量相关和质量无关故障；②所提方法将过程非平稳变量与平稳变量同时考虑，避免了非平稳随机趋势对模型精度的影响，提高了故障检测的性能。

10.2　协整分析技术

非平稳变量间存在共同的随机趋势，为了简单描述，考虑两个随机变量的情况[5]，即

$$\begin{cases} z_1 = w_1 + \varphi_1 \\ z_2 = w_2 + \varphi_2 \end{cases} \tag{10.1}$$

式中：w_i 为非平稳序列；φ_i 为平稳序列。如果这些变量是协整的，就存在一组参数 β_1 和 β_2，使 $\beta_1 z_1 + \beta_2 z_2$ 为平稳随机序列，即

$$\begin{aligned} \beta_1 z_1 + \beta_2 z_2 &= \beta_1 (w_1 + \varphi_1) + \beta_2 (w_2 + \varphi_2) \\ &= (\beta_1 w_1 + \beta_2 w_2) + (\beta_1 \varphi_1 + \beta_2 \varphi_2) \end{aligned} \tag{10.2}$$

当 $\beta_1 z_1 + \beta_2 z_2 = 0$ 或 $\beta_1 z_1 = -\beta_2 z_2$ 时，$\beta_1 z_1 + \beta_2 z_2$ 为平稳序列。这意味着 w_1 和 w_2 的非平稳趋势间存在比例系数 $-\beta_2/\beta_1$。参数必须从线性组合中清除趋势，因此，如果两个随机变量 z_1 和 z_2 协整，必然有共同的随机趋势，共同趋势可以是确定性的也可以是随机的。

在实际应用中，时间序列将会更加复杂，如果一个非平稳时间序列 $\boldsymbol{\omega}_t$ 经过 d 次差分后变为平稳时间序列，那么该时间序列即为 d 阶单整的，记为 $\xi_i = \boldsymbol{\beta}_i^{\mathrm{T}} \boldsymbol{z}$。如果时间序列 $\boldsymbol{z}_t = (z_1, z_2, \cdots, z_n)^{\mathrm{T}} \in \mathbf{R}^n$ 具有长期均衡关系，n 为非平稳时间序列的个数，那么非平稳变量的线性组合可以有以下描述[10]，即

$$\boldsymbol{\gamma} = \boldsymbol{\beta}_1 z_1 + \boldsymbol{\beta}_2 z_2 + \cdots + \boldsymbol{\beta}_n z_n \tag{10.3}$$

式中：$\boldsymbol{\beta}^{\mathrm{T}} = (\boldsymbol{\beta}_1 \quad \boldsymbol{\beta}_2 \quad \cdots \quad \boldsymbol{\beta}_n)$ 为协整向量；$\boldsymbol{\gamma}$ 为均衡的残差序列。Johansen[11] 提出一种基于向量自回归模型（vector auto-regressive，VAR）的方法用于求取 CA 模型中的协整向量。给定一组非平稳时间序列 $\boldsymbol{X}(n \times ns) = [\boldsymbol{x}_1, \boldsymbol{x}_2, \cdots, \boldsymbol{x}_{ns}]$，$\boldsymbol{x}_t = (\boldsymbol{x}_1, \boldsymbol{x}_2, \cdots, \boldsymbol{x}_n)^{\mathrm{T}}$，其中 n 为样本个数，ns 为非平稳变量个数。假设所有时间序列为同阶单整 $\boldsymbol{x}_t \sim \boldsymbol{I}(1)$，那么可以建立 VAR 模型[12]，即

$$\boldsymbol{x}_t = \boldsymbol{\Pi}_1 \boldsymbol{x}_{t-1} + \cdots + \boldsymbol{\Pi}_p \boldsymbol{x}_{t-p} + \boldsymbol{c} + \boldsymbol{\mu}_t \tag{10.4}$$

式中：$\boldsymbol{\Pi}_i$ 为系数矩阵；$\boldsymbol{c}$ 为常数向量；p 为 VAR 模型的阶次；$\boldsymbol{\mu}_t$ 为白噪声向

量服从高斯分布 $N(0,\boldsymbol{\Xi})$。

在式（10.4）两端减去 x_{t-1}，该过程消除了常数向量，得到矢量误差纠正模型，即

$$\Delta \boldsymbol{x}_t = \sum_{i=1}^{p-1} \boldsymbol{\Omega}_i \Delta \boldsymbol{x}_{t-i} + \boldsymbol{\Gamma} \boldsymbol{x}_{t-1} + \boldsymbol{\mu}_t \tag{10.5}$$

式中：$\boldsymbol{\Omega}_i = -\sum_{j=i+1}^{p} \boldsymbol{\Pi}_j, i=1,\cdots,p-1$；$\boldsymbol{\Gamma} = -\boldsymbol{I}_m + \sum_{i=1}^{p} \boldsymbol{\Pi}_t$，$\boldsymbol{\Gamma}$ 可以分解为 $\boldsymbol{A}$ 和 $\boldsymbol{\beta}$ 两个列满秩矩阵：$\boldsymbol{\Gamma}=\boldsymbol{A\beta}^{\mathrm{T}}$。

然后式（10.5）可以转化为

$$\Delta \boldsymbol{x}_t = \sum_{i=1}^{p-1} \boldsymbol{\Omega}_i \Delta \boldsymbol{x}_{t-i} + \boldsymbol{A\beta}^{\mathrm{T}} \boldsymbol{x}_{t-1} + \boldsymbol{\mu}_t \tag{10.6}$$

式中：$\boldsymbol{\beta}$ 的列向量为协整向量，从它可以得到均衡误差的潜在分量，并期望它们尽可能平稳。协整向量可以通过求解以下似然函数得到[11]，即

$$\begin{aligned} &L(\boldsymbol{\Omega}_1,\boldsymbol{\Omega}_2,\cdots,\boldsymbol{\Omega}_{P-1},\boldsymbol{A},\boldsymbol{\beta},\boldsymbol{\Xi}) \\ &= -\frac{n\times ns}{2}\ln(2\pi) - \frac{n}{2}\ln|\boldsymbol{\Xi}| - \frac{1}{2}\sum_{t=1}^{n}\boldsymbol{\mu}_t^{\mathrm{T}}\boldsymbol{\Xi}^{-1}\boldsymbol{\mu}_t \end{aligned} \tag{10.7}$$

协整向量矩阵 $\boldsymbol{\beta}$ 通过极大似然函数 L 估计出。Johansen 证明了协整向量矩阵 $\boldsymbol{\beta}$ 可以转化为求取以下特征方程，即

$$|\boldsymbol{\lambda S}_{11} - \boldsymbol{S}_{10}\boldsymbol{S}_{00}^{-1}\boldsymbol{S}_{01}| = 0 \tag{10.8}$$

式中：$\boldsymbol{S}_{ij} = 1/n\boldsymbol{e}_i\boldsymbol{e}_i^{\mathrm{T}}(i、j=0,1)$；$\boldsymbol{e}_0 = \Delta \boldsymbol{x}_t - \sum_{i=1}^{p-1}\boldsymbol{\Theta}_i\Delta \boldsymbol{x}_{t-i}$；$\boldsymbol{e}_1 = \Delta \boldsymbol{x}_{t-1} - \sum_{i=1}^{p-1}\boldsymbol{\Phi}_i\Delta \boldsymbol{x}_{t-i}$。通过最小二乘方法估计系数 $\boldsymbol{\Theta}_i$ 和 $\boldsymbol{\Phi}_i$。

利用式（10.9）可以求出特征向量矩阵，协整向量包含在特征向量矩阵中。根据 Johansen 提出的检验方法，确定协整向量的个数为 $r(1\leqslant r\leqslant ns-1)$，那么协整向量矩阵为 $\boldsymbol{\beta}=[\boldsymbol{\beta}_1,\boldsymbol{\beta}_2,\cdots,\boldsymbol{\beta}_r]\in\mathbf{R}^{ns\times r}$，得到残差序列，即

$$\boldsymbol{\gamma}_{ti} = \boldsymbol{\beta}_i^{\mathrm{T}}\boldsymbol{x}_t = \boldsymbol{\beta}_{i1}\boldsymbol{x}_1 + \boldsymbol{\beta}_{i2}\boldsymbol{x}_2 + \cdots + \boldsymbol{\beta}_{ins}\boldsymbol{x}_{ns},\quad i=1,2,\cdots,r \tag{10.9}$$

对此，将协整理论总结为[13]：根据协整理论，当系统中的非平稳变量存在协整关系时，非平稳变量可以表示为非平稳随机和平稳的随机和。并且各个随机变量之间的随机趋势具有相同的长期趋势特性，是可以消除的，称之为共同随机趋势。于是尽管各个变量本身是非平稳的，但变量对这种共同趋势的背离却是平稳的。因而在共同的趋势上体现出一种平稳的长期均衡关系。而这种长期平稳关系可以简单地由一组线性组合系数所表达。这种线性组合的平稳关系表征了非平稳变量之间由系统内部所决定的本质联系。

10.3　基于 CA-MPLS 模型的质量相关故障检测技术

MPLS 对质量相关故障进行检测时是基于过程平稳这一假设的，并不适合非平稳过程的质量相关故障检测。协整理论是变量间的线性组合，能够消除非平稳变量的随机趋势，因此对于多变量，特别是非平稳信号，协整理论是一种强有力的工具。基于此，本节提出一种基于协整分析与 MPLS 的质量相关故障检测方法，该方法可以综合利用平稳变量和非平稳变量的特征信息建立模型，实现在线监测。

10.3.1　CA-MPLS 算法的空间分解原理及建模过程

在非平稳工业过程中，并不是所有的过程变量都具有非平稳性，而平稳变量的存在同样会对协整模型造成影响，使模型不能准确地描述非平稳变量间长期均衡的关系[12]。因此，在建立协整模型前，应该将非平稳变量与平稳变量分离开，常用 ADF（augmented Dickey-Fuller）检验[10]的方法来判断变量是否非平稳。给出一组正常工况下输入数据 $\boldsymbol{X}=[\boldsymbol{x}_1,\boldsymbol{x}_2,\cdots,\boldsymbol{x}_m]\in\mathbf{R}^{N\times m}$ 和输出数据 $\boldsymbol{Y}=[\boldsymbol{y}_1,\boldsymbol{y}_2,\cdots,\boldsymbol{y}_p]\in\mathbf{R}^{N\times p}$，利用 ADF 检验将过程变量分为非平稳变量和平稳变量，记为

$$\begin{cases}\boldsymbol{X}_u=[\boldsymbol{x}_{u,1},\boldsymbol{x}_{u,2},\cdots,\boldsymbol{x}_{u,\nu}]\in\mathbf{R}^{N\times\nu}\\ \boldsymbol{X}_s=[\boldsymbol{x}_{s,1},\boldsymbol{x}_{s,2},\cdots,\boldsymbol{x}_{s,h}]\in\mathbf{R}^{N\times h}\end{cases}\tag{10.10}$$

式中：$\boldsymbol{X}_u$ 为非平稳变量矩阵；N 为样本数；ν 为非平稳变量的个数；$\boldsymbol{X}_s$ 为平稳变量矩阵；h 为平稳变量的个数。

对于选择出来的非平稳变量 $\boldsymbol{X}_u$，根据协整分析过程建立式（10.11）所示的协整模型，即

$$\boldsymbol{\gamma}_u=\boldsymbol{X}_u\boldsymbol{\beta}\tag{10.11}$$

式中：$\boldsymbol{\gamma}_u\in\mathbf{R}^{N\times r}$ 为平稳残差序列；$\boldsymbol{\beta}\in\mathbf{R}^{\nu\times r}$ 为协整向量；r 为协整向量的个数，由 Johansen 检验确定。

协整模型可以描述工业过程中非平稳变量间的均衡关系，通过协整模型可以清除掉非平稳变量数据中所有非平稳特征趋势，留下一个等价于该过程长期动态均衡的残差序列。平稳残差序列矩阵 $\boldsymbol{\gamma}_u=[\boldsymbol{\gamma}_{u,1},\boldsymbol{\gamma}_{u,2},\cdots,\boldsymbol{\gamma}_{u,r}]\in\mathbf{R}^{N\times r}$ 为非平稳变量经过协整分析后提取出的平稳特征信息，该特征信息是非平稳变量间的线性组合，本质上没有丢失原始非平稳变量的信息。

将 $\boldsymbol{\gamma}_u$ 与 ADF 检验确定的平稳变量 $\boldsymbol{X}_s$ 进行融合，利用式（10.12）的形式

增广为新的输入数据 $\boldsymbol{X}_c$，即

$$\boldsymbol{X}_c=[\boldsymbol{\gamma}_u,\boldsymbol{X}_s] \tag{10.12}$$

矩阵 $\boldsymbol{X}_c$ 包含输入矩阵的所有平稳特征信息，有效避免了非平稳随机趋势对模型的影响。利用 MPLS 对 $\boldsymbol{X}_c$ 进行正交分解，消除对输出预测无用的信息。建立 $\boldsymbol{X}_c\in\mathbf{R}^{N\times(r+h)}$ 与输出数据 $\boldsymbol{Y}_c\in\mathbf{R}^{N\times P}$ 之间的 MPLS 模型，有以下关系，即

$$\boldsymbol{Y}_c=\boldsymbol{X}_c\boldsymbol{\Psi}=(\hat{\boldsymbol{X}}_c+\tilde{\boldsymbol{X}}_c)\boldsymbol{\Psi}=\hat{\boldsymbol{Y}}_c+\boldsymbol{E}_y \tag{10.13}$$

$$\frac{1}{N}\boldsymbol{Y}_c^{\mathrm{T}}\boldsymbol{X}=\frac{1}{N}\boldsymbol{\Psi}^{\mathrm{T}}\boldsymbol{X}_c^{\mathrm{T}}\boldsymbol{X}_c+\frac{1}{N}\boldsymbol{E}_y^{\mathrm{T}}\approx\boldsymbol{\Psi}^{\mathrm{T}}\frac{\boldsymbol{X}_c^{\mathrm{T}}\boldsymbol{X}_c}{N} \tag{10.14}$$

式中：$\boldsymbol{\Psi}=(\boldsymbol{X}_c^{\mathrm{T}}\boldsymbol{X}_c)^{\dagger}\boldsymbol{X}_c^{\mathrm{T}}\boldsymbol{Y}_c$ 为 $\boldsymbol{X}_c$ 和 $\boldsymbol{Y}_c$ 之间的系数矩阵；$\boldsymbol{E}_y$ 为残差矩阵。

对 $\boldsymbol{\Psi}\boldsymbol{\Psi}^{\mathrm{T}}$ 进行 SVD 分解，有

$$\boldsymbol{\Psi}\boldsymbol{\Psi}^{\mathrm{T}}=[\hat{\boldsymbol{\Gamma}}_\varphi\quad\tilde{\boldsymbol{\Gamma}}_\varphi]\begin{bmatrix}\boldsymbol{\Lambda}_\varphi & \mathbf{0}\\ \mathbf{0} & \mathbf{0}\end{bmatrix}\begin{bmatrix}\hat{\boldsymbol{\Gamma}}_\varphi^{\mathrm{T}}\\ \tilde{\boldsymbol{\Gamma}}_\varphi^{\mathrm{T}}\end{bmatrix} \tag{10.15}$$

式中：$\hat{\boldsymbol{\Gamma}}_\varphi\in\mathbf{R}^{m\times l}$；$\tilde{\boldsymbol{\Gamma}}_\varphi\in\mathbf{R}^{m\times(m-l)}$；$\boldsymbol{\Lambda}_\varphi\in\mathbf{R}^{l\times l}$；$m=r+h$；$l$ 为输入相关空间保留的主元个数。

构造正交投影矩阵 $\boldsymbol{\Pi}_\varphi$ 和 $\boldsymbol{\Pi}_\varphi^{\perp}$，即

$$\begin{cases}\boldsymbol{\Pi}_\varphi=\hat{\boldsymbol{\Gamma}}_\varphi\hat{\boldsymbol{\Gamma}}_\varphi^{\mathrm{T}}\in\mathbf{R}^{m\times m}\\ \boldsymbol{\Pi}_\varphi^{\perp}=\tilde{\boldsymbol{\Gamma}}_\varphi\tilde{\boldsymbol{\Gamma}}_\varphi^{\mathrm{T}}\in\mathbf{R}^{m\times m}\end{cases} \tag{10.16}$$

将输入矩阵 $\boldsymbol{X}$ 向正交矩阵 $\boldsymbol{\Pi}_\varphi$ 和 $\boldsymbol{\Pi}_\varphi^{\perp}$ 投影，得到两个正交子空间，即

$$\begin{cases}\hat{\boldsymbol{X}}_c=\boldsymbol{X}_c\boldsymbol{\Pi}_\varphi=\hat{\boldsymbol{T}}\hat{\boldsymbol{\Gamma}}_\varphi^{\mathrm{T}}\in\mathbf{S}_{\hat{X}}\equiv\mathrm{span}\{\boldsymbol{\Psi}\}\\ \tilde{\boldsymbol{X}}_c=\boldsymbol{X}_c\boldsymbol{\Pi}_\varphi^{\perp}=\tilde{\boldsymbol{T}}\tilde{\boldsymbol{\Gamma}}_\varphi^{\mathrm{T}}\in\mathbf{S}_{\tilde{X}}\equiv\mathrm{span}\{\boldsymbol{\Psi}\}^{\perp}\end{cases} \tag{10.17}$$

式中：$\hat{\boldsymbol{T}}=\boldsymbol{X}_c\hat{\boldsymbol{\Gamma}}_\varphi\in\mathbf{R}^{N\times l}$ 为 $\hat{\boldsymbol{X}}_c$ 的得分矩阵；$\tilde{\boldsymbol{T}}=\boldsymbol{X}_c\tilde{\boldsymbol{\Gamma}}_\varphi\in\mathbf{R}^{N\times(m-l)}$ 为 $\tilde{\boldsymbol{X}}_c$ 的得分矩阵。

最终得到 $\boldsymbol{X}_c\in\mathbf{R}^{N\times(r+h)}$ 与 $\boldsymbol{Y}_c\in\mathbf{R}^{N\times p}$ 的 MPLS 模型为

$$\begin{cases}\boldsymbol{X}_c=\hat{\boldsymbol{X}}_c+\tilde{\boldsymbol{X}}_c=\hat{\boldsymbol{T}}\hat{\boldsymbol{\Gamma}}_\varphi^{\mathrm{T}}+\tilde{\boldsymbol{T}}\tilde{\boldsymbol{\Gamma}}_\varphi^{\mathrm{T}}\\ \boldsymbol{Y}_c=\hat{\boldsymbol{Y}}_c+\tilde{\boldsymbol{Y}}_c=\hat{\boldsymbol{X}}_c\boldsymbol{\Psi}+\tilde{\boldsymbol{Y}}_c\end{cases} \tag{10.18}$$

10.3.2　基于 CA-MPLS 模型在线检测技术

给出一个新的观测数据 $\boldsymbol{x}_{\mathrm{new}}$，根据 10.1 节 ADF 检验的分离结果，将其分为非平稳变量 $\boldsymbol{x}_{un}$ 和平稳变量 $\boldsymbol{x}_{sn}$，然后将非平稳变量 $\boldsymbol{x}_{un}$ 进行协整分析，获得

样本的平稳残差序列 $\boldsymbol{\gamma}_{un}$。根据式（10.12）的形式融合平稳残差序列和平稳变量样本得到增广数据 $\boldsymbol{x}_{cn}$，由式（10.19）计算融合数据分别在质量相关子空间和质量无关子空间的得分向量，即

$$\begin{cases} \boldsymbol{t}_{\hat{x}_c} = \hat{\boldsymbol{\Gamma}}_{\varphi}^{\mathrm{T}} \boldsymbol{x}_{cn} \\ \boldsymbol{t}_{\check{x}_c} = \widetilde{\boldsymbol{\Gamma}}_{\varphi}^{\mathrm{T}} \boldsymbol{x}_{cn} \end{cases} \tag{10.19}$$

式中：$\boldsymbol{t}_{\hat{x}_c}$ 和 $\boldsymbol{t}_{\check{x}_c}$ 为样本在两个空间的得分向量。

由式（10.20）构造质量相关统计量 $T^2_{\hat{x}_c}$ 和质量无关统计量 $T^2_{\check{x}_c}$ 来检测过程是否有故障发生，即

$$\begin{cases} T^2_{\hat{x}_c} = \boldsymbol{x}_{cn}^{\mathrm{T}} \hat{\boldsymbol{\Gamma}}_{\varphi} \left(\dfrac{\hat{\boldsymbol{\Gamma}}_{\varphi}^{\mathrm{T}} \boldsymbol{X}_c^T \boldsymbol{X}_c \hat{\boldsymbol{\Gamma}}_{\varphi}}{N-1} \right)^{-1} \hat{\boldsymbol{\Gamma}}_{\varphi}^{\mathrm{T}} \boldsymbol{x}_{cn} = \boldsymbol{t}_{\hat{x}_c}^{\mathrm{T}} \left(\dfrac{\hat{\boldsymbol{T}}^{\mathrm{T}} \hat{\boldsymbol{T}}}{N-1} \right)^{-1} \boldsymbol{t}_{\hat{x}_c} \\ T^2_{\check{x}_c} = \boldsymbol{x}_{cn}^{\mathrm{T}} \widetilde{\boldsymbol{\Gamma}}_{\varphi} \left(\dfrac{\widetilde{\boldsymbol{\Gamma}}_{\varphi}^{\mathrm{T}} \boldsymbol{X}_c^T \boldsymbol{X}_c \widetilde{\boldsymbol{\Gamma}}_{\varphi}}{N-1} \right)^{-1} \widetilde{\boldsymbol{\Gamma}}_{\varphi}^{\mathrm{T}} \boldsymbol{x}_{cn} = \boldsymbol{t}_{\check{x}_c}^{\mathrm{T}} \left(\dfrac{\widetilde{\boldsymbol{T}}^{T} \widetilde{\boldsymbol{T}}}{N-1} \right)^{-1} t_{\check{x}_c} \end{cases} \tag{10.20}$$

利用χ^2 分布分别计算质量相关空间的控制限 $J_{\mathrm{th},T^2_{\hat{x}_c}}$ 和质量无关空间的控制限 $J_{\mathrm{th},T^2_{\check{x}_c}}$[1]，即

$$\begin{cases} J_{\mathrm{th},T^2_{\hat{x}_c}} = \hat{g}_c \chi^2_{\alpha,\hat{h}_c}, \hat{g}_c = \dfrac{\hat{S}_c}{2\hat{\mu}_c}, \hat{h}_c = \dfrac{2\hat{\mu}_c^2}{\hat{S}_c} \\ J_{\mathrm{th},T^2_{\check{x}_c}} = \widetilde{g}_c \chi^2_{\alpha,\hat{h}_c}, \widetilde{g}_c = \dfrac{\widetilde{S}_c}{2\widetilde{\mu}_c}, \widetilde{h}_c = \dfrac{2\widetilde{\mu}_c^2}{\widetilde{S}_c} \end{cases} \tag{10.21}$$

式中：$J_{\mathrm{th},T^2_{\hat{x}_c}}$ 为质量相关统计量 $T^2_{\hat{x}_c}$ 的控制限；$J_{\mathrm{th},T^2_{\check{x}_c}}$ 为质量无关统计量 $T^2_{\check{x}_c}$ 的控制限；$\hat{\mu}_c$ 和$\hat{S}_c$ 为正常训练样本 $\boldsymbol{X}_c$ 中 $T^2_{\hat{x}_c}$ 的均值和方差；$\widetilde{\mu}_c$ 和$\widetilde{S}_c$ 是正常训练样本 $\boldsymbol{X}_c$ 中 $T^2_{\check{x}_c}$ 的均值与方差。

10.3.3　基于 CA-MPLS 的故障检测流程

CA-MPLS 方法监控过程分为离线建模和在线监控两部分，步骤如下。

1. 离线建模阶段

步骤 1：对 $\boldsymbol{X}$ 进行 ADF 检验，将其划分为非平稳变量 $\boldsymbol{X}_u$ 和平稳变量 $\boldsymbol{X}_s$。

步骤 2：根据 10.2 节协整分析理论确定协整向量 $\boldsymbol{\beta}$。

步骤 3：建立非平稳变量 $\boldsymbol{X}_u$ 的协整模型，根据式（10.11）提取出平稳的特征信息 $\boldsymbol{\gamma}_u$。

步骤4：根据式（10.12）建立融合数据矩阵 $\boldsymbol{X}_c$。

步骤5：求 $\boldsymbol{X}_c$ 与输出数据 $\boldsymbol{Y}_c$ 之间的系数矩阵 $\boldsymbol{\Psi}$。

步骤6：根据式（10.15）得到$\hat{\boldsymbol{\Gamma}}_\varphi$ 和$\widetilde{\boldsymbol{\Gamma}}_\varphi$，并通过式（10.16）构造正交投影矩阵 $\boldsymbol{\Pi}_\varphi$ 和 $\boldsymbol{\Pi}_\varphi^\perp$。

步骤7：将矩阵 $\boldsymbol{X}_c$ 向正交矩阵 $\boldsymbol{\Pi}_\varphi$ 和 $\boldsymbol{\Pi}_\varphi^\perp$ 投影，得到$\hat{\boldsymbol{X}}_c$ 和$\widetilde{\boldsymbol{X}}_c$。

步骤8：根据式（10.20）计算正常样本的统计量，并由式（10.21）计算控制限 $J_{\mathrm{th},T^2_{\hat{x}_c}}$ 和 $J_{\mathrm{th},T^2_{\tilde{x}_c}}$。

2. 在线监控阶段

步骤1：对每个新来的测试样本 $\boldsymbol{x}_{\mathrm{new}}$ 分为非平稳样本 $\boldsymbol{x}_{un}$ 和平稳样本 $\boldsymbol{x}_{sn}$。

步骤2：利用协整模型获得非平稳变量 $\boldsymbol{x}_{un}$ 的残差序列 $\boldsymbol{\gamma}_{un}$。

步骤3：将 $\boldsymbol{\gamma}_{un}$ 和 $\boldsymbol{x}_{sn}$ 融合得到 $\boldsymbol{x}_{cn}$。

步骤4：根据式（10.20）计算数据 $\boldsymbol{x}_{cn}$ 的监控统计量 $T^2_{\hat{x}_c}$ 和 $T^2_{\tilde{x}_c}$；

步骤5：在线监控逻辑：

若 $T^2_{\hat{x}_c}>J_{\mathrm{th},T^2_{\hat{x}_c}}$，检测到质量相关故障，不再考虑 $T^2_{\tilde{x}_c}$ 的情况；

若 $T^2_{\hat{x}_c}\leqslant J_{\mathrm{th},T^2_{\hat{x}_c}}$，$T^2_{\tilde{x}_c}>J_{\mathrm{th},T^2_{\tilde{x}_c}}$，检测到质量无关故障。

10.4 田纳西-伊斯曼过程仿真实验

本节以TE过程为仿真对象，通过与现有的CA-SRS、MPLS两种故障检测方法进行对比，验证本章提出的CA-MPLS算法的可行性和有效性。采用如式（10.22）所示的故障检测率（fault detection rate，FDR）和故障误报率（fault alarm rate，FAR）两个常用指标进行性能评价[14-15]，即

$$\begin{cases}\mathrm{FDR}=\dfrac{N_{\mathrm{nea}}}{N_{\mathrm{tfs}}}\times 100\% \\ \mathrm{FAR}=\dfrac{N_{\mathrm{nfa}}}{N_{\mathrm{tfs}}}\times 100\%\end{cases} \tag{10.22}$$

式中：N_{nea} 为有效报警数；N_{nfa} 为误报警数；N_{tfs} 为故障样本总数。

在实际工业过程中，一个较好的质量相关故障检测方案主要表现在以下两个方面。

（1）当质量相关故障发生时，质量相关的统计指标FDR高。

（2）当质量无关故障发生时，质量相关的统计指标FAR低。

10.4.1　TE 过程实验参数初始化

本章选择 22 个测量变量 XMEAS(1~22)和 11 个操纵变量 XMV(1~11)作为过程变量 $\boldsymbol{X}$，选取 XMEAS(35)作为质量变量 $\boldsymbol{Y}$，采样时间间隔为 3min。根据文献［17］引入，IDV(1、2、5、6、8、10、12、13）是 TE 过程中发生质量相关故障时的数据集，IDV(3、4、9、11、15）是发生质量无关故障时的数据集。本章采用 500 个正常样本建立 MPLS、CA-SRS 和 CA-MPLS 模型，分别对质量相关故障数据和质量无关故障数据进行测试。每个故障数据集包括 960 个样本，其中前 160 个样本为正常数据，后 800 个样本为故障数据。根据 Johansen 检验确定 CA-SRS 和 CA-MPLS 协整向量个数 $r=6$。

10.4.2　实验结果及结论性总结

采用 MPLS 和 CA-MPLS 两种方法对质量相关故障 IDV(10)进行检测，结果分别如图 10.1 和图 10.2 所示。该故障是由物流 C 的供料温度发生变化引起的，IDV(10)的发生将会影响输出产品质量的变化。由图 10.1 和图 10.2 可知，MPLS 的两个监控指标和 CA-MPLS 的两个监控指标都成功检测出了故障，即故障发生时统计量均超过控制限，系统发生报警。通过对比两种方法在质量相关空间中的检测结果发现，MPLS 的漏报警情况严重，故障发生时有较多的 $T^2_{\hat{x}_c}$ 统计量低于控制限。由图 10.2 可知，CA-MPLS 在线检测时 $T^2_{\hat{x}_c}$ 统计量存在较少的漏报情况，其有效报警数明显提高。

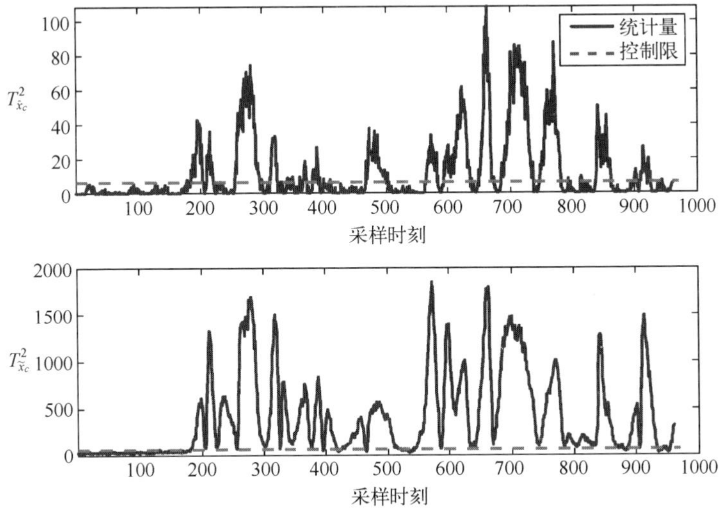

图 10.1　MPLS 对质量相关故障 IDV(10)的检测结果

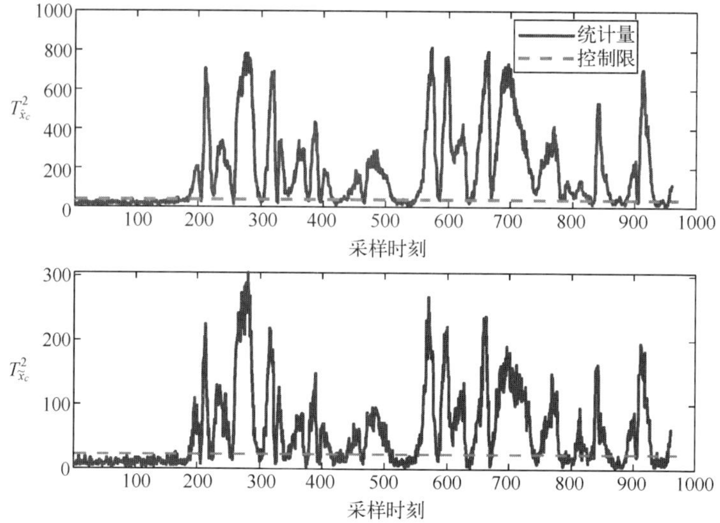

图 10.2 CA-MPLS 对质量相关故障 IDV(10)的检测结果

采用 MPLS 和 CA-MPLS 两种方法对质量无关故障 IDV(4)进行检测，结果如图 10.3 和图 10.4 所示。该故障是由于反应器冷凝水入口温度发生阶跃变化引起的，反应器温度是通过级联控制器控制的，这种变化不会影响产品质量。在该类故障发生时，操作人员更希望质量相关的统计指标 FAR 低。由图 10.3

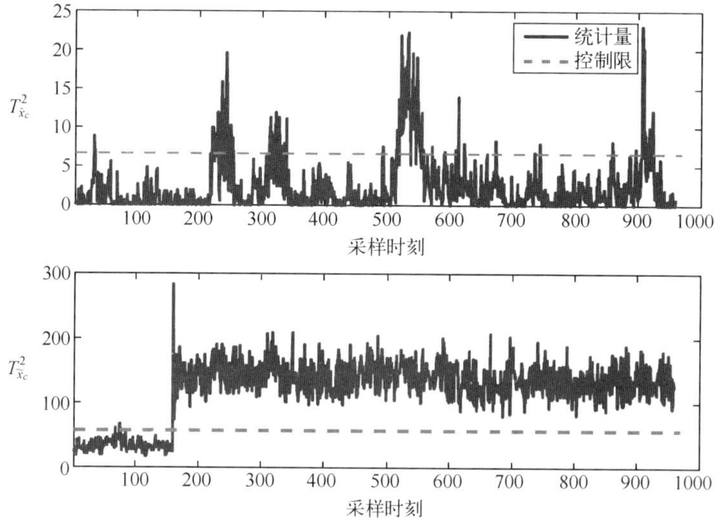

图 10.3 MPLS 对质量无关故障 IDV(4)的检测结果

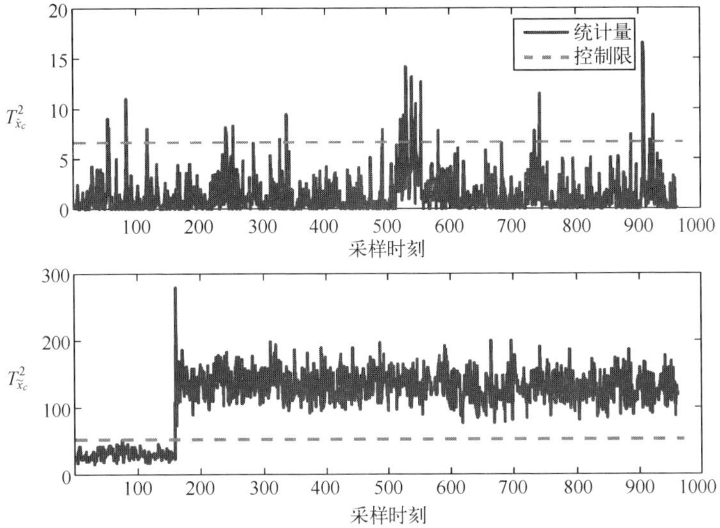

图 10.4　CA-MPLS 对质量无关故障 IDV(4)的检测结果

可知，MPLS 方法的质量相关 $T^2_{\hat{x}_c}$ 统计量大量超过控制限，具有明显的误报警情况。由图 10.4 可知，本章所提出的 CA-MPLS 算法在质量相关空间监控时，具有较少的误报警情况，即 $T^2_{\hat{x}_c}$ 统计量较少的超过控制限。相对于 MPLS 而言，有效降低了质量无关故障发生时的误报警，提高了对质量无关故障的检测性能。

采用 CA-SRS 方法对质量相关故障 IDV(10)和质量无关故障 IDV(4)进行检测，结果如图 10.5 所示。由图可知，CA-SRS 可以检测到质量相关故障，但无法检测到质量无关故障，这是由于 CA-SRS 在建模过程中只考虑了非平稳变量，使故障信息丢失，同时 CA-SRS 方法本身只有一个监控指标用于故障检测，无法有效区分故障是否质量相关。而本章所提出方法综合利用了非平稳和平稳变量信息，避免了信息丢失对模型精度的影响，能够有效检测到质量相关和质量无关故障。

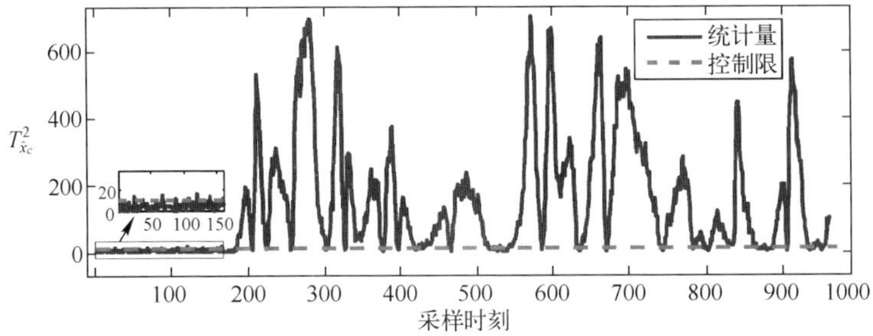

(a) CA-SRS对故障IDV(10)的检测结果

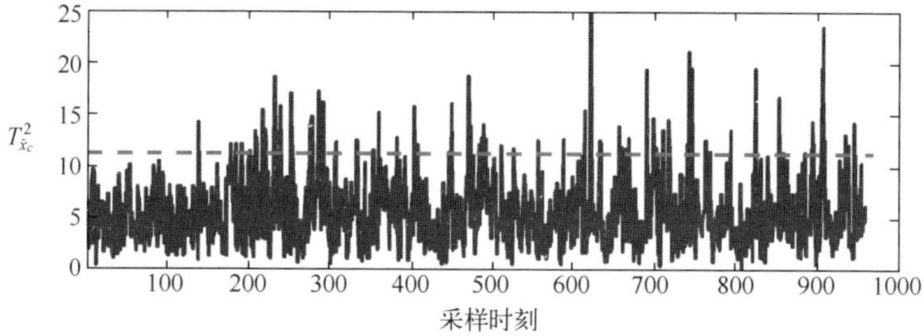

(b) CA-SRS对故障IDV(4)的检测结果

图 10.5 CA-SRS 对质量相关故障 IDV(10)和质量无关故障 IDV(4)的检测结果

表 10.1 列出了 CA-SRS、MPLS 和 CA-MPLS 这 3 种方法对 TE 过程中质量相关故障 IDV(1、2、5、6、8、10、12、13) 的检测结果，其中加黑数据为 3 种方法中检测率较高的数据。由表 10.1 可以看出，与 CA-SRS 相比较，只有在 IDV(1)和 IDV(13)的情况下，CA-SRS 的质量相关故障检测率略高于本章所提出的方法，但其他情况下，本章所提出的方法检测效果均优于 CA-SRS 且对质量相关故障 IDV(5)、IDV(8)的检测率有大幅度提高。与 MPLS 相比较，本章所提方法对 MPLS 算法的质量相关故障检测率有了全面提高，其中对 IDV(1)、IDV(2)、IDV(8)、IDV(10)、IDV(12)的检测率分别提高了 9.51%、10.37%、27.52%、36.75%、15.63%。因此，本章所提方法对质量相关故障检测时具有更好的检测性能，有效提高了工业过程的检测精度。

表 10.1 TE 过程中质量相关故障有效报警率

故障编号	故障检测率 FDR/%		
	CA-SRS	MPLS	CA-MPLS
IDV (1)	**99.50**	89.87	99.38
IDV (2)	91.25	88.13	**98.50**
IDV (5)	28.62	100	**100**
IDV (6)	97.87	99.12	**100**
IDV (8)	85.37	67.13	**94.38**
IDV (10)	82.74	46.00	**82.75**
IDV (12)	97.87	84.12	**99.75**
IDV (13)	**94.25**	90.37	94.24

质量无关故障不会影响产品质量，应尽可能少报警甚至不报警，这样既能保证产品质量，又减少了停机检修的频次。由于 CA-SRS 不能区分质量相关故障与质量无关故障，无法判断是否质量相关和质量无关，不再讨论相应的误报

率。表 10.2 给出了 MPLS 与 CA-MPLS 对质量无关故障在质量相关空间中的误报率，其中粗体数据为 MPLS 和 CA-MPLS 两种方法中误报率较低的数据。通过对比结果可知，本章提出的方法对 IDV(3)、IDV(4)、IDV(9)、IDV(11)、IDV(15)的误报率分别降低了 9.62%、8.257%、4.25%、4.37%、5.51%。所提方法将过程非平稳变量与平稳变量同时考虑对 TE 过程中质量无关故障的误报率有了全面且大幅度降低。

表 10.2　TE 过程中质量无关故障误报率

故障编号	故障误报率 FAR/%	
	MPLS	CA-MPLS
IDV(3)	13.62	**4.00**
IDV(4)	11.00	**2.75**
IDV(9)	7.50	**3.25**
IDV(11)	9.62	**5.25**
IDV(15)	10.51	**5.00**

10.5　小结

本章提出一种基于 CA-MPLS 的质量相关故障检测方法。该方法利用协整分析的优势提取非平稳变量间的平稳特征信息，去除非平稳变量随机趋势对模型精度的影响，并在建立模型时尽可能保留了质量相关的关键信息。通过 TE 过程实验表明，本章所提方法比 MPLS 具有更好的质量相关故障检测性能，有效提高了质量相关故障检测率，降低了质量无关故障误报率。该方法将为质量相关故障检测提供一种新的技术手段，易扩展到其他质量相关故障检测及诊断方法中，具有广阔的应用前景。

参考文献

[1] Yin S, Ding S X, Zhang P, et al. Study on modifications of PLS approach for process monitoring [J]. IFAC Proceedings Volumes, 2011, 44 (1): 12389-12394.

[2] Su Y W, Huang G Q, Peng L L. Time-frequency analysis of non-stationary ground motions via multivariate empirical mode decomposition [J]. Applied Mechanics & Materials, 2014, 580-583: 1734-1741.

[3] Mohamad Alwan, Liu X Z. Recent results on stochastic hybrid dynamical systems [J]. Jour-

nal of Control and Decision, 2016, 3 (1): 68-103.

[4] Byon, Eunshin, Yampikulsakul, et al. Adaptive learning in time-variant processes with application to wind power systems [J]. IEEE Transactions on Automation Science & Engineering A Publication of the IEEE Robotics & Automation Society, 2015: 997-1007.

[5] Chen Q, Kruger U, Leung A Y T. Cointegration testing method for monitoring nonstationary processes [J]. Industrial & Engineering Chemistry Research, 2009, 48 (7): 3533-3543.

[6] Li G, Qin S J, Tao Y. Non-stationarity and cointegration tests for fault detection of dynamic processes [J]. IFAC Proceedings Volumes, 2014, 47 (3): 10616-10621.

[7] Zhao C H, Huang B. A full condition monitoring method for non-stationary dynamic chemical processes with cointegration and slow feature analysis [J]. ALCHE Journal, 2018, 64 (5): 1662-1681.

[8] Sun H, Zhang S M, et al. A sparse reconstruction strategy for online fault diagnosis in nonstationary processes with no a priori fault information [J]. Industrial & Engineering Chemistry Research, 2017, 56 (24): 6993-7008.

[9] Kong X Y, Cao Z H, An Q S, et al. Review of partial least squares linear models and their nonlinear dynamic expansion models [J]. Control and Decision, 2018, 33 (9): 1537-1548.

[10] 孙鹤. 数据驱动的复杂非平稳工业过程建模与监测 [D]. 杭州: 浙江大学, 2018: 8-19.

[11] Johansen S, Juselius K. Maximum likelihood estimation and inference on cointegration with applications to the demand for money [J]. Oxford Bulletin of Economics and statistics, 1990, 52 (2): 169-210.

[12] Zhao C H, Sun H. Dynamic distributed monitoring strategy for large-scale nonstationary processes subject to frequently varying conditions under closed-loop control [J]. IEEE Transactions on Industrial Electronics, 2019, 66 (6): 4749-4758.

[13] 鲁帆. 基于协整理论的复杂动态工程系统状态监测方法应用研究 [D]. 南京: 南京航空航天大学, 2010.

[14] 董顺, 李益国, 孙栓柱, 等. 基于状态空间主成分分析网络的故障检测方法 [J]. 化工学报, 2018, 69 (8): 3528-3536S.

[15] Qin S J, Zheng Y. Quality-relevant and process-relevant fault monitoring with concurrent projection to latent structures [J]. Aiche Journal, 2013, 59 (2): 496-504.

[16] Zhou D, Li G, Qin S J. Total projection to latent structures for process monitoring [J]. Aiche Journal, 2010, 56 (1): 168-178.

作者简介

孔祥玉，男，1967年5月生，山西省洪洞县人，工学博士。1990年本科毕业于北京理工大学工程光学系光学仪器专业，2000年获第二炮兵工程学院兵器发射理论与技术专业工学硕士学位，2005年获西安交通大学自动控制专业工学博士学位。现为火箭军工程大学教授、博士生导师，中国自动化学会技术过程的故障诊断与安全性专委会委员，陕西省自动化学会理事兼副秘书长，教育部学位与研究生发展中心学位论文评审专家，中国自动化学会专家库专家。

自作者参加工作以来，1990—1997年在兵器工业集团国有5228厂设计所从事光学仪器产品设计工作；2000—2008年在火箭军某基地研究所从事武器装备的测试工作，2011年至今在火箭军工程大学导弹工程学院任教。先后从事控制系统故障诊断、非线性系统辨识与谱分析、复杂系统故障预报与寿命预测、特征信息提取等研究工作。多年来，主持国家自然科学基金面上项目4项、陕西省自然科学基金2项、军内科研项目1项，参与包括国家自然基金重点项目、总装预研重点基金、国家973等科研项目30多项；先后获国家科技进步二等奖1项，军队科技进步一等奖1项、二等奖各2项，军队教学成果一等奖1项，中国自动化学会教学成果二等奖1项。以第一作者在科学出版社、国防工业出版社出版《系统特征信息提取神经网络与算法》《非线性系统建模与故障诊断应用》《随机系统总体最小二乘估计理论及应用》《广义主成分分析算法及应用》中文专著4部，在Springer出版《Principal component analysis networks and algorithms》英文专著1部。发表学术论文120多篇，SCI检索40多篇，有10多篇发表在IEEE Transactions信号处理、神经网络与学习系统、工业电子等IEEE顶级系列汇刊、中国科学院SCI分区二区以上20多篇和一区12篇。

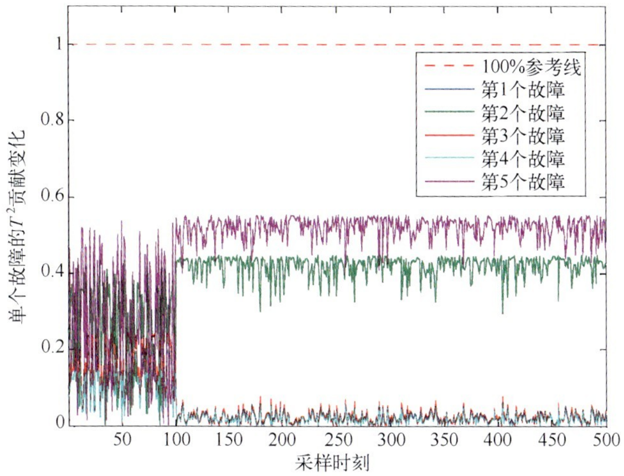

图 3.9　多故障数据中单故障的 T^2 统计量贡献变化情况

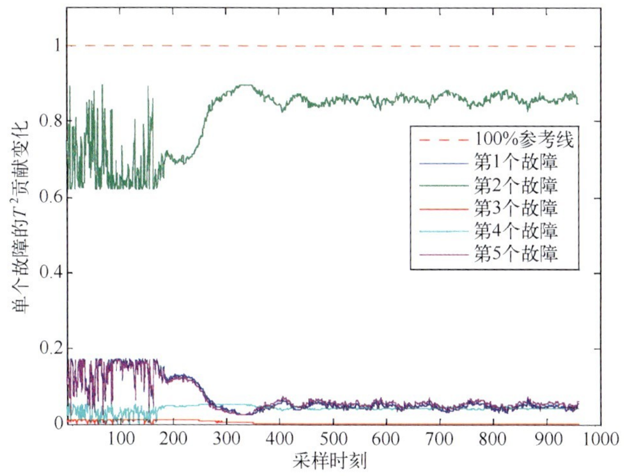

图 3.11　多故障数据中单故障的 T^2 统计量贡献变化情况

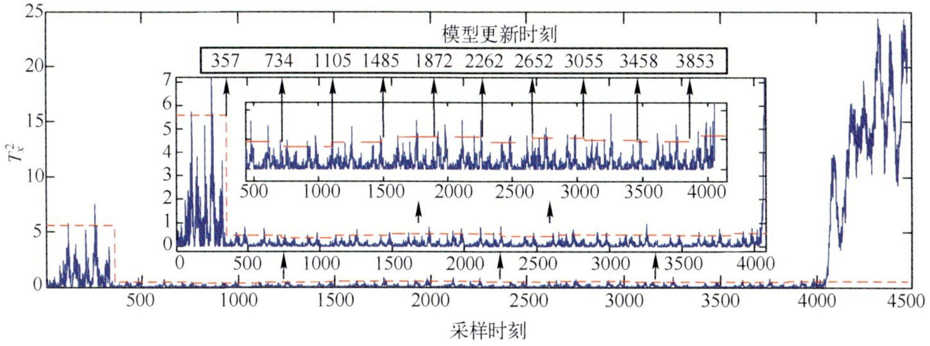

图 5.3　模型更新分析

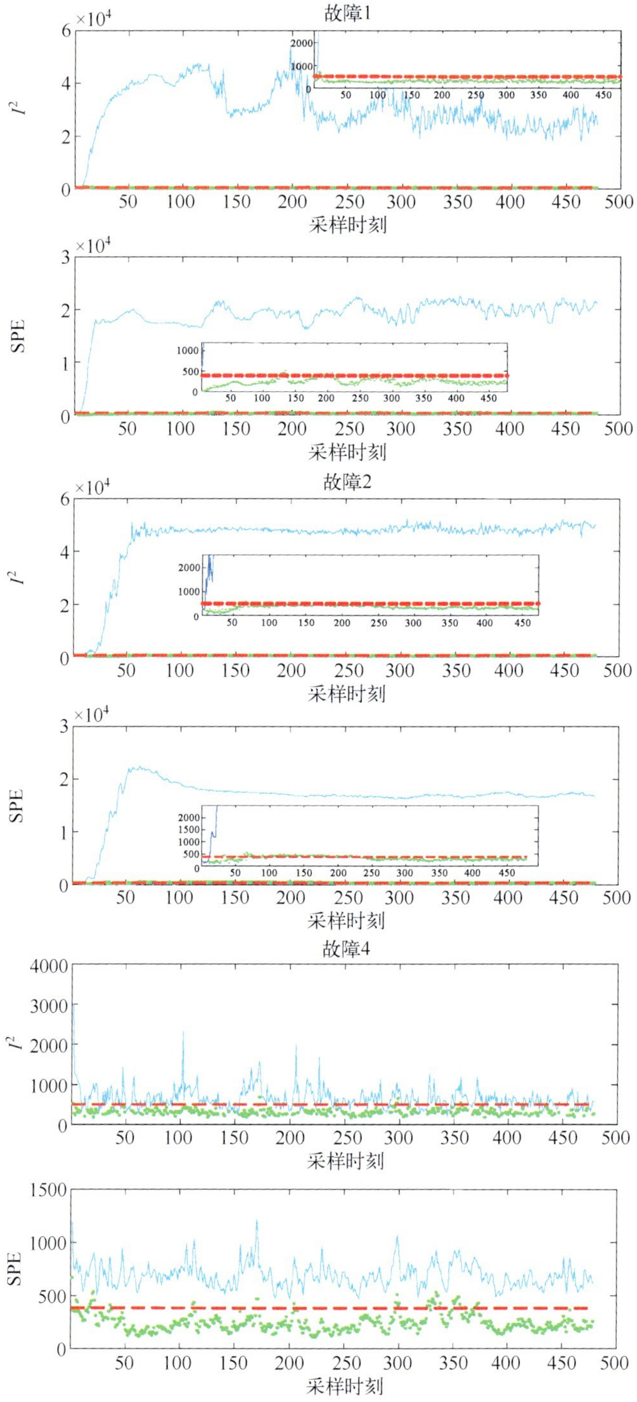
故障1
T^2
$\times 10^4$
采样时刻
SPE
$\times 10^4$
采样时刻
故障2
T^2
$\times 10^4$
采样时刻
SPE
$\times 10^4$
采样时刻
故障4
T^2
采样时刻
SPE
采样时刻

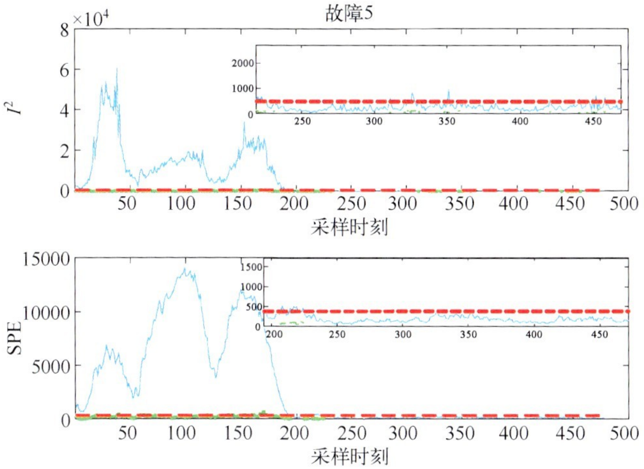

图 9.3　故障 1、2、4、5 的故障重构结果

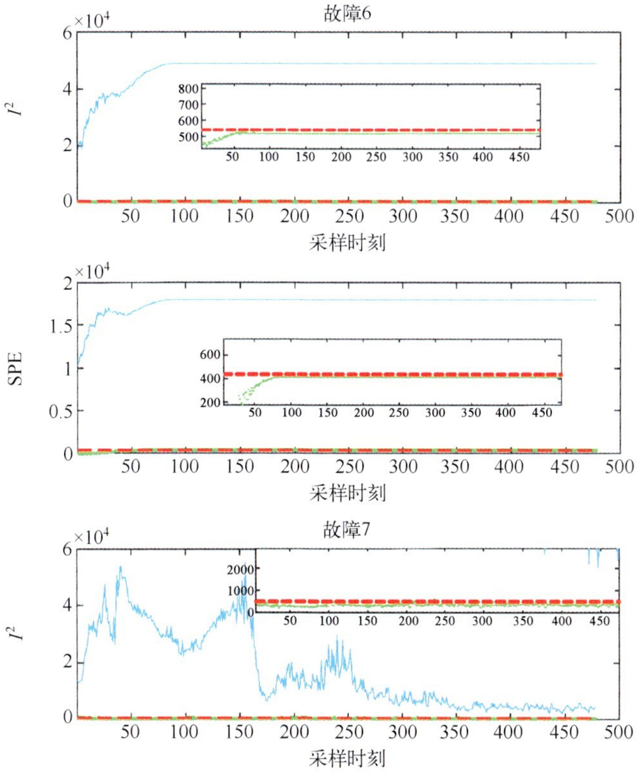

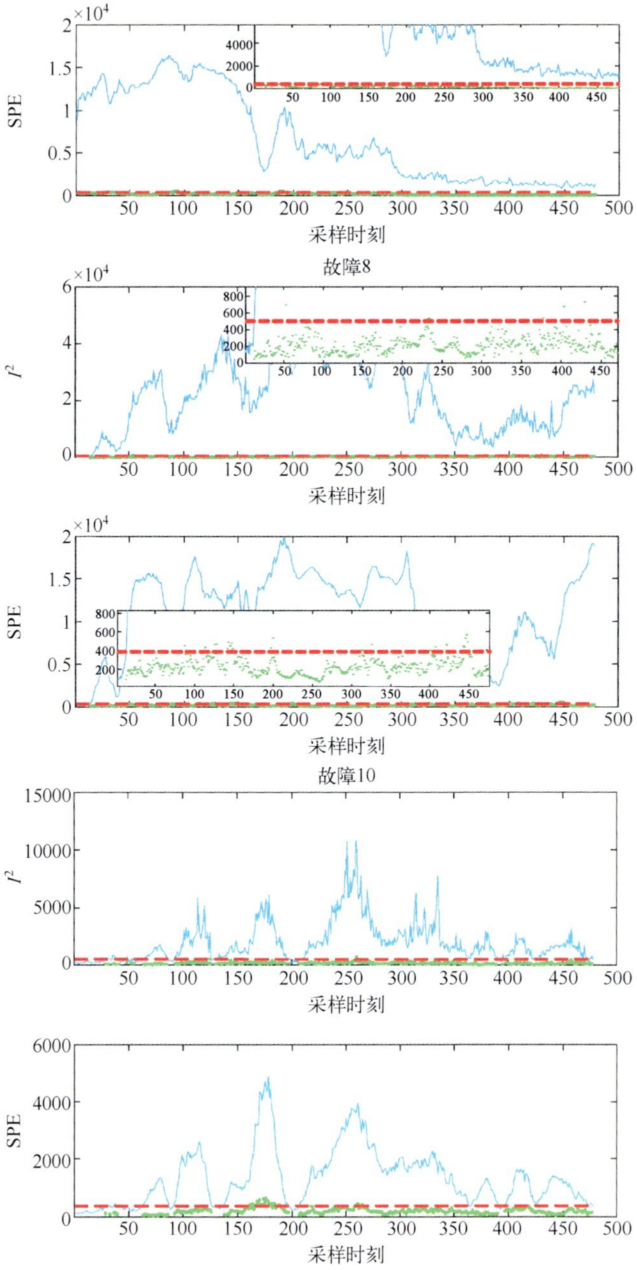

图 9.4　故障 6、7、8、10 的故障重构结果

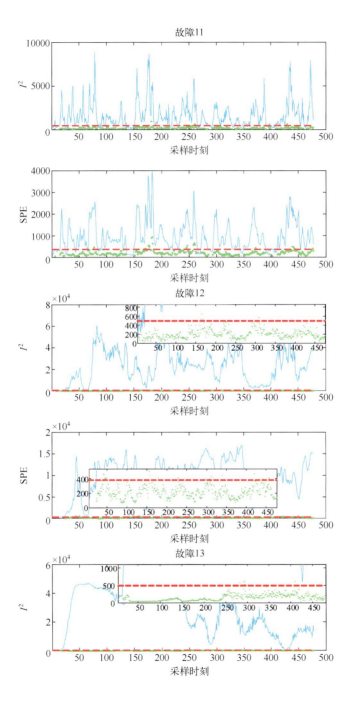

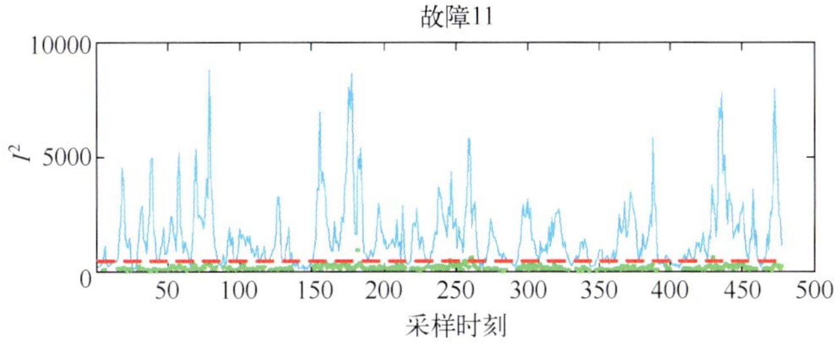
故障11
10000
5000
0
T^2
50 100 150 200 250 300 350 400 450 500
采样时刻
4000
3000
2000
1000
0
SPE
50 100 150 200 250 300 350 400 450 500
采样时刻

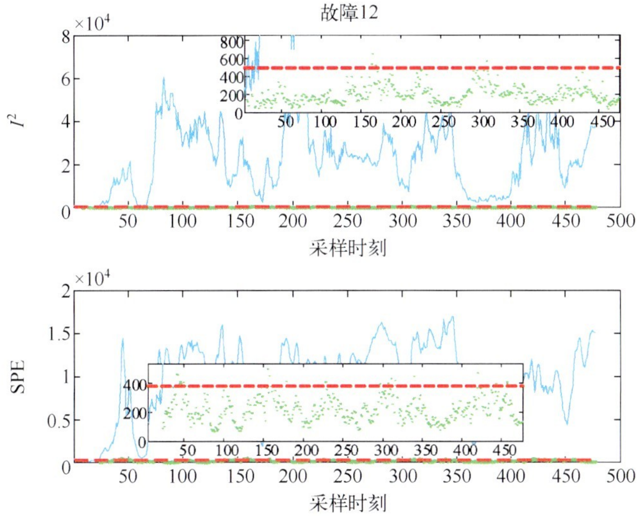
故障12
×10^4
8
6
4
2
0
T^2
800
600
400
200
0
50 100 150 200 250 300 350 400 450
50 100 150 200 250 300 350 400 450 500
采样时刻
×10^4
2
1.5
1
0.5
0
SPE
400
200
0
50 100 150 200 250 300 350 400 450
50 100 150 200 250 300 350 400 450 500
采样时刻

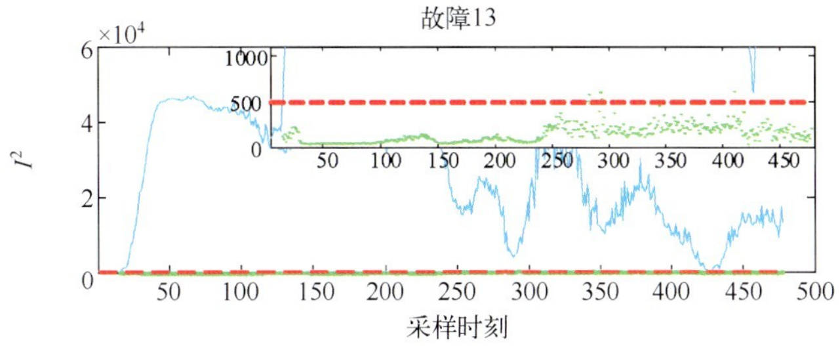
故障13
×10^4
6
4
2
0
T^2
1000
500
0
50 100 150 200 250 300 350 400 450
50 100 150 200 250 300 350 400 450 500
采样时刻

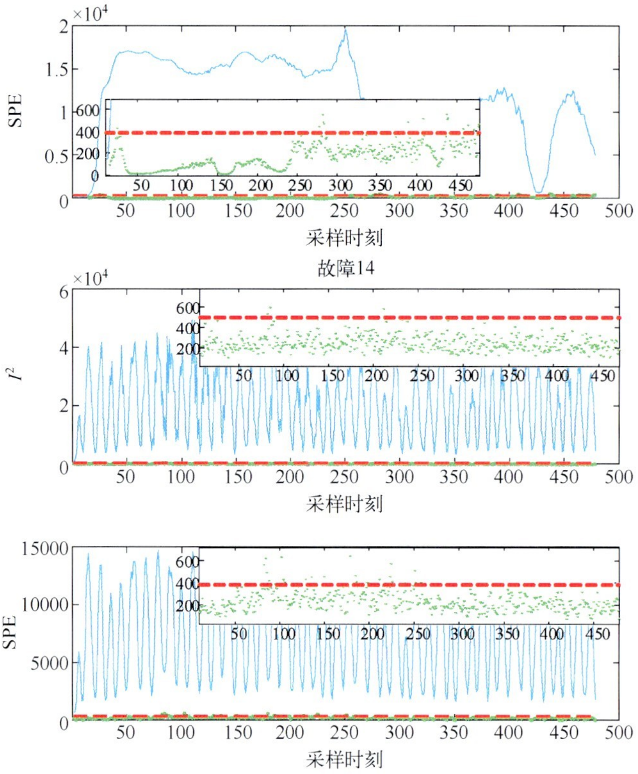

图 9.5　故障 11、12、13、14 的故障重构结果